电站锅炉
水化学工况及优化

朱志平 孙本达 李宇春 著

中国电力出版社
CHINA ELECTRIC POWER PRESS

内 容 提 要

本书系统地介绍了锅炉水化学工况的原理、控制标准、计算与调节方法，主要内容包括水垢的形成和防止、锅炉还原性水化学工况、锅炉氧化性水化学工况、锅炉水化学工况优化研究、蒸汽污染及防止措施、盐类在汽轮机中的沉积及腐蚀损坏、空冷机组水化学工况、核电站水化学工况等。

本书对从事电站锅炉水处理、动力锅炉水质优化、工业锅炉水工况调节等方面的科技工作者及相关专业大专院校师生有一定参考意义。

图书在版编目（CIP）数据

电站锅炉水化学工况及优化/朱志平，孙本达，李宇春著. —北京：中国电力出版社，2009.4（2021.1 重印）
ISBN 978 - 7 - 5083 - 8402 - 3

Ⅰ. 电… Ⅱ. ①朱…②孙…③李… Ⅲ. 火电厂-锅炉-水化学-研究 Ⅳ. TM621.8

中国版本图书馆 CIP 数据核字（2009）第 015826 号

中国电力出版社出版、发行
（北京市东城区北京站西街 19 号 100005 http://www.cepp.sgcc.com.cn）
三河市航远印刷有限公司印刷
各地新华书店经售

*

2009 年 4 月第一版   2021 年 1 月北京第四次印刷
787 毫米×1092 毫米 16 开本 10.5 印张 255 千字
印数 5001—6000 册   定价 **40.00** 元

前言

截至 2007 年底，我国电力装机容量与发电量分别为 713.3GW、32 559 亿 kW·h，皆居世界第二位。其中，火电装机容量为 554GW，占总装机容量的 77.73%；水电装机容量为 145GW，占总装机容量的 20.36%；核电装机容量为 8.85GW，占总装机容量的 1.24%；风电装机容量为 4.03GW，占总装机容量的 0.57%。在今后相当长的一段时间内，火力发电与快速增长的核电将是我国主要的电力生产方式，预计 2020 年我国电力总装机容量为 1200GW，火电的比重仍占 70%，这是我国的一次能源分布特征所决定的。因此，研究与优化火力发电厂锅炉水化学工况，减少锅炉"四管"爆破，延长设备服役年限，是当前化学工作者的主要工作之一。

水是热力设备中能量传递与转换的介质，其品质的高低直接影响设备的安全性与经济性。为降低锅炉炉管的腐蚀速率、减少炉管沉积物与结垢量、提高蒸汽品质，必须对锅炉给水、锅炉水进行调节处理，总的处理原则是在水侧炉管表面形成完整、致密的氧化物保护层，防止金属基体的腐蚀。虽然高参数、大容量机组无一例外地采用二级除盐水作为锅炉补给水，且越来越多的机组设有凝结水精处理装置，但作为锅炉给水，它们并不符合防腐要求，即不是处于炉管腐蚀速率最低的状态。因此，需要采取如给水加氨、锅炉水加磷酸盐与氢氧化钠等碱化剂的一系列防腐处理措施。对于电站锅炉（含汽包锅炉、直流锅炉）而言，目前实际应用的锅炉水（给水）调节方式有两类：一是还原性工况，即通过除氧与提高 pH 值的方法来降低水的氧化还原电位，使铁系合金处于稳定状态，典型水工况如磷酸盐处理（PT）、低磷酸盐处理、协调 pH—磷酸盐处理（CPT）、平衡磷酸盐处理（EPT）、低氢氧化钠—低磷酸盐处理、苛性处理（氢氧化钠处理，CT）、挥发性处理［AVT（R）］等；二是氧化性工况，即不除氧或加氧来提高水的氧化还原电位，使铁系合金处于钝化区，典型水工况如氧化性水工况［中性水处理（NWT）］、联合水处理（CWT）及挥发性处理［AVT（O）］等。通常而言，汽包锅炉与亚临界直流锅炉采用还原性水工况，如汽包锅炉采用的磷酸盐类水工况，直流锅炉采用的 AVT（R）等；而超临界、超超临界锅炉采用氧化性工况，但两者也没有绝对的区分，因为 300、600MW 亚临界汽包锅炉也有采用挥发性处理与氧化性工况的情况。由于直流锅炉没有排污装置，所加入的碱化剂要么沉积于炉管，要么沉积于汽轮机中，因此，直流锅炉只能采用挥发性碱化剂或氧化剂，固体碱化剂则可用于可排污的汽包锅炉。

经过半个多世纪的努力，我国的电站锅炉经历了中压（3.92MPa/450℃）、高压（9.9MPa/540℃）、超高压（13.7MPa/540℃）、亚临界（16.8MPa）、超临界（24.1MPa）、超超临界（27MPa 或 580℃以上）的发展阶段，随着华能玉环电厂（2006 年 11 月）及邹县电厂（2006 年 12 月）1000MW 超超临界机组的顺利投产，我国电力工业进入一个新的发展时期。截至 2006 年底，全国有 47 台超临界及超超临界锅炉投运，目前在建与拟建的超超临界机组超过 100 台（其中 1000MW 的超过 60 台）。当前，锅炉容量的增大和参数的提高，对给水水质与调节方式提出了更高要求，需要化学工作者对锅炉补给水、凝结水精处理、给水 pH 值与氧含量进行更精心的调控，对锅炉给水、主蒸汽、过热蒸汽、再热蒸汽的硅、钠、铁、铜及氢电导进行更严密的监控，确保机组处于无腐蚀、无结垢和无积盐状态。

本书从水垢的形成和防止、锅炉还原性水化学工况、锅炉氧化性水化学工况、锅炉水化学工况优化研究、蒸汽污染及防止措施、盐类在汽轮机中的沉积及腐蚀损坏、空冷机组水化学工况、核电站水化学工况等方面着手比较全面地描述了锅炉水化学工况的原理、控制标准、计算与调节方法及相关工况的优缺点，对于盐类物质在热力设备表面的沉积特性与防止方法也进行了详细阐述。本书共分为九章，第一章、第三章、第五章由朱志平编写，第六章、第七章、第八章由孙本达编写，第四章由朱志平和孙本达编写，第二章、第九章由李宇春编写；全书由朱志平统稿。在本书编写过程中，荆玲玲在公式校对、资料核实方面做了大量工作，在此表示衷心感谢。

本书对于从事电站锅炉水处理、动力锅炉水质优化、工业锅炉水工况调节等方面的科技工作者及大专院校师生有一定参考意义。

本书的出版得到了长沙理工大学学术著作出版资助，在此表示感谢。

限于作者水平，书中难免有不足之处，恳请读者批评指正。

朱志平
2008 年 10 月

目录

绪　论

第一节　火力发电厂概述

一、火力发电厂热力系统

燃料（煤、石油、天然气）通过燃烧释放热能，将水加热成过热蒸汽，蒸汽冲转汽轮机，汽轮机带动发电机发电，做功后的蒸汽凝结成水重新利用，这就是火力发电厂工作的基本原理（即化学能→热能→机械能→电能）。我国以燃煤电厂为主（全国7亿多千瓦的装机容量中，火电占75%以上，发电量占全国的80%以上），目前以300、600及1000MW机组为主力机型。图1-1给出了典型的热力发电机组水汽系统流程。

水和水蒸气的临界压力和温度分别是22.12MPa和374.15℃，亚临界参数的压力范围为15.68～18.62MPa。我国较多的亚临界压

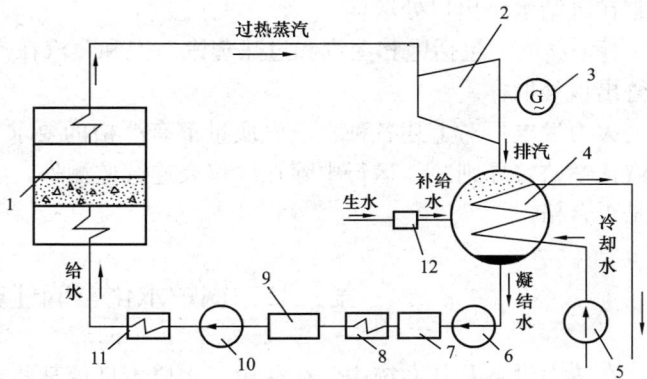

图1-1　典型的热力发电机组水汽系统流程
1—锅炉；2—汽轮机；3—发电机；4—凝汽器；5—循环水泵；6—凝结水泵；7—凝结水精处理装置；8—低压加热器；9—除氧器；10—给水泵；11—高压加热器；12—补给水除盐装置

力机组为16.7MPa和18.3MPa，相应的饱和蒸汽温度分别为350.7℃和359.6℃，过热蒸汽温度为540～550℃。亚临界压力火力发电机组水汽系统流程：凝汽器→凝结水泵→凝结水精处理装置→轴封加热器→低压加热器（多为四级）→除氧器→给水泵→高压加热器（多为三级）→省煤器→汽包→低温过热器→一级减温→高温过热器→二级减温→集汽母管→汽轮机高压缸→再热器→汽轮机中低压缸→凝汽器。

二、火力发电厂锅炉补给水处理系统

亚临界压力机组锅炉补给水为二级除盐水，其补给水率为1.5%左右。水处理系统的主要流程：水源→循环水泵→机械搅拌澄清池→清水箱→清水泵→高效（纤维）过滤器→活性炭过滤器→阳离子交换器→鼓风除炭器→中间水泵→阴离子交换器→混合离子交换器→除盐水箱→除盐水泵→主厂房补水箱→凝汽器。

为保证锅炉给水品质，亚临界压力机组一般采用了中压凝结水精处理装置，正常情况下，100%凝结水通过精处理装置。

水在热力设备系统中的相变过程与机组的工作过程相对应，如给水进入锅炉被加热后变成蒸汽，流经过热器进一步被加热后变成过热蒸汽，再冲转汽轮机后带动发电机发电，做功后蒸汽进入凝汽器被冷却成凝结水，经过凝结水泵、低压加热器、除氧器、给水泵、

高压加热器又回到锅炉中，完成一个完整的循环。在此循环过程中，水的质量决定着与之密切接触的锅炉炉管工作状况（如结垢、积盐、腐蚀等）及服役寿命。因此，锅炉补给水处理与水工况调节是事关机组经济、安全运行的大事。水在热力系统可分为下列几种：

（1）给水。送进锅炉的水称为给水，它是由汽轮机凝结水、补给水和疏水组成的。给水一般在除氧器出口和锅炉省煤器入口处取样。

（2）锅炉水。通常简称炉水，它是在汽包锅炉中流动的水。锅炉水一般在汽包的连续排污管上取样。

（3）疏水。各种蒸汽管道和用汽设备中的凝结水称为疏水。它是经疏水器汇集到疏水箱的。疏水一般在疏水箱或低位水箱取样。

（4）凝结水。在汽轮机做功后的蒸汽，到凝汽器中冷却而凝结的水称为凝结水。凝结水通常在凝结水泵出口处取样。

（5）蒸汽。包括饱和蒸汽和过热蒸汽。饱和蒸汽在汽包蒸汽出口处取样，过热蒸汽在主汽管出口处取样。

火力发电厂对上述各种水、汽质量都有严格的要求（见 DL/T 561—1995《火力发电厂水汽化学监督导则》），运行中除在线仪表连续监测外，实验室也要定期经常分析、监督其质量是否合格。

第二节　锅炉水化学的任务与目的

在热力设备及其系统中，往往由于水质不良使某些部位沉积着水垢、水渣（水中带入的各种杂质形成的，如钙、镁盐类等）、盐类附着物（蒸汽品质不合格产生的）及腐蚀产物（热力设备的腐蚀产生的）等沉积物。在机组检修时要对水冷壁管、过热器管、再热器管及省煤器管检查取样，分析垢样成分，作为调整水化学工况的依据；也要对汽轮机叶片及机组压力容器如汽包、除氧器水箱、高压加热器、低压加热器、疏水箱等表面状态检查分析，评估机组的腐蚀、结垢状态，研究其产生原因，为今后采取预防措施提供理论依据。

一、水在火力发电厂中的作用

水在火力发电厂的生产工艺中，既是热力系统的工作介质，也是某些热力设备的冷却介质。当火力发电厂运行时，几乎所有的热力设备中都有水或水蒸气在流动，所以水质的优劣，是影响发电厂安全经济运行的重要因素。水处理工作的主要任务，便是改善水质或采取其他措施，以消除由于水质不良而引起的危害。

二、现代高参数火力发电厂中的水质问题

火力发电厂中锅炉机组的参数越高，其热能利用率也就越高，发电的经济性也越好，这是经过理论与实践检验的事实，也是锅炉向超临界、超超临界发展的依据所在。但机组参数越高，对水处理技术要求也越严。因为锅炉参数高，局部热负荷也高，局部浓缩倍率更高，对水中残余杂质更敏感；其次，与之配套的汽轮机中采用的合金材质，在经热处理提高强度后，对蒸汽纯度更敏感，更易引起腐蚀问题；另外，随着蒸汽参数的提高，盐类与腐蚀产物在蒸汽中溶解度大幅升高，汽轮机的积盐与腐蚀问题会更突出。

水处理工作的主要任务，便是改善水质或采取其他措施，以消除由于水质不良而引起的

危害，确保机组正常运行。

三、汽水品质不合格的危害性

在火力发电厂中，若汽水品质不符合规定，则可能引起以下危害。

1. 热力设备的结垢

如果进入锅炉的水中有易于沉积的杂质，则在其运行过程中会发生结垢现象。由于垢的导热性仅为金属的 $1/10 \sim 1/100$，且它又极易生成在热负荷很高的部位，所以垢对锅炉的危害性很大。它可使金属壁温过高，引起金属强度下降，以致使锅炉的管道发生局部变形、鼓包，甚至爆管。而且，垢还会降低锅炉的传热效率，从而影响火力发电厂的经济效益。

对于高参数的大型锅炉，给水中的硬度已被全部去除，故形成的主要是氧化铁垢。在汽轮机凝汽器换热管内，因冷却水水质问题而结垢会导致凝汽器真空度下降，并使汽轮机的热效率和出力降低。

热力设备中结垢时需要清洗或清除，这不但增加了检修工作量和费用，而且使热力设备的年运行时间减少。

2. 热力设备的腐蚀

火力发电厂的热力设备，如给水管道、低压与高压加热器、省煤器、水冷壁、过热器和汽轮机凝汽器等，都会因水质不良而引起不同程度的腐蚀问题。

高参数热力设备的腐蚀，是由下列一种或几种因素的存在而造成的：碱性或酸性介质的形成、将杂质含量从 $\mu g/L$ 级或 mg/L 级浓缩至百分数级的进程、对腐蚀敏感的材料、拉应力等。

腐蚀不仅会缩短设备本身的服役期，而且由于金属腐蚀产物转入水中，成为炉管上新的腐蚀源；同时使给水中杂质增多，促进了炉管内的结垢过程，结成的垢转而又加剧炉管的腐蚀，形成恶性循环。如果金属的腐蚀产物被蒸汽带到汽轮机中，则会因它们沉积下来而严重地影响汽轮机的安全和运行的经济性。

3. 过热器和汽轮机内积盐

水质问题还会导致锅炉产生的蒸汽不纯，蒸汽带出的杂质将沉积在蒸汽的通流部位（如过热器和汽轮机），产生积盐现象。

过热器管内积盐会引起金属管壁温度过高，以致爆管；汽轮机内积盐则会大大降低汽轮机的出力和效率。当汽轮机内积盐严重时，还会使推力轴承负荷增大，隔板弯曲，降低汽轮机的工作效率或造成事故停机。

四、水、汽中微量杂质的来源

亚临界参数机组基本上都是纯凝汽式机组，补充水率按规定应小于 2%，正常运行时可能降到 1% 以下，补给水处理后除盐水电导率（DD，25℃）应小于 $0.2\mu S/cm$，或者要求再高一些，现定其氢电导率（DD_H，25℃）小于 $0.2\mu S/cm$，因此，其杂质含量甚微。

直流锅炉或以海水或苦咸水冷却而未用钛管作凝汽器管材的汽包锅炉机组，设有全部或部分凝结水精处理装置。这样，可以进一步降低水中杂质含量和在一定程度上排除凝结水系统及进入该系统所有组分带来的污染影响。即使如此，仍有微量杂质进入给水系统，对于高参数大容量机组来说，仍然是一个不可忽视的问题。

水汽系统微量杂质的来源，大体上有以下几方面。

1. 补给水带入的杂质

锅炉补给水虽经多级处理，仍有微量杂质残留，这是经常性来源之一，只要符合标准，也是允许的。主要的杂质是微量或极微量的 K^+、Na^+、Ca^{2+}、Mg^{2+}、Al^{3+}、Fe^{3+}、Cl^-、SO_4^{2-}、HCO_3^-、SiO_2^{2-} 等。有些杂质用常规的微量分析方法也检测不到，而实际上在垢样成分中都能检测到。还有一些是不正常的，如来源中有机物含量高而处理手段不足时，仍有少量漏过，严重时会影响补给水的氢电导率。还有胶体硅漏过的问题，这主要是预处理设备不完备（如以自来水作补给水源的机组无预处理或仅有机械过滤设备）或运行不良造成的，也会影响机组水、汽品质。

2. 凝汽器泄漏带入的杂质

凝汽器泄漏是一种比较常见的现象，随着冷却水污染日益严重，凝汽器管的腐蚀与穿孔问题更加突出。凝汽器泄漏也是影响机组水汽质量、导致锅炉结垢、汽轮机结盐的重要因素。任何参数的机组，都经受不起凝汽器的经常泄漏，尤其是高参数，即使有凝结水精处理装置，也只能延缓机组停机时间，而不能根本消除凝汽器泄漏带来的问题；因为凝结水精处理装置不能除胶体硅，交换容量也有限。即使频繁再生，出水质量也很难保证全面合格。凝汽器漏入的水中杂质和冷却水相同，不仅有各种盐类，还有非活性硅（包括胶体硅在内）、有机物、微生物和气态杂质如 O_2、CO_2 等。凝结水精处理手段远不如补给水处理，因此漏过的杂质更多。对于汽包锅炉则增加排污，热损失大，直流锅炉则无法补救，带来更严重后果。

3. 水汽系统自身的腐蚀产物

氧化铁、氧化铜是机组水、汽系统常见的腐蚀产物，也是常规监测的项目。这些杂质主要来自机组停备用期间的腐蚀，在机组启动初期尤其严重；而运行中腐蚀程度低且稳定。除此之外，水中腐蚀产物还有 Ni、Co、Zn、Al、Sn 等，这些微量杂质一直被忽视。研究表明：亚临界参数锅炉受热面上的难溶性水垢中就含有 Ni、Al、Zn 等金属元素。因此，除 Fe、Cu 外，对其他杂质也应引起注意。

4. 水处理装置带入的微量杂质

首先是离子交换树脂粉末进入锅炉给水系统，还有树脂的基团降解脱落后被带入锅炉水中；此外，在凝结水处理方面，除了树脂方面的问题外，还有覆盖材料（如纸粉及粉末树脂等）的水溶物污染以及备用设备投运初期带入的 O_2、CO_2 等气态杂质；这些杂质在高温水中分解后，会产生低分子有机酸，对炉管与汽轮机带来酸腐蚀问题。

5. 锅内处理和给水处理药品带入的杂质

水质调节过程一般要加入碱化剂，如挥发性处理时加入 NH_3、N_2H_4，汽包锅炉加入磷酸盐、氢氧化钠等。这些物质有时也会成为有害物质。如磷酸盐较高时产生的暂时消失现象、Na/PO_4 摩尔比不合适会出现游离碱或 pH 过低，如 NH_3 的浓缩对凝汽器空抽区铜管的腐蚀等。此外，这些药品的纯度和杂质含量也要注意，尤其要防止加错药品。

6. 其他因素

凝结水箱、除盐水箱密封不严而带入的 O_2、CO_2 等气态杂质；凝结水泵、疏水泵等不严密带入的气态杂质；疏水回收带入的杂质（腐蚀产物、硬度盐类、油等）；特种转动设备密封水的回水有时因设备故障而受到润滑油的污染；设备局部检修带来的污染（如加热器检修泵压水未放尽、化学清洗后未冲洗干净即投入运行系统）等都会对水汽系统带来不利影响，平常就应该密切关注。

五、火力发电厂中电厂化学的任务与目的

火力发电厂水处理工作者的任务，不仅是为了制取水质合格的给水，而且还应在下列各方面采取有效的措施：

（1）防止或减缓热力设备和系统的腐蚀。

（2）防止或减缓受热面上垢或沉积物的形成。

（3）保证合格的蒸汽品质。

第二章

水垢的形成和防止

锅炉是一种被广泛使用的特种设备，是生产蒸汽或热水的主要热工设备，其传能介质原料是水。锅炉用水水质的好坏，直接关系到锅炉的安全运行、能源消耗和使用寿命。当锅炉水质不符合要求时，锅炉受热面就会结生水垢，这不仅浪费大量的燃料，还会危及锅炉安全运行。据有关资料介绍，目前全国有 50 余万台锅炉，在每年的事故统计中，因水质不良、水垢严重所引起的事故超过事故总数的 20％；另外，由于生成水垢，每年要浪费燃料数千万吨，并造成几亿元的经济损失。因此，必须对水垢予以高度的重视，并采取一定的有力措施防止水垢的结生。

第一节 水垢和水渣

锅炉用水水质不良时，锅炉在经过一段时间的运行之后，与水接触的受热面上会形成一层固态附着物，这就是水垢。但从锅炉水中析出的固体物质，有时还会呈悬浮状态存在，或者是以沉渣和泥渣的状态沉积在汽包和下联箱底部等流速缓慢处，这些呈悬浮状态和沉渣状态的物质称为水渣。

一、水垢

水垢是一种牢固附着在金属壁面上的沉积物，它对热力设备的安全经济运行有很大危害，结生水垢的现象是热力设备水质不良所引起的一种故障。

锅炉运行既能生成一次水垢，又可能生成二次水垢。一次水垢是指在锅炉正常运行的条件下，随给水进入锅炉的结垢物质，在锅炉水不断的蒸发、浓缩的状态下改变了它们本身的结构状态，即从溶解状态转变成结晶状态，形成不溶于水的沉淀物质。当这些沉淀物质在靠近锅炉管壁的锅炉水中形成过饱和状态时，它们就直接附着沉积在受热面上，这时就形成了一次水垢，这种水垢十分坚硬。二次水垢是指锅炉水中结垢物质先在锅炉水的深处析出，当锅炉水的碱度较低和水循环被破坏时，这些悬浮状物质黏附在已经沉积在受热面上、表面粗糙的一次水垢上面，就形成了二次水垢。

（一）水垢形成的原因和机理

锅炉水垢的形成机理虽然有化学方面的原因，但也包括许多物理方面的因素。因此，水垢的形成是一个复杂的物理化学过程，其原因有内因和外因两个方面。水中有钙、镁离子及其他重金属离子存在，这是水垢形成的内因；固态物质从过于饱和的锅炉水中沉淀析出并黏附在金属受热面上，这是水垢形成的外因。在蒸汽锅炉和热交换器中生成水垢沉淀的原因有以下四个方面：

（1）由多组分的过饱和溶液中盐类产生结晶析出。

（2）有机胶状物和矿物质胶状物受热沉淀。

（3）以各种不同分散度存在的某些物质固体颗粒的焦结和黏结。

（4）某些物质的电化学过程，例如在高温下沉淀物与具有热应力的金属表面之间所进行的局部化学过程。

以上四个原因，不管有哪一个因素的存在，都会导致锅炉发生结垢。

图 2-1 形象地描述了水垢形成的过程。它按水垢形成的机理把水垢形成全过程分为四个阶段：①首先有一个微小的蒸汽胚核在一些优势点处形成；②当气泡在生长时，在气泡与金属连接的环周围产生蒸发，锅炉水中含有的溶解物随着蒸发过程的进行，将使有些成分达到饱和，这时就会导致沉淀的发生；③这个过程的持续会在每个气泡下留下一层薄薄的高浓度盐水或沉淀盐表皮，或者说形成一个浓缩的薄膜（悬浮的和沉积的固体可能与浓缩的薄膜结合在一起）；④在气泡与金属分离后，新鲜的锅炉水冲刷表面，可导致浓缩和漂洗两种相反趋向的结果：如果漂洗得当，沉积盐就会分解掉，浓缩薄膜在气泡形成期间可以尽快地稀释掉，另一方面，如果浓缩薄膜形成的速度比它们被漂洗去除的速度更快的话，那么气泡形成的过程不断地循环就会导致水垢的堆积。

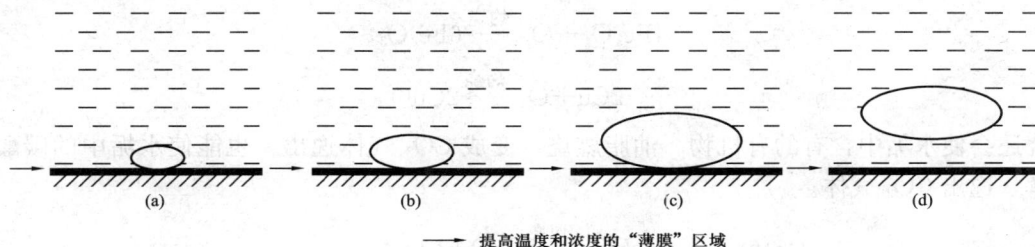

→ 提高温度和浓度的"薄膜"区域

图 2-1 水垢形成机理
(a) 蒸汽胚核形成阶段；(b) 某些成分随着蒸发的进行达到饱和而沉淀的阶段；
(c) 持续蒸发形成浓缩薄膜的阶段；(d) 气泡与金属分离，水垢形成阶段

(二) 水垢的组成

热力设备内的水垢，其外观、物性和化学组成等特性因水垢生成部位不同、水质不同以及受热面热负荷不同等原因而有很大差异。为了研究水垢产生的原因，找出防垢的方法，除了应该仔细地观察各部位水垢的外观特征之外，最重要的是确定水垢的化学组成。

水垢的化学组成一般比较复杂，它不是一种简单的化合物，而是由许多化合物混合组成的。为确定水垢的化学组成应做以下两方面的工作。

1. 成分分析

通常是用化学分析的方法确定水垢的化学成分。水垢的化学分析结果，一般以高价氧化物的重量百分率表示。表 2-1 和表 2-2 是两例锅炉水冷壁管内水垢的化学分析结果。

表 2-1　　　　　　　　　　　　某高压锅炉内水垢的化学分析结果

垢样部位	化学成分（%）							
	Fe_2O_3	Al_2O_3	CaO	MgO	SiO_2	SO_3	P_2O_5	灼烧增量
锅炉水冷壁管	82.47	1.04	3.85	0.72	9.08	0.24	0.16	1.41

表 2-2　　　　　　　　　　国外某高参数大容量锅炉内水垢的化学分析结果

垢样部位	化 学 成 分（%）					
	Fe_2O_3	CuO	ZnO	CaO	MgO	SiO_2
锅炉水冷壁管向火侧	64.1	26.5	2.9	0.2	—	0.7

用高价氧化物表示水垢的化学成分，既便于计算，分析结果又比较接近于水垢中各物质存在的真实情况。水垢中各种物质主要是以金属氧化物和各种盐类物质存在的。大多数金属氧化物如 Na_2O、CaO、MgO、CuO 等都是碱性氧化物，大多数非金属氧化物如 SO_3、CO_2、SiO_2 和 P_2O_5 等都是酸性氧化物。酸性氧化物和碱性氧化物互相化合可以生成盐，例如 $CaO+CO_2 \longrightarrow CaCO_3\downarrow$。当然，这种表示方法也会带来偏差，例如，水垢中的铁可能以 Fe_3O_4 或 FeO 存在，水垢中的铜可能以 Cu_2O 或 CuO 存在，而化学分析结果都以它们的高价氧化物 Fe_2O_3 或 CuO 表示，这就会使分析结果偏大。为了校正偏差，要进行水垢灼烧增减量的测定，即在高温（850～900℃）下先灼烧垢样，冷却后再称量，求灼烧后水垢重量的增加或减少量（称为灼烧增量或灼烧减量）。灼烧会使水垢中低价的氧化铁、金属铜等氧化成高价氧化物，从而增重。

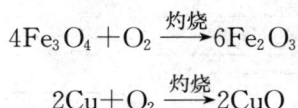

$$4Fe_3O_4+O_2 \xrightarrow{灼烧} 6Fe_2O_3$$

$$2Cu+O_2 \xrightarrow{灼烧} 2CuO$$

灼烧还会使水垢中含有的有机物、油脂燃烧，变成 CO_2 气体逸出，也能使水垢中的碳酸盐分解，逸出 CO_2 气体。

$$CaCO_3 \xrightarrow{灼烧} CaO+CO_2\uparrow$$

所以，含有有机物、油脂和碳酸盐的水垢灼烧后会减重。测定灼烧增减量，对于研究水垢的组成是很有帮助的。一般来说，水垢化学分析的结果，把各种成分的重量百分率相加后，再减去灼烧增量，加上灼烧减量，应该在 95%～100% 的范围内。否则，就表明化学分析的项目未做全或有遗漏，或者表明化学分析时存在较大的误差。

2. 物相分析

物相分析可鉴定水垢中各种物质的化学形态，这对于研究水垢生成的原因是有益的。水垢的物相分析通常使用 X 射线衍射法。表 2-3 是用 X 射线衍射法对某锅炉水垢进行物相分析的结果。

表 2-3　　　　　　　　X 射线衍射法鉴定某锅炉水垢所得结果

水垢内组成物名称	化 学 式	水垢内组成物名称	化 学 式
方沸石（Analcite）	$Na_2O \cdot Al_2O_3 \cdot 4SiO_2 \cdot 2H_2O$	石英（Quartz）	SiO_2
锥辉石（Acmite）	$Na_2O \cdot Fe_2O_3 \cdot 4SiO_2$	水滑石（Brucite）	$Mg(OH)_2$
针钠钙石（Pectolite）	$Na_2O \cdot 4CaO \cdot 6SiO_2 \cdot 2H_2O$	海泡石（Sepiolite）	$2MgO \cdot 3SiO_2 \cdot 4H_2O$
钙霞石（Cancrinite）	$4Na_2O \cdot CaO \cdot 4Al_2O_3 \cdot 2CO_2$ $9SiO_2 \cdot 3H_2O$	蛇纹石（Serpentine）	$3MgO \cdot 2SiO_2 \cdot 2H_2O$
文石（Aragonite）	$CaCO_3$	纤铁（Lepidocrocite）	$\gamma - FeO \cdot OH$
方解石（Calcite）	$CaCO_3$	赤铁（Haematite）	Fe_2O_3
硬石膏（Anhydrite）	$CaCO_4$	磁赤铁（Maghemite）	$\gamma - Fe_2O_3$
磷辉石（Apatite）	$Ca_3(PO_4)_2$	磁铁（Magnetite）	Fe_3O_4
硅石（Wollastonite）	$CaSiO_3$	赤铜（Cuprite）	Cu_2O
硬硅钙石（Xonotlite）	$5CaO \cdot 5SiO_2 \cdot H_2O$	铜铁（Delafossite）	$CuFeO_2$

以 X 射线衍射法进行物相分析的基本原理简介如下：凡是结晶物质，都有其独特的晶体结构类型，它的晶胞大小、晶胞中所含原子、离子或分子的数目，以及它们在晶胞中所处的相对位置都各具特征，在 X 射线的照射下呈现出具有衍射特征的物相图。对于化学元素成分相同而原子之间的结构不同的物质，一般的化学分析法无法区别，但经过 X 射线衍射所得到的物相图上的衍射数据却是各不相同的，因此可以用它来鉴别。即使几种晶体混在一起，也能在物相图中分别鉴定出来。国际上已经对几十万种晶体编制了一套 X 射线衍射数据卡片（ASTM 卡片），使用时，只要用 X 射线衍射仪测得水垢的衍射数据，再去查对 ASTM 卡片，就可得知水垢或其他被测物质各组分的化学式、习惯用名及有关的结晶学数据。用 X 射线衍射仪进行物相分析，有快速、可靠、样品用量少等优点。

（三）水垢的分类

水垢中的化学组成虽然常常有许多种，但往往以某种化学成分为主。例如，直接使用天然水（或自来水）的热力设备和小型低压锅炉，其水垢的主要成分是碳酸钙等钙镁化合物；以软化水作补给水的中低压锅炉，还有因凝汽器泄漏冷却水（天然水）造成给水污染的锅炉，其锅炉内水垢的主要成分是碳酸钙、硫酸钙、硅酸钙等组分；以一级除盐水作补给水的普通高压锅炉，常因补给水除硅不完善或者汽轮机凝汽器泄漏等原因，锅炉水冷壁管内生成以复杂硅酸盐为主要成分的水垢；以二级除盐水作补给水的高压以上锅炉，由于凝汽器的严密性较高，水处理工艺也较完善，天然水中常见的一些杂质已经基本上除掉，给水水质较纯，给水中的杂质主要是热力系统金属结构材料的腐蚀产物，这类锅炉水冷壁管内的水垢，其化学成分往往以 Fe、Cu 为主，表 2-1 和表 2-2 的化学分析结果所表明的，就是这种水垢。

鉴于以上情况，为了便于研究水垢形成的原因、防止及消除水垢的方法，通常将水垢按其主要化学成分分为以下几类：钙镁水垢、硅酸盐垢、氧化铁垢和铜垢等。关于这几种水垢各自的特征、形成及防止方法，将会在以下几节中作详细介绍。

（四）水垢的性质、危害及预防

1. 水垢的性质

水垢的性质随种类不同而异。例如，有的水垢坚硬，有的水垢较软；有的水垢致密，有的多孔隙；有的紧紧地与金属连在一起，有的与金属表面的联系较疏松。通常表示水垢物理性质的指标有：孔隙率、导热性和坚硬程度等。

水垢的空隙率，即水垢中的空隙占水垢体积的百分数，可按下式计算

$$孔隙率 = \frac{r-r'}{r} \times 100\% \qquad (2-1)$$

式中　r——水垢的真密度（不包括水垢中空隙体积的密度）；

　　r'——水垢的视密度（包括水垢中空隙体积的密度）。

孔隙率对水垢的导热性影响很大，孔隙率越大，水垢的导热性越差。水垢的坚硬程度可用来判断它是否容易用机械方法（如刮刀、铣刀、金属刷等）消除。水垢的导热性可用导热系数 λ[W/(m·K)] 来表示。

2. 水垢的危害

水垢的导热性一般都很差。不同的水垢因其化学组成不同，内部孔隙、缝隙不同，水垢内各层次结构不同等原因，导热性也各不相同。表 2-4 列出了钢和各种水垢的导热系数。从表 2-4 中可以看出，水垢的导热系数仅为钢材导热系数的 1/10~1/100。这就是说，假

若有 0.1mm 厚的水垢附着在金属管壁上，其热阻相当于钢管管壁加厚了几毫米到几十毫米。水垢导热系数很低是水垢危害性大的主要原因。

表 2-4　　　　　　　　　　　　钢和各种水垢的平均导热系数

名　　称	钢铁	碳酸盐水垢	硫酸盐水垢	硅酸盐水垢	被油污染的水垢	氧化铁垢
性　　质	—	坚硬程度和孔隙度大小不一	坚硬密实	坚硬	坚硬	坚硬
$\lambda[W/(m \cdot K)]$	46~70	0.6~6	0.6~2	0.06~0.2	0.1	0.1~0.2

水垢的危害可归纳如下：

（1）降低锅炉热效率，浪费大量燃料。锅炉或其热交换设备中结垢时，因水垢的导热性很小，受热面的传热性能变差，燃料燃烧时所放出的热量不能迅速传递给锅炉水，因而大量热量被烟气带走，造成排烟温度升高，增加排烟热损失，使锅炉热效率降低。在这种情况下，要想保住锅炉额定参数，就必须更多地向炉膛投加燃料，并加大鼓风和引风来强化燃烧。其结果是使大量未完全燃烧的物质排出烟囱，无形中增加了燃料消耗。众所周知，锅炉炉膛容积和水冷壁面积是一定的，无论投加多少燃料，燃料燃烧是受到限制的，因而锅炉的热效率也就不可能提高。锅炉中水垢结得越厚，热效率就越低，燃料消耗就越大。例如有人估算，火力发电厂锅炉省煤器中假若结 1mm 的水垢，燃煤消耗量将增加 1.5%~2%。还有人估算，锅炉水冷壁管内结垢厚 1mm，燃煤消耗量约增加 10%。

（2）引起金属过热，强度降低，危及安全。锅炉的水垢常常生成在热负荷很高的水冷壁管上，因水垢导热性很差，导致金属管壁局部温度大大升高。当温度超过了金属所能承受的允许温度时，金属因过热而蠕变，强度降低。在管内工质压力作用下，金属管会发生鼓包、穿孔、破裂，引起锅炉的爆管事故。高参数锅炉水冷壁管即使结生很薄的水垢（0.1~0.5mm），也有可能引起爆管事故，导致事故停炉。

锅炉受热面使用的钢材一般均为碳素钢和 Cr-Mo 低合金钢，在使用过程中，允许金属壁温在 450℃ 以下。锅炉在正常运行时，金属壁温一般不超过 380℃。当锅炉受热面无垢时，金属受热后能很快将热量传递给水，此时两者的温差约为 30℃。但是，如果受热面结生水垢，情况就大不一样。设水垢的存在使水冷壁管内壁金属温度与管内工质温度之差为 Δt，即

$$\Delta t = \left(\frac{L}{\lambda} + \frac{1}{\alpha^2}\right)q \qquad (2-2)$$

式（2-2）也可近似写为

$$\Delta t = \frac{L}{\lambda}q \qquad (2-3)$$

上两式中　　Δt——因水垢而产生的温度，℃；

　　　　　　α——金属管壁对管内工质的放热系数，$W/(m^2 \cdot ℃)$；

　　　　　　q——受热面金属的热负荷，W/m^2；

　　　　　　L——水垢的厚度，m；

　　　　　　λ——水垢的导热系数，$W/(m \cdot K)$。

现以超高压锅炉常见的氧化铁垢为例说明之。假定锅炉高热负荷区域水冷壁管管内沉积

有 0.1mm 厚的氧化铁垢，锅炉内该区域受热面的热负荷为 $q=232\times10^3\,\mathrm{W/m^2}$，氧化铁垢的导热系数为 $0.116\,\mathrm{W/(m\cdot K)}$，将这些数据代入式（2-3），可计算出 $\Delta t=200℃$。这就是说，由于氧化铁垢使管壁温度提高约 200℃。我国制造的汽包压力为 15.19MPa 的超高压锅炉，相应的饱和水温度为 343℃。制造超高压锅炉水冷壁管用的是优质 20 号钢，该钢管金属的温度不应超过 500℃。按上述计算结果，氧化铁垢将使水冷壁管温度达到 543℃，显然，若长时间在这样高的温度下工作，水冷壁管超温爆管事故是很难避免的。

另外，金属壁温的升高会使金属伸长，如 1m 长的炉管，每升高 100℃ 就会伸长1.2mm，这对于没有伸缩余量的受热面来说，就会引起炉管的龟裂。实测数据表明，金属壁温是随着水垢厚度的增加而增加的，水垢越厚，金属壁温就越高，事故发生的概率就越大。

（3）破坏水循环，降低锅炉出力。锅炉水循环有自然水循环和强制水循环两种形式。前者是靠上升管和下降管的汽水密度不同产生的压力差而进行的水循环；后者主要是依靠水泵的机械动力作用而强制循环的。无论哪一种循环形式，都是经过设计计算的，也就是说保证有足够的流通截面积。当炉管内壁结垢后，会使得管内流通截面积减少，流动阻力增大，破坏了正常的水循环，使得向火面的金属壁温升高。当管路完全被水垢堵死后，水循环则完全停止，金属壁温则更高，就易因过热发生爆管事故。水冷壁管是均匀布置在炉膛内的，吸收的是辐射热。在离联箱 400mm 左右的向火面高温区，如果结垢，就最易发生鼓包、泄漏、弯曲、爆破等事故。

（4）导致金属发生沉积物下腐蚀（即垢下腐蚀）。锅炉水冷壁管内有水垢附着的条件下，从水垢的孔隙、缝隙渗入的锅炉水，在沉积的水垢层与管壁之间急剧蒸发。在水垢层下，锅炉水中的杂质可被浓缩到很高的浓度，其中有些物质（如 NaOH 等）在高温高浓度的条件下会对管壁金属产生严重的腐蚀。结垢、腐蚀过程互相促进，会很快导致水冷壁管的损坏，以致锅炉发生爆管事故。垢下腐蚀分为两种：

1）酸性腐蚀：当浓缩水中含有较多的 $MgCl_2$ 和 $CaCl_2$ 类物质，因水解而集起很多的 H^+。这样，在沉积物下会发生酸性水对金属的腐蚀：$Fe\longrightarrow Fe^{2+}+2e$，$2H^++2e\longrightarrow H_2\uparrow$，生成的 H_2 受到沉积物的阻碍不能很快扩散到汽水混合物区域，因此促使金属壁和水垢之间积累起大量氢。这些氢有一部分可能扩散到金属内部，和碳钢中的碳化铁（渗碳体）反应：$Fe_3C+2H_2\longrightarrow 3Fe+CH_4$，造成碳钢脱碳，金相组织受到破坏，并且反应产物 CH_4 会在金属内部产生压力，使金属组织逐渐形成裂纹引起脆化。

2）碱性腐蚀：如果锅炉水中有 NaOH，那么在垢下会因锅炉水浓缩而形成很高浓度的 OH^-，发生碱性腐蚀。此时处于水垢外部的锅炉水和垢下相比，前者的 OH^- 浓度小，H^+ 的浓度大，因此阴极反应不是发生在垢下，而是发生在没有水垢的背侧的管壁上，这时，生成的 H_2 很快进入汽水混合物中被带走，所以不会发生脱碳现象，而是在垢下形成一个个腐蚀坑，这就是碱性腐蚀。

（5）增加检修量，浪费大量资金，并缩短锅炉使用寿命。锅炉一旦结垢，就必须要清除，这样才能保证锅炉安全经济运行。而清除水垢就必须要采用化学药剂，如酸、碱等药剂。水垢结得越厚，消耗的药剂就越多，投入的资金也就越多。例如，670t/h 的锅炉若水冷壁管平均结垢量为 $300\mathrm{g/m^2}$，除一次垢需资金 30 万元以上。按照锅炉吨位的不同，吨位增加，资金也相应增加。一般汽包内结垢，消除略方便，但若水冷壁管内结垢，消除就相当困难。不仅如此，若发生爆管事故，换上一节新水冷壁管时，要求高，时间长，焊接更为困难。总之，无论是化学除垢还是购买材料修理，都要花费大量的人力、物力和财力。同时，因为检修量的增加，使得锅炉和热力设备的利用时数大大减少，也造成巨大经济损失。

在正常使用条件下，电站锅炉一般能够连续运行 30 年左右。但大部分使用单位的锅炉都没有达到这一寿命，原因是多方面的，其中之一就有水垢的影响，导致炉管爆管、垢下腐蚀等一系列不利因素而缩短锅炉服役年限。

3. 水垢的预防

由上述可知，水垢对锅炉和热力设备的安全、经济运行有很大影响，必须重视结垢问题，实现锅炉和热力设备的长期无垢运行。为此，应该研究热力设备内水垢形成的物理—化学过程，找出防止各种水垢的方法。

根据水垢的生成机制可以选择最佳的防垢与除垢措施，其途径有两条，一是除去水中易于生垢的杂质，二是阻止水垢的形核、长大与形成。在水垢生成后采取有效措施将其去除掉。

现在去除水中杂质的方法很多，除垢的方法也陆续研究成功。要保证锅炉不结垢或薄垢运行，首先要加强锅炉给水处理，这是保证锅炉安全和经济运行的重要环节。通常采用下面两种方法：

(1) 炉外水处理：通过离子交换或膜化处理去除水中结垢物质，这种方法适用于各种锅炉。

(2) 炉内水处理：此法主要是向锅炉水中加入化学药品，与锅炉水中形成水垢的钙、镁盐形成疏松的沉渣，然后用排污的方法将沉渣排出炉外，起到防止（或减少）锅炉结垢的作用。需强调的是，凡采用炉内水处理的，应加强锅炉排污，使已形成的泥渣、泥垢等及时排出炉外，收到较好效果。

此外，也有人提出用磁场处理锅炉用水的方法，并指出这种方法投资少，简单易行，无污染，是一种最佳对策。磁场处理水的原理是：水在磁场作用下，因磁场方向与水流方向垂直，弱极性水分子和其他杂质的带电离子在流经磁场时将受到洛仑兹力的作用，其作用力的大小与水流速度、磁场强度和粒子的电量有关。同时，磁场的极化作用还使微粒子极性增强，结果改变这些分子和离子的外层电子云的分布，从而导致带电离子的变形和水中原有的较长的缔合分子链被截断成为较短的缔合分子链，于是破坏了离子间的静电吸引力，改变了结晶条件，造成被处理水的胶体化学和物理化学性质的变化，使其或者不能结合成晶体，或者形成分散的小晶体，浮散在水中或松散地附着在管壁之上，成为易被清除的松软泥浆状水垢，从排水中除去，起到防垢作用。已结在管道上的硬垢也会受到磁场的作用变得松软，容易脱落，起到除垢作用。

二、水渣

除了水垢之外，在锅炉和热力设备的水中，还可能析出一些呈悬浮状态和沉渣状态的固体物质，即水渣。如果把锅炉水的指标人为地或自然地维持或调整到一个指定的范围内时，盐类就会产生在锅炉水中形成水渣的可能。

1. 水渣的组成

水渣的组成一般也较复杂。水渣的化学分析和物相分析（X 射线衍射法）结果表明，水渣是由多种物质混合组成的，而且随水质不同组成也各异。以除盐水、蒸馏水或两级钠离子交换软化水作补给水的锅炉等产生蒸汽的设备中，水渣的主要组成物质是金属的腐蚀产物，如铁的氧化物（Fe_2O_3、Fe_3O_4）和铜的氧化物（CuO、Cu_2O），碱式磷酸钙（羟基磷灰石）$[Ca_{10}(OH)_2(PO_4)_6]$ 和蛇纹石（$3MgO \cdot 2SiO_2 \cdot 2H_2O$）等，有时水渣中还可能含有某些随给水带入锅炉水中的悬浮物。水渣的化学分析结果的表示法与水垢基本上相同。表 2-5 是某锅炉水渣的化学分析结果，按这些数据可以推断此水渣的主要组成物质是碱式磷酸钙。

表 2-5   **某锅炉水渣化学分析结果**

水渣取样部位	化 学 成 分（%）							
	$R_2O_3(Fe_2O_3 + Al_2O_3)$	CaO	MgO	CuO	P_2O_5	SiO_2	有机物	其他
汽包	25.56	40.62	0.20	0.50	30.90	0.10	0.81	1.31
下联箱	5.37	51.75	0.00	0.74	39.82	0.11	0.55	1.66

低压锅炉常以锅内碳酸钠（Na_2CO_3）处理为主要防垢手段，这种热力设备中组成水渣的主要物质是碳酸钙（$CaCO_3$）、碱式碳酸镁 $[Mg(OH)_2 \cdot MgCO_3]$ 和氢氧化镁 $[Mg(OH)_2]$ 等。此外，锅炉水磷酸盐处理不当的锅炉内，水渣中还可能有磷酸镁 $[Mg_3(PO_4)_2]$ 等。

2. 水渣的分类

水渣的性质随着它的组成成分不同而不同，按其性质的不同，一般可分为以下两类：

（1）不会黏附在受热面上的水渣。这类水渣较松软，常悬浮在锅炉水中，易随锅炉水的排污从锅内排掉，如碱式磷酸钙和蛇纹石水渣等。

（2）易黏附在受热面上转化成水垢的水渣。这类水渣容易黏附在受热面管内壁上（尤其是管子斜度小或水的流速低的地方），经高温烘焙后，常常转变成水垢，这种水垢松软、有黏性，又俗称为软垢，如磷酸镁和氢氧化镁等。

3. 水渣的危害

锅炉水中水渣太多，会影响锅炉的蒸汽品质，而且还有可能堵塞炉管，威胁锅炉的安全运行。所以应采用锅炉排污的办法及时将锅炉水中的水渣排除掉。此外，为了防止水渣变成水垢，应尽可能避免生成磷酸镁和氢氧化镁水渣。

第二节　钙镁水垢的形成及防止

钙镁水垢是中低压锅炉常见的水垢问题，主要生成在直接使用天然水（或自来水）的热力设备和小型低压锅炉中，以及以一级钠离子交换软化水作补给水的中低压锅炉中，还有因凝汽器泄漏造成给水污染的锅炉中。

一、成分、特征及生成部位

在钙、镁水垢中，钙、镁盐的含量常常很大，甚至可达 90% 左右。钙镁水垢又可按其主要化合物的形态分为碳酸盐水垢、硫酸盐水垢、硅酸盐水垢（注意区别第三节中所讲亚临界压力锅炉中以铝铁的硅酸化合物为主的复杂硅酸盐水垢，此处是指钙镁水垢中以 $CaSiO_3$、$5CaO \cdot 5SiO_2 \cdot H_2O$ 为主要成分的水垢）和混合水垢。表 2-6 列举了各种典型的钙、镁水垢的化学分析结果。

表 2 - 6 各种钙、镁水垢化学分析结果示例

水垢种类	化学成分（％）						
	Fe_2O_3	CaO	MgO	SiO_2	SO_3	CO_2	灼烧减量
碳酸盐水垢	9.8	36.4	2.5	12.3	2.7	24.7	31.2
硫酸盐水垢	6.6	35.7	0.9	10.3	43.7	0.3	2.8
硅酸盐水垢	4.9	43.0	1.1	41.9	微量	5.4	8.8
混合水垢（含硫酸钙、碳酸钙、硅酸钙等）	2.8	35.2	3.7	19.6	12.5	16.7	21.0

对于上述各种水垢的特点、鉴别与生成部位可归纳如下。

1. 碳酸盐水垢

碳酸盐水垢是最常见的一种水垢，外观多为白色、灰白色，主要成分为 $CaCO_3$，镁的化合物 $MgCO_3$ 和 $Mg(OH)_2$ 有时也存在，但量很少，前者往往占 50％以上。

由于其生成条件不同，可以是坚硬、致密的硬垢，也可以是松散、海绵状的软垢。质地坚硬的硬垢，主要发生在热负荷低，蒸发强度小的部位，如省煤器、给水管的进口、汽轮机凝汽器的冷却水通道以及冷却塔循环水流动较差的部位。这时，碳酸钙容易以结晶形态沉积在管壁上，即坚硬致密的碳酸盐水垢。而在锅炉本体中，由于锅炉水碱度大，且水沸腾扰动强烈，碳酸钙常成为松软泥渣而随排污放出。

硬垢质地硬而脆，断口呈颗粒状，厚垢尚可看到一层层沉积的痕迹。碳酸盐水垢易溶于浓度小于 5％的稀盐酸中，并在溶解过程中产生大量泡沫和气泡，放出 CO_2 气体，反应式：$CaCO_3 + 2HCl \longrightarrow CaCl_2 + H_2O + CO_2\uparrow$。灼烧时失重明显，其灼烧减量可超过 30％，反应式：$CaCO_3 \xrightarrow{\text{灼烧}} CaO + CO_2\uparrow$。

2. 硫酸盐水垢

主要成分为硫酸钙（$CaSO_4$、$CaSO_4 \cdot 2H_2O$、$2CaSO_4 \cdot H_2O$），质量分数常占 50％以上。这种水垢坚固、密实，呈黄白色，不溶于有机酸，在盐酸中能缓慢溶解。一般生成在热负荷高，锅炉水蒸发强度大的部位，如水冷壁管，锅炉的对流管束等。

3. 硅酸盐水垢

主要成分为 $CaSiO_3$（硅灰石）和 $5CaO \cdot 5SiO_2 \cdot H_2O$（沸石），$MgSiO_3$（镁橄榄石）也少量存在。外表呈灰白色，不溶于有机酸，在热盐酸中能缓慢溶解。这种水垢最坚硬，导热性也最差。通常生成在锅炉受热最强的部位，如水冷壁、沸腾炉埋管等处。

4. 混合水垢

混合水垢是上述各种水垢的混合物，无法明确哪一种成分是主要的，化合物形态包括 $CaCO_3$、$CaSO_4$、$CaSiO_3$、$MgSiO_3$ 等。垢的外观、硬度及在酸中的溶解性等性质随成分不同而差异较大。例如，若硅酸盐和硫酸盐含量多时，水垢硬度大，外观由白至灰白色，在盐酸中反应比较缓慢，放出的气泡也比较少；若碳酸盐含量高时，垢比较脆，在酸中反应较激烈，产生气泡多。

二、钙、镁水垢的形成

形成钙、镁水垢的主要原因是锅炉给水中含有一定数量的钙、镁盐类，在锅炉内部受压力、温度等的影响发生物理和化学变化，生成各种类型的水垢。

（一）产生固相沉淀的条件

含有杂质（主要是硬度成分）的给水进入锅炉以后，经过不断地蒸发、浓缩而达到过饱

和程度时，一些钙、镁盐类由于受热分解，使溶于水的物质转变成固相晶粒，便有固体沉淀物出现。各种盐类的饱和溶液产生固相沉淀的条件是：

（1）随着温度的升高，盐类溶解度降低（即具有负的溶解系数）；

（2）对于那些溶液接近饱和状态的化合物，随着锅炉水的蒸发而浓度逐渐升高，以致达到了由溶液中析出固相物质的程度；

（3）物质在被加热蒸发的过程中，发生化学变化，此时某些离子发生分解而生成一些难溶盐类的离子。

（二）结垢物质在锅炉水中的变化过程

在锅炉水不断受热蒸发、浓缩的情况下，水中钙、镁盐类达到并超过了它们的溶度积。开始先在锅炉壁表面个别部位从盐类过饱和溶液中析出原始的胚芽状的结晶核心，接着这些结晶核心很快地合并，并快速地增大。这些连接起来的结晶核心在锅炉壁表面上能够生成一种作为金属壁与后来的固体沉淀层之间的连接纽带的水垢原始结晶，这是因为锅炉壁金属表面具有一定的粗糙度所致。金属表面上有许多微小突起的小丘，这些小丘便成为由过饱和溶液中产生固相的结晶核心的结晶点。此外，在锅炉受热面金属壁上，还覆盖着一层金属氧化物，也称为氧化膜。这种氧化物层具有相当大的吸附能力，因此它便成为金属壁与由溶液中结晶出的沉淀物的黏结中间层。在不断地受热蒸发过程中，这些沉淀物中的水分被蒸发，使其逐渐形成坚硬的水垢。

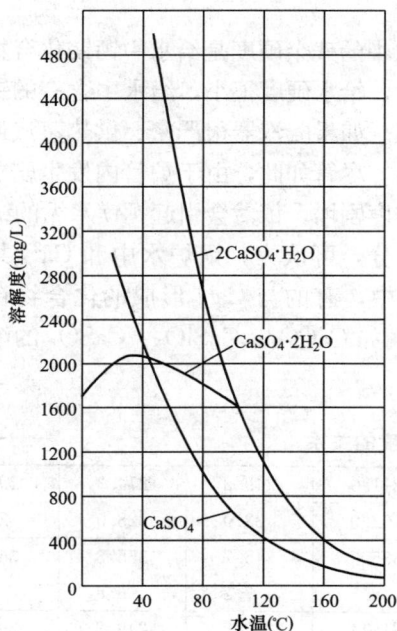

（三）钙、镁水垢的形成过程

1. 固态物质从过饱和溶液中析出

除了不断地蒸发、浓缩外，固态物质从过饱和溶液中析出的原因还有：

（1）随着温度的升高，某些钙、镁化合物在水中的溶解度下降，如 $CaCO_3$、$Ca(OH)_2$、$CaSO_4$、$Mg(OH)_2$ 等。图 2-2 和图 2-3 为几种钙、镁化合物在水中的溶解度与温度的关系。

图 2-2　硫酸钙在水中的溶解度

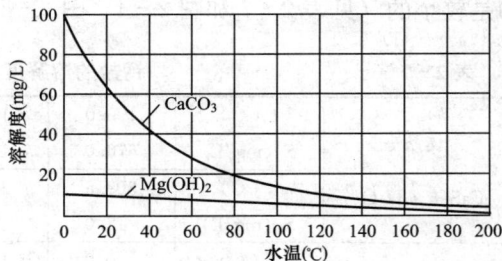

图 2-3　碳酸钙和氢氧化镁在水中的溶解度

（2）在水不断受热蒸发时，水中某些钙、镁盐类因发生化学反应，从易溶于水的物质变成难溶的物质而析出。例如在水中发生碳酸氢钙和碳酸氢镁的热分解反应

$$Ca(HCO_3)_2 \longrightarrow CaCO_3\downarrow + H_2O + CO_2\uparrow$$

$$Mg(HCO_3)_2 \longrightarrow Mg(OH)_2\downarrow + 2CO_2\uparrow$$

（3）不同盐类相互作用产生难溶的化合物，形成新的水垢。如 Na_2CO_3 和 $CaCl_2$ 或 Na_2SO_4 和 $CaCl_2$ 相互作用，生成 $CaCO_3$ 或 $CaSO_4$ 沉淀，反应式如下

$$Na_2CO_3 + CaCl_2 \longrightarrow CaCO_3\downarrow + 2NaCl$$
$$Na_2SO_4 + CaCl_2 \longrightarrow CaSO_4\downarrow + 2NaCl$$

水中析出的盐类物质，可能成为水垢，也可能成为水渣，这不仅决定于它的化学成分和结晶形态，而且还与析出时的条件有关。如前面所讲的碳酸盐水垢，在省煤器、给水管道、加热器、凝汽器冷却水通道和冷水塔中，水中析出的碳酸钙常结成坚硬的水垢；但是在锅炉、蒸发器和蒸汽发生器中，由于水的碱性较强且处于剧烈地沸腾状态，此时，析出的碳酸钙常常形成海绵状的松软水渣。

2. 固态物质向锅炉壁上黏附

锅炉传热面在换热时，由于流体的黏滞作用，靠近管内壁均有一层滞流层，通常称作滞流底层。滞流底层的温度接近于管内壁的温度，高于主流体的温度，所以水膜底层首先受热蒸发，产生气泡，致使底层中杂质的浓度大于主流体的浓度；又因为个别盐类具有温度越高，溶解度越低的特性，因此，由于温度和浓度共同影响的结果，锅炉管内壁的传热面总是首先形成盐类的沉积，即水垢。加之锅炉管内表面的相对粗糙，给盐类的结晶提供了一个良好的界面，而水垢致使表面粗糙度进一步加重，对污垢的黏附和形成起到了推波助澜的作用。所以在锅炉中，传热强度越大的部位，总是结垢越严重。

（四）锅炉炉管内钙镁水垢的形成

锅炉若采用一级钠离子交换水作补给水，则软化水中的残余硬度是给水中钙镁化合物的主要来源。若采用两级钠离子交换水或除盐水作补给水时，给水硬度很小，给水中含有的钙镁化合物主要是来自凝汽器泄漏或者由供热蒸汽返回水带入。如果凝汽器很严密、供热蒸汽返回水也经过软化处理，给水中钙镁化合物含量一般是很小的。尽管如此，由于炉管内发生剧烈的水的沸腾过程，水的汽化结果使锅炉水中钙镁化合物的浓度剧增，依然会引起钙镁水垢的结生。

考虑到给水中可能含有的各种盐类物质的离子成分，可认为，锅炉水中和 Ca^{2+} 共存的阴离子有 SiO_3^{2-}、CO_3^{2-}、SO_4^{2-}、Cl^- 等。这些阴离子中，有的与 Ca^{2+} 形成的化合物在锅炉水中的溶解度较大，例如 $CaCl_2$；另外一些化合物，例如 $CaCO_3$、$CaSiO_3$、$CaSO_4$ 的溶解度却是较小的（见表 2-7 和图 2-4、图 2-5）。

表 2-7　　　　　　　　　　　钙盐的溶解度与锅炉水温度的关系

体系						
	t（℃）	100.0	179.0	211.0	249.2	274.3	293.6
	S（mg/L）	670.0	134.0	62.0	33.0	28.0	24.0
$CaSO_4 \cdot H_2O$	t（℃）	309.5	323.0	335.0	345.7	355.3	364.1
	S（mg/L）	17.0	10.0	8.5	7.2	6.8	6.0
体系	t（℃）	100.0	179.0	211.4	232.8	249.2	262.7
	S（mg/L）	24.0	19.5	17.2	16.0	15.2	14.5
$CaCO_3 \cdot H_2O$	t（℃）	274.5	284.5	293.6	301.9	309.5	—
	S（mg/L）	13.9	13.4	12.7	11.8	10.9	—
体系	t（℃）	100.0	120.0	140.0	160.0	170.0	178.0
	S（mg/L）	61.4	63.4	65.6	69.0	74.8	75.0
$CaCl_2 \cdot H_2O$	t（℃）	180.0	200.0	2325.0	260.0	—	—
	S（mg/L）	75.2	75.7	76.8	77.6	—	—

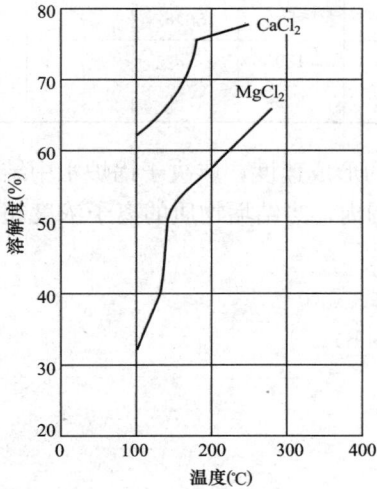

图 2-4 易溶钙、镁盐在锅炉水中的溶解度

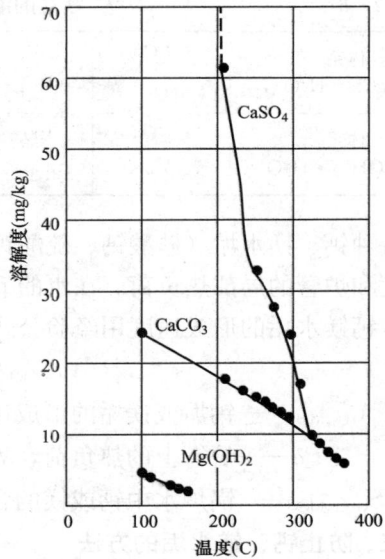

图 2-5 难溶钙、镁盐在锅炉水中的溶解度

对于它们的饱和溶液可以写出溶度积计算式为

$$K_{S,\mathrm{CaSO_4}} = [\mathrm{Ca^{2+}}][\mathrm{SO_4^{2-}}] \tag{2-4}$$

$$K_{S,\mathrm{CaCO_3}} = [\mathrm{Ca^{2+}}][\mathrm{CO_3^{2-}}] \tag{2-5}$$

$$K_{S,\mathrm{CaSiO_3}} = [\mathrm{Ca^{2+}}][\mathrm{SiO_3^{2-}}] \tag{2-6}$$

这些化合物的溶度积随温度变化而变化。当某物质的溶液中还有含量很少的其他盐类物质时，仍可以近似地认为溶度积保持为不变的数值。溶度积还可以写为一般形式，其表达式为

$$K_S = [\mathrm{Ca^{2+}}][A_n^-] \tag{2-7}$$

式中 K_S——物质（化合物）的溶度积的数值；

$[A_n^-]$——溶液中阴离子（$\mathrm{CO_3^{2-}}$、$\mathrm{SO_4^{2-}}$ 或 $\mathrm{SiO_3^{2-}}$）的浓度。

相应地防止钙垢生成的条件应该为

$$[\mathrm{Ca^{2+}}][A_n^-] < K_S \tag{2-8}$$

为了确定 $\mathrm{Ca^{2+}}$ 与结垢物质的阴离子所组成的化合物在锅炉水中的容许含量，以保证这些化合物不在炉管上析出，必须知道这些结垢化合物在锅炉水温度下的溶解度的数值。

目前，关于各种物质在高温水中的溶解度的资料是很有限的。关于钙盐在不同温度的水中的溶解度的数值，可以见表 2-7 和图 2-4、图 2-5。对于镁化合物而言，主要结垢物质是氢氧化镁，它在水中溶解度很小（见图 2-5 和表 2-8）。氢氧化钙不同于氢氧化镁，前者具有较大的溶解度，在水中不是结垢物质。硅酸钙与硅酸镁也不相同，硅酸钙是结垢物质，但硅酸镁在锅炉水中主要以水渣析出。

表 2 - 8 镁盐的溶解度与锅炉水温度的关系

体系	t（℃）	100	130	150	170	200	220	300
$MgCl_2 \cdot H_2O$	S（%）	32.4	38.6	51.8	54.8	56.8	59.5	67.8
体系	t（℃）	100	110	143	150	158		
$Mg(OH)_2 \cdot H_2O$	S（%）	4.36	4.22	2.62	2.35	1.98		

各种钙、镁水垢（硅酸钙、硫酸钙和氢氧化镁）的形成速度，取决于锅炉水中结垢物质的浓度和炉管的局部热负荷。在水的 pH 为 7～11 范围内，当结垢物质的离子浓度超过溶度积时，钙镁水垢的形成速度用经验公式表示为

$$A_{(Ca、Mg)} = 1.3 \times 10^{-13} S_{G(Ca、Mg)} q^2 \tag{2-9}$$

式中　$A_{(Ca、Mg)}$——钙垢或镁垢的形成速度，mg/($cm^2 \cdot$ h)；

　　　　q——炉管上的热负荷，W/m^2；

　　$S_{G(Ca、Mg)}$——锅炉水中钙或镁的含量，mg/kg。

三、防止钙、镁水垢的方法

为了防止锅炉受热面上形成钙、镁水垢，主要是尽量减少或消除锅炉水中会形成水垢的各种化学成分，这就要从锅外水处理和锅内水处理两个方面着手。

1. 炉外水处理

（1）制备高质量的补给水，彻底清除掉生水中的硬度。

（2）对返回水进行处理。热电厂的生产返回水是要汇入给水的，因此返回水的硬度不应该超过允许值（应不大于 2.5μmol/L），否则应进行软化处理。

（3）保证汽轮机凝结水的水质。当凝汽器发生泄漏时，冷却水进入汽轮机凝结水中，使凝结水硬度大大提高，造成给水钙、镁盐类含量严重超标，进入锅内后导致炉管结垢。所以，应当保证凝汽器严密，当发现凝结水硬度升高时，应迅速查漏并及时消除。有的亚临界压力汽包锅炉，装有凝结水净化设备，这就能更好地保证凝结水水质。

2. 炉内水处理

因为凝汽器即使在正常情况下也会有微量渗漏，而且汽包锅炉的机组一般不进行凝结水净化处理，所以即使用除盐水或蒸馏水作补给水，给水中也会含有少量钙、镁盐类物质。这些钙、镁盐类进入锅内后，由于蒸发强度大，锅炉水急剧蒸发浓缩，使水中钙、镁离子浓度增至很大，仍会形成水垢。为了不使锅炉内形成水垢，对于汽包锅炉要采用磷酸盐水质调节处理，这就需要在锅炉水中投加磷酸盐，使进入锅炉水中的钙、镁离子形成一种不易黏附在受热面上的水渣，随锅炉排污排除掉。

第三节　复杂硅酸盐水垢的形成及防止

复杂的硅酸盐水垢主要生成在以二级钠离子交换软化水作补给水的普通高压锅炉中，因补给水除硅不完善，或者汽轮机凝汽器泄露等原因，在锅炉水冷壁管等热负荷很高的地方形成。但在某些中低压锅炉中，硅酸盐水垢生成的现象也普遍存在。这是由于中低压锅炉对给水二氧化硅含量的要求没有高参数机组那样严格，有时甚至没有除硅设备，若当地给水中二氧化硅含量过高，就必然会造成这个结果。

一、成分、特征及生成部位

复杂的硅酸盐水垢外观为白色或灰白色薄片状（若垢中混有腐蚀产物，则呈灰黑色或粉红色），其附着坚固，质硬而脆，呈玻璃状。这种垢在盐酸、硝酸和王水中都不能完全溶解，但在盐酸中加入氟化钠（NaF）、氟化钾（KF）后，即可溶解。

复杂的硅酸盐水垢的化学成分，绝大部分是铝、铁的硅酸化合物，它的化学结构较复杂。在这种水垢中往往含有 $40\%\sim50\%$ 的二氧化硅、$25\%\sim30\%$ 的铝和铁的氧化物以及 $10\%\sim20\%$ 的钠的氧化物，钙、镁化合物的总含量一般不超过百分之几。表 2-9 是某中压锅炉炉管内复杂硅酸盐水垢的化学分析结果。

表 2-9   **某中压锅炉炉管内复杂硅酸盐水垢的分析结果**

垢样部位	化学成分（%）							
	SiO_2	Al_2O_3	Na_2O	Fe_2O_3	CaO	MgO	P_2O_5	灼烧减量
某 3.43MPa（35at）锅炉盐段水冷壁管内	47.02	24.58	17.00	0.60	1.30	0.20	1.0	8.3

这种水垢的化学成分和结构常与某些天然矿物相似，如锥辉石（$Na_2O \cdot Fe_2O_3 \cdot 4SiO_2$）、方沸石（$Na_2O \cdot Al_2O_3 \cdot 4SiO_2 \cdot 2H_2O$）、钠沸石（$Na_2O \cdot Al_2O_3 \cdot 3SiO_2 \cdot 2H_2O$）、黝方石（$4Na_2O \cdot 3Al_2O_3 \cdot 6SiO_2 \cdot SO_3$）等。这些复杂的硅酸盐水垢，有的多孔，有的很坚硬、致密，常常匀整地覆盖在热负荷很高或水循环不良的炉管内壁上。

二、复杂硅酸盐水垢的形成

1. 复杂硅酸盐水垢产生的原因

锅炉给水中铝、铁和硅的化合物含量较高，是在热负荷很高的炉管内形成硅酸盐水垢的主要原因。给水中铝、铁和硅的化合物含量较高时，在热负荷很高的炉管，因温度的升高溶解度降低，或者因剧烈的蒸发浓缩直接结晶析出，都会造成硅酸盐水垢的产生。以地面水作补给水水源和冷却水水源的火力发电厂，若补给水的预处理不当或者凝汽器发生泄漏，就会使给水中含有一些极微小的黏土和较多的铝、硅化合物，它们进入锅炉内就可能形成硅酸盐水垢。

例如，某中压火力发电厂分段蒸发锅炉的盐段水冷壁管常常发生爆管事故，管子出现鼓包的情况更多。事故分析指出，这是由于水冷壁管内结有厚度为 $1\sim2mm$ 的致密水垢所引起的。对于这种水垢进行了 X 光谱分析和热谱分析，得知它的组成接近于钠沸石和方沸石型的化合物（见表 2-10）。

表 2-10   **复杂硅酸盐水垢与各种矿石化学成分的比较**   %

化学成分	盐段水冷壁上水垢	矿物钠沸石	矿物方沸石	合成方沸石
SiO_2	47.02	47.05	54.4	54.2
Al_2O_3	24.58	26.80	23.3	24.6
Na_2O	17.00	16.30	14.10	13.10
Fe_2O_3	0.60	—	—	—
CaO	1.30	—	—	—
MgO	0.2	—	—	—
P_2O_5	1.0	—	—	—
灼烧减量	8.3	9.4	8.2	8.1

分析研究该锅炉这种水垢产生的原因后，得到如下事故分析报告：该火力发电厂以某河水作为凝汽器的冷却水，制备化学补给水的原水取自凝汽器冷却水出水管路，补给水制备系统为"直流凝聚〔用 $Al_2(SO_4)_3$ 作混凝剂〕—机械过滤—钠离子交换"系统。由于该火力发电厂供电又供汽，补给水率为 20%。该河流的河水，在一年中有九个月是透明的，其余三个月是洪汛期，在洪汛期水的浑浊度为 3000mg/L。由于在洪汛期（即河水最大浑浊度期间）机械过滤器很快被污堵而降低出力，需要经常冲洗，继续投运，因而恶化了澄清水的水质，并导致钠离子交换器的污染，使补给水水质降低。这样胶体和悬浮物（主要是黏土的胶体悬浮物）随给水进入锅内，锅炉水中铝和硅酸化合物的含量增高，盐段锅炉水的含硅量高达 500～700mg/L，因此在洪汛期炉管结垢严重而导致了爆管事故的频繁发生。

2. 复杂硅酸盐水垢的形成机理

关于复杂硅酸盐水垢的形成机理，现在有两种看法，分别介绍如下：

一种看法认为，从锅炉水中析出并附着在炉管金属表面上的一些物质，在高热负荷的作用下，相互发生化学反应，就形成这种复杂的水垢。例如在高热负荷的炉管上硅酸钠和氧化铁能相互作用生成复杂的硅酸盐化合物

$$Na_2SiO_3+Fe_2O_3 \longrightarrow Na_2O \cdot Fe_2O_3 \cdot SiO_2$$

对于更复杂的硅酸盐水垢，则认为是由析出在高热负荷的炉管上的钠盐、熔融状态的苛性钠及铁、铝的氧化物相互作用而生成的。

另一种看法认为，复杂的硅酸盐水垢，是在高热负荷的炉管壁上从高度浓缩的锅炉水中直接结晶出来的。这种看法的依据是：某些复杂的铝硅酸盐化合物，可以在高压容器中由硅酸钠和其他相应组分经过合成的方法得到。

例如，有人曾在温度为 182℃和 282℃的高压釜内用硅酸钠和铝酸钠溶液合成了方沸石（$Na_2O \cdot Al_2O_3 \cdot 4SiO_2$），得到了直径大约为 0.1mm 颗粒的结晶。合成得到的这种方沸石的成分与天然方沸石矿物的成分是一致的（见表 2-10）。另一些研究人员，曾在 190℃温度下，以相应组分物质的浓溶液，合成得到了钠沸石与方沸石，从而证明了钠沸石与方沸石的形成条件是大体相同的。

为了研究方沸石的形成条件，还在压力为 6.18MPa、10.3MPa、17.16MPa 的专用试验锅炉中进行了研究。当在给水中加入硅酸溶液和铝盐溶液，使锅炉水中含有 SiO_2 90mg/L、Al_2O_3 30mg/L 时，试验结果是：压力为 6.18MPa，热负荷为 $560 \times 10^3 W/m^2$〔$48.6 \times 10^4 kcal/(m^2 \cdot h)$〕，管内没有形成水垢；而当压力为 10.3MPa、热负荷为 $300 \times 10^3 W/m^2$〔$25.6 \times 10^4 kcal/(m^2 \cdot h)$〕和 $510 \times 10^3 W/m^2$〔$44 \times 10^4 kcal/(m^2 \cdot h)$〕时，有的管段内明显覆盖着方沸石这类结晶。当锅炉水中含硅量、含铝量减少到上述含量的 1/10 时，仅在 17.16MPa 的锅炉内发现类似的沉积物。当不在给水中加入可溶性的硅酸以及铝的化合物，而在锅炉水中加入磨碎的很细的高岭土（$Al_2O_3 \cdot 2SiO_2 \cdot 2H_2O$）时，炉管内可形成白色的含黏土质的方沸石沉淀物。因此认为，压力、热负荷和锅炉水中的含硅量和含铝量是形成方沸石的决定因素。

除了上述铝硅酸盐水垢外，有些水循环工况不良的锅炉炉管内还发现锥辉石（$Na_2O \cdot Fe_2O_3 \cdot 4SiO_2$）这样的水垢。为了研究这种与锥辉石类似的铁硅酸盐化合物的形成条件，也进行过专门的试验研究。当在给水中加入硅酸溶液使锅炉水含硅量为 90mg/L SiO_2，锅炉水中 NaCl 为 190～214mg/L、Na_2SO_4 为 202～361mg/L、Na_2SO_3 为 2～31mg/L、PO_4^{3-} 为

7～9mg/L、总含盐量为 650～756mg/L 和 pH 值大约为 10.7 等水质条件下，在压力为 17.16MPa、热负荷为 $280 \times 10^3 W/m^2$ ［$24.3 \times 10^4 kcal/(m^2 \cdot h)$］的条件下，仅产生痕量（含量百万分之一以下）的锥辉石；当热负荷为 $560 \times 10^3 W/m^2$ ［$48.6 \times 10^4 kcal/(m^2 \cdot h)$］，管内壁上形成锥辉石水垢较为明显。在压力为 17.16MPa、热负荷为 $270 \times 10^3 W/m^2$ ［$23 \times 10^4 kcal/(m^2 \cdot h)$］～$500 \times 10^3 W/m^2$ ［$43.2 \times 10^4 kcal/(m^2 \cdot h)$］时，管内生成更多的锥辉石水垢。也有人用熔融状态的硅石（SiO_2）、铁的氧化物和钠盐，得到合成的锥辉石。以上试验表明，锅炉压力、炉管热负荷和锅炉水中硅化合物、铁的氧化物的浓度是形成锥辉石水垢的决定因素。

三、防止复杂硅酸盐水垢的方法

为了防止产生硅酸盐水垢，应尽量降低给水中硅化合物、铝和其他金属氧化物的含量。要达到这个目的，一方面要求对补给水进行除硅处理并保证优良的补给水水质，例如，前面说到的那个中压火力发电厂，将"直流凝聚"改为用硫酸亚铁作混凝剂在澄清设备内进行混凝处理后，因给水水质改善，锅炉盐段水冷壁管再也没有因形成复杂硅酸盐水垢而发生爆管事故；另一方面要严格防止凝汽器泄漏。

另外，为了避免和减少低压锅炉硅酸盐水垢的生成，防止锅炉因结垢而产生的事故，确保锅炉安全、经济运行，还应该从以下两点加以控制和注意：

（1）在给水中，硅化合物一方面以胶体物存在，另一方面以固形物出现，应认真做好给水的混凝、沉淀和过滤等净化工作，特别是雨天，要降低给水中微小的黏土含量，把浊度、悬浮物等指标控制在最低限度。

（2）对含硅量较高的给水，锅炉在运行中应尽量提高锅炉水的碱度和 pH 值，把它们控制在标准的上限范围。这样，一方面促使锅炉水中的二氧化硅在较强的碱性下生成溶解状态的硅酸盐，防止生成坚硬的硅酸盐水垢；同时，在较强的碱性下，硅酸盐与铁、铝等氧化物结合的化合物，由于受 OH^- 的影响作用，难以附着在管壁上而是沉淀下来，这样可以通过排污排除，也有效地阻止了硅酸盐沉积物的附着结合，生成坚硬的硅酸盐水垢。

第四节　氧化铁垢的形成及防止

氧化铁垢主要生成在以除盐水作补给水的高压和超高压以上锅炉中。在高参数机组锅炉中，由于凝汽器的严密性较高，水处理工艺也较完善，天然水中常见的一些杂质已经基本除掉，给水水质较纯，给水中的杂质主要是热力系统金属材料的腐蚀产物（如铁的腐蚀产物），因此避免了中低压锅炉的那种以碳酸盐和硅酸盐为主要成分的结垢情况，而是以氧化铁垢为主。氧化铁垢已经成为高温高压锅炉安全运行的最大危害。

一、成分、特征及生成部位

氧化铁垢的表面为咖啡色，内层是黑色或灰色，多数呈片状，较疏松，垢的下部与金属接触处常有少量的白色盐类沉积物。

氧化铁垢的主要成分是铁的氧化物，其含量可达 70%～90%。通过试验研究，有人认为锅炉水中铁的氧化物最稳定的形式是 Fe_3O_4，其他形式的铁的氧化物都会转化为 Fe_3O_4，所以磁性氧化物 Fe_3O_4 是氧化铁垢的主要成分。此外，往往还含有金属铜及铜的氧化物，少量钙、镁、硅和磷酸盐等物质。表 2-11 为某超高压锅炉内氧化铁垢的分析结果。

表 2 - 11   **某超高压锅炉氧化铁垢的分析结果**

垢 样 部 位	外 观	化 学 成 分（%）									
		R_2O_3	Fe_2O_3	Al_2O_3	CuO	MgO	Na^+	SiO_2	P_2O_5	酸不溶物	灼烧增量
后墙左起第 28 根水冷壁管，标高 15.8m 处	黑褐色	63.49	53.74	9.75	17.51	8.76	1.97	0.09	7.79	0.57	2.86
后墙右起第 28 根水冷壁管，标高 15.8m 处		78.58	76.08	2.50	8.37	13.36	2.56	0.14	3.43	0.37	2.87

氧化铁垢在灼烧时常表现为增重，这是由于低价氧化铁转化为高价铁的结果，反应式为 $4FeO + O_2 \xrightarrow{\text{灼烧}} 2Fe_2O_3$。氧化铁垢中常常含有铜，它们都难溶于 10% 以下的热盐酸，但溶解于用硝酸配成的王水中。其中，若以铁为主，则溶液呈黄色；若铜的含量较多，则呈绿色。

氧化铁垢最容易在高参数和大容量的锅炉内生成，但在其他锅炉中也可能产生。这种铁垢的生成部位，主要在热负荷很高的炉管管壁上，如燃烧器附近的炉管；对敷设有燃烧带的锅炉，在燃烧带上下部的炉管；燃烧带局部脱落或炉膛内结焦时的裸露炉管内等处。由氧化铁垢所引起的爆管事故，也正是发生在这些区域。此外，分段蒸发锅炉盐段管内结氧化铁垢较净段严重，这是因为盐段的锅炉水含铁量较高的原因。

二、氧化铁垢的形成

（一）关于氧化铁垢的形成过程的试验研究

国内外许多研究单位，在试验台和试验锅炉上，研究了锅炉水中铁的含量、铁的形态、水的 pH 值和水温、炉管热负荷和沸腾工况，以及锅炉水中同时存在有其他物质（例如铜的化合物）时，对氧化铁垢形成过程的影响。

1. 氧化铁垢的形成与锅炉水含铁量的关系

试验研究认为，锅炉炉管上形成氧化铁垢主要是由给水携带铁的氧化物（炉前热力系统的腐蚀产物）到锅内所引起的，氧化铁垢的结垢速度和结垢量与锅炉水中铁氧化物的含量有直接关系。研究确认，锅炉水中含铁量越高，氧化铁垢的形成速度越快，图 2-6 所示的试验研究结果就表明了这种关系。

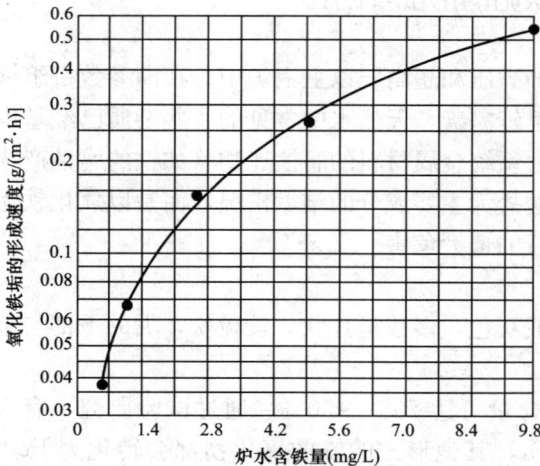

图 2-6 氧化铁垢的形成速度与锅炉水含铁量的关系（热负荷为 $350 \times 10^3 W/m^2$）

2. 氧化铁垢的形成与炉管热负荷的关系

试验研究证明，氧化铁垢的形成速度还与炉管的热负荷有很大关系。有资料指出，甚至在锅炉水含铁量不大（0.5mg/L）的情况下，只要炉管热负荷达到 $350 \times 10^3 W/m^2$ [$30 \times 10^4 kcal/(m^2 \cdot h)$]，氧化铁垢的形成速度就可以高达 $0.09 mg/(cm^2 \cdot 月)$（以 Fe_2O_3 计）。而炉管上氧化铁垢量若达到 $30 mg/cm^2$，就足以引起爆管事故，所以按这样的速度生成氧化铁垢，管子最多只能安全工作一年时间。

虽然在任何热负荷下，氧化铁垢都可以形成，但是在热负荷高的条件下，它的生成速度将急剧增加。例如曾在一台敷有燃烧带的 TⅡ-170 型锅炉上进行实验研究，炉管上敷有燃烧带的管段，热负荷为 $50 \times 10^3 \sim 60 \times 10^3 \, \text{W/m}^2$，氧化铁垢的形成速度仅为 $0.005 \text{mg/(cm}^2 \cdot \text{月)}$，燃烧带以外上下部分的炉管管段热负荷高达 $250 \times 10^3 \sim 300 \times 10^3 \, \text{W/m}^2$，这些部位氧化铁垢的形成速度达到 $0.067 \text{mg/(cm}^2 \cdot \text{月)}$。图 2-7 是这台锅炉沿盐段炉管高度上热负荷及氧化铁垢量的分布情况示意（图中热负荷分布情况是运行中测试的热负荷的平均值）。

氧化铁垢的形成速度可以按下述经验公式计算

$$A_{Fe} = K_{Fe} S_G^{Fe} q^2 \tag{2-10}$$

式中　A_{Fe}——氧化铁垢的形成速度，$\text{mg/(cm}^2 \cdot \text{h)}$；

$\quad\quad S_G^{Fe}$——锅炉水中铁的含量，mg/L；

$\quad\quad q$——炉管的局部热负荷，W/m^2；

$\quad\quad K_{Fe}$——比例系数，按试验台研究的结果，此系数值为 5.7×10^{-14}，按在锅炉上试验的资料，此系数值为 8.3×10^{-14}。

式（2-10）和图 2-8 的试验研究资料都表明，如果炉管热负荷很高，即使锅炉水中含铁量不大，氧化铁垢的形成速度也可以很高。因此，对于高热负荷的机组，为了防止氧化铁垢的产生以维持安全运行，必须尽可能地降低给水中铁化合物的含量。

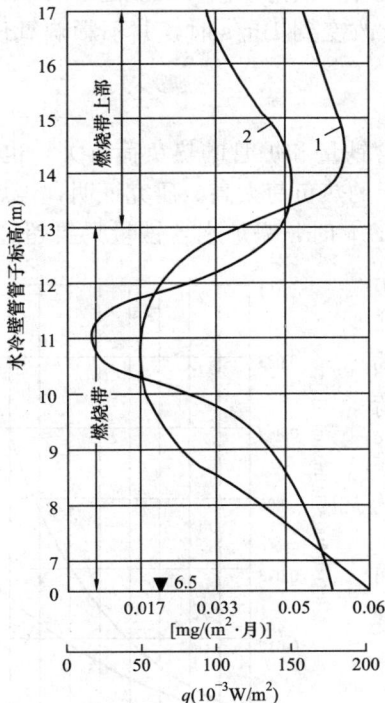

图 2-7　TⅡ-170 型锅炉盐段水冷壁管上氧化铁垢的形成速度与热负荷的关系

1—沿管子高度热负荷的变化；2—氧化铁垢量变化

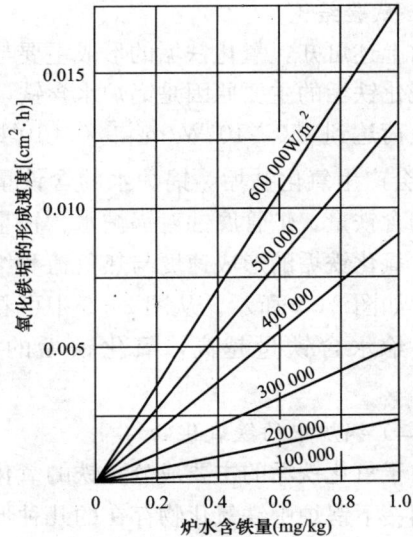

图 2-8　氧化铁垢的形成速度与锅炉水含铁量和热负荷的关系

3. 氧化铁垢的形成与其他因素的关系

由于氧化铁垢中往往含有铜垢，因此关于铜对氧化铁垢形成速度的影响也进行了试验研究。研究结果表明，氧化铁垢的形成过程与铜垢的形成过程，是两个彼此相互独立进行的过程，对结垢的速度彼此没有影响；但是这两个过程都与热负荷有很大关系。表 2-12 是铜对氧化铁垢形成速度的影响的试验研究结果。

表 2-12　铜对氧化铁垢形成速度的影响

锅炉水含铜量 (mg/L)	氧化铁垢的形成速度 [mg/(cm²·h)]	铜垢的形成速度 [mg/(cm²·h)]
痕量	0.0188	0.0001
0.05	0.0172	0.0005
0.5	0.0199	0.0010
5	0.0185	0.0014
10	0.0193	0.0015
15	0.0200	0.0017

注　热负荷：$q=300\times10^3 W/m^2$；锅炉水水质：$S_G^{Fe}=5mg/L$，$PO_4^{3-}=100mg/L$，$pH=10.8$。

该研究结果表明，在热负荷为 $300\times10^3 W/m^2$，锅炉水含铁量为 5mg/kg 时，氧化铁垢的形成速度很大，为 0.018mg/(cm²·h)（以 Fe_2O_3 计），与锅炉水中的含铜量无关。而在这种条件下，铜垢的形成速度为 $0.001\sim0.002mg/(cm^2·h)$，即比铁垢的形成速度要小 $10\sim15$ 倍。

通常氧化铁垢中金属铜的含量不超过 5%，而且含有金属铜的氧化铁垢，主要发生在热负荷超过 $200\times10^3 W/m^2$ 的炉管上。

试验研究还指出，氧化铁垢的形成速度与水中铁化合物的化合价无关，在其他条件都相同时，二价铁同三价铁形成氧化铁垢的速度相同。研究人员在实验室和典型试验中还发现：在存在氢氧化铁的情况下氧化铁更容易形成沉淀。此外，锅内水循环的流速，对氧化铁垢的形成也没有显著的影响，当水循环的流速从 0.3m/s 改变到 1m/s 时，并不影响氧化铁垢的形成速度。

4．试验结论

由上述可知，氧化铁垢的形成主要与锅炉水的含铁量和炉管的热负荷有关，也就是说，形成氧化铁垢的主要原因是锅炉水含铁量大和炉管上的热负荷太高。研究证明，当炉管的局部热负荷达到 $350\times10^3 W/m^2$ [$30\times10^4 kcal/(m^2·h)$] 时，锅炉水含铁量只要超过 $100\mu g/L$，就会产生氧化铁垢。锅炉水的含铁量主要决定于给水的含铁量，炉管腐蚀对锅炉水含铁量的影响往往较小。氧化铁垢的形成速度与热负荷和给水含铁量的关系，如图 2-9 所示。从图 2-9 中可看出，热负荷越大，给水含铁量越高，氧化铁垢的形成速度就越快。

（二）锅炉中的铁氧化物

由于氧化铁垢的主要成分是铁的氧化物，下面简单介绍一下锅炉中铁氧化物存在的几种形式，及各种形式铁氧化物的形成条件。

在一定温度和压力的条件下，燃煤锅炉中可以产生三种稳态的固体铁的氧化物：磁铁矿（Fe_3O_4）、赤铁矿（$\alpha-Fe_2O_3$）和方铁矿（FeO）。促成这些氧化物形成的条件包括氧气浓度、温度及 pH 值等。表 2-13 从各个方面比较和对照了这三种铁的氧化物。

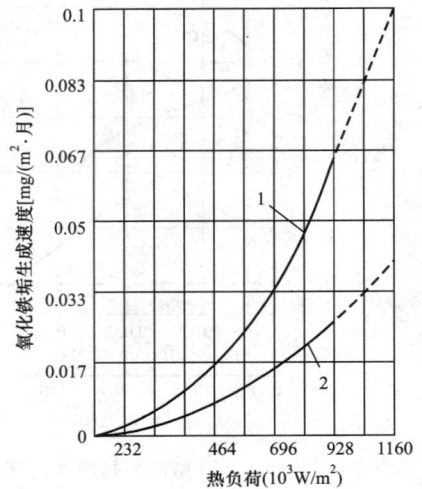

图 2-9　氧化铁垢的生成速度与热负荷的关系（按前苏联资料）
1—给水含铁量为 $50\mu g/L$；
2—给水含铁量为 $20\mu g/L$

表 2 - 13　　　　　　　　　　　　几种铁的氧化物对照表

名　称	磁性铁垢	赤铁矿	方铁矿
化学成分	Fe_3O_4	$\alpha - Fe_2O_3$	FeO
结构	中心面立方尖晶体	—	—
生长机理	阴阳离子扩散	N 型导体，生长主要涉及到阴离子	P 型导体，生长主要涉及阳离子
稳定性	—	—	高于 560℃（1040℉），低于此温度将分解为 Fe_3O_4 和铁
在氧化物层内的位置	遍及整个锅炉的典型氧化物主层	如果发现，将位于最临近水/蒸汽的氧化物的最外层上	如果发现，将会出现在蒸汽侧管道金属和磁性铁垢之间；在铁合金中，FeO 位于合金尖晶石和 Fe_3O_4 间
在形成处的氧气含量	大范围的氧气分压	最高	最低
硬度 HV	450～550	>1000	250～350
与锅炉管故障分析的相关性	保护性氧化物的形式，通过化学和/或机械分解是大多数锅炉管故障的根源	—	它是一种非保护性形式，如发现，可导致过热器/再热器管的快速氧化，是发生过热现象的象征

其中，磁性铁垢（Fe_3O_4）是氧化物的主要形式，在大范围的运行工况条件和氧气等级下都会有磁性铁垢的存在。三氧化二铁（$\alpha - Fe_2O_3$）在较高氧气浓度条件下是稳定的，形成氧化物的最外层。方铁矿（FeO）却在最低氧气浓度条件下是稳定的，而且依据钢材中合金的含量，当低于某一温度时将不再稳定，对 1Cr0.5Mo 和 2.25Cr1Mo 钢，此温度范围为560～620℃（1040～1150℉），低于此温度时它将分解为铁和磁性铁垢。如果它形成在过热器或再热器管道的蒸汽侧，则它可能位于管金属和主要磁性铁垢层间，是蒸汽管路中多层氧化物扩展的主要原因。由于它一旦形成将加速氧化，所以关注 FeO 至关重要。另外，方铁矿在停机后的水垢中是看不到的。

此外，在沉淀物中还可以发现如表2-14 所列的这些化合物，这说明其他金属可能局部地替代到磁性铁垢的离子结构中。

表 2 - 14　　磁性铁垢的几种固相替代品

组　成	名　称
$FeFe_2O_4$	磁铁矿
$NiFe_2O_4$	镍磁铁矿
$MnFe_2O_4$	锰尖晶石
$ZnFe_2O_4$	锌铁矿石
$CuFe_2O_4$	铜磁铁矿

（三）氧化铁垢的形成机理

氧化铁垢的形成机理与钙、镁垢的形成机理有所不同，关于氧化铁垢的形成机理，还需继续深入地进行研究。下面对目前比较一致的看法，简单归纳如下：

（1）锅炉水中铁的化合物沉积在管壁上，形成氧化铁垢。锅炉水中铁化合物的形态主要是胶体态的氧化铁（也有少量较大颗粒的氧化铁和呈溶解状态的氧化铁），胶体态氧化铁带正电。当炉管上局部地区的热负荷很高时，该部位的金属表面与其他各部分的金属表面之间，会产生电位差。热负荷很高的区域，金属表面因电荷集中而带负电。这样，带正电的氧化铁微粒就向带负电的金属表面聚集，结果便形成氧化铁垢。另外，在锅炉水冷壁管热负荷很高的局部区域，锅炉水在近壁层急剧汽化而高度浓缩，这一现象也促使了氧化铁垢的形成。

上述看法可以用来解释高参数锅炉内比较容易生成氧化铁垢的现象。因为通常是锅炉的参数越高，容量越大，炉膛内的热负荷也就越大，这就为氧化铁垢的形成创造了一个良好的条件；另一方面，高参数锅炉内锅炉水温度较高，而铁的氧化物在水中的溶解度随温度升高而下降（见图 2-10），结果使锅炉水中有更多的铁以固态微粒存在，所以就比较容易生成氧化铁垢。

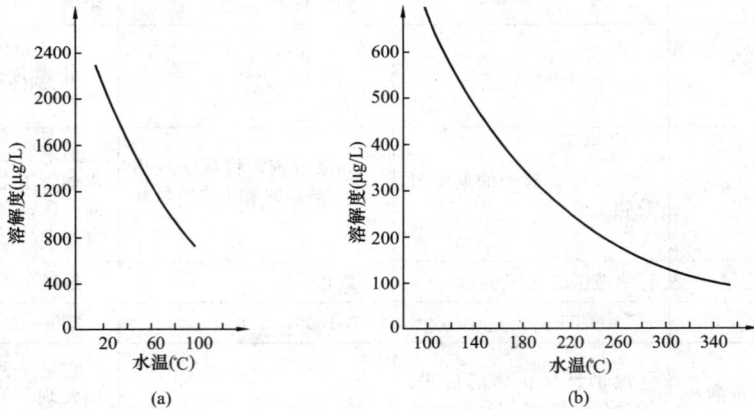

图 2-10 铁的氧化物（Fe_3O_4）在水中的溶解度
(a) 低温水；(b) 高温水

（2）炉管上的金属腐蚀产物转化成为氧化铁垢。在锅炉运行时，如果炉管内发生碱性腐蚀或汽水腐蚀，其腐蚀产物附着在管壁上就成为氧化铁垢。另外，在锅炉制造、安装或停用时，若保护不当，在炉管内会因大气腐蚀生成氧化铁等铁的腐蚀产物，这些腐蚀产物有的附着在管壁上，锅炉运行后，也会转化成氧化铁垢。

三、防止氧化铁垢的方法

锅炉水含铁量大是锅炉生成氧化铁垢的根源所在，因此，防止锅炉内产生氧化铁垢的基本方法是减少锅炉水中的含铁量。为此，应从减少给水含铁量和防止锅炉金属的腐蚀两方面着手。

为了减少给水含铁量，除了应防止给水系统金属腐蚀外，还必须减少给水的各组成部分（包括补给水、汽轮机主凝结水、疏水和生产返回凝结水等）的含铁量。因此一般采取下列措施来减少给水的含铁量：

（1）调整除氧器以保证良好的除氧效果，并正确进行给水联氨处理，消除给水中残余氧，从而尽可能避免或减少运行中的氧腐蚀。

（2）给水加氨或胺类处理，调节凝结水和给水的 pH 值，防止产生酸腐蚀。

（3）在给水系统或汽轮机凝结水系统中装电磁过滤器或其他除铁过滤器，以减少水中的含铁量。

（4）补给水设备和管道、疏水箱、除氧器水箱、返回水水箱等内壁衬橡胶或涂漆防腐。

（5）减少疏水箱中疏水或生产返回水箱中水的含铁量。例如，采用纸浆（纤维素）或其他物质过滤除铁，不合格的水排放掉。

（6）还应该做好锅炉的停运保护，避免停运期间的各种腐蚀；并在机组启动前分步骤进行冲洗，冲洗合格后锅炉方可点火。

此外，有关单位还正在试验研究往锅炉水中加分散剂和螯合剂，即采用有机聚合物进行炉内水处理，以减缓或防止氧化铁垢的生成。用于炉内水处理的聚合物是合成的聚合电解质，对结垢物质具有分散作用和晶格畸变作用。根据氧化铁垢的形成机理，水中的氧化铁微粒吸附了聚合物电离后的阴离子，改变了它原有的电荷特性，又借聚合物分子链具有的静电斥力，使氧化铁微粒保持悬浮分散状态，避免了它们的聚集和沉积。聚合物对氧化铁微粒的分散作用本质上属物理因素，而不是化学当量的。

第五节 铜垢的形成及防止

与氧化铁垢相似，铜垢的结生主要和热负荷有关，即铜垢也主要生成在热负荷很高的部位；但不同于氧化铁垢的是，铜垢可以在水中含铜量大不相同的各类锅炉中生成。

一、分布、特征及生成部位

若水垢中金属铜的含量很大，当平均含铜量达到20％或更多时，这种水垢称作铜垢。铜垢的特征是牢固地贴附在金属表面，且垢中每层的含铜量各不相同。

铜垢中金属铜的分布往往有一个特点：在水垢的上层，即受锅炉水冲刷的表层，含铜百分数很高，常达70％～90％；越是接近金属管壁处含铜百分数越小，一般靠近管壁处为10％～25％或更少。图2-11更明显地反映了这种特点，该图横坐标表示铜垢层的厚度（mg/cm²），纵坐标为含铜百分数。铜垢的表面层较松软，也较薄，主要由细小的金属铜的小丘组成，含铜85％；下面的一层含铜60％；紧贴金属管壁的一层厚度大，很紧密，含铜25％。图2-11中的含铜量是化学分析得到的各层平均含铜量，图2-11中曲线表示了含铜量沿垢层厚度逐渐变化的情况。

这与氧化铁垢中含铜的情况不一样，铜在氧化铁垢层中的分布大致是均匀的，即水垢的上层和与管壁金属接触的垢层中含铜百分数大体相同。

对含有铜的锅炉管沉淀物的检查表明，有时金属铜与磁性铁垢直接混合在一起，同时还可以观察到分层结构。在显微镜下观察此金属铜显示为在黑色磁铁矿基质中的抛光或磨光金颜色的高反射材料，黑白照片则不能显示这种混合物的美丽景象。在图2-12中可以辨

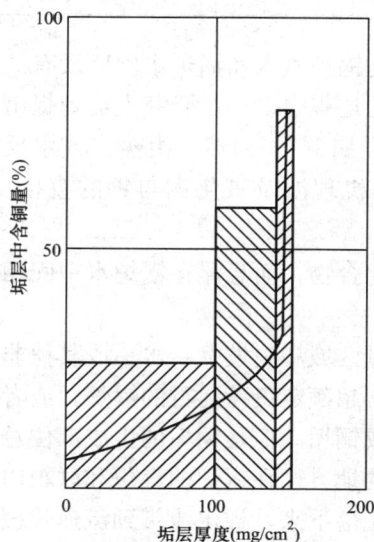

图2-11 铜垢中沿垢层厚度铜的分布

图2-12 具有铜（亮区）、磁性铁垢（浅灰色）和碳酸钙沉积物（深灰色）的碳钢水冷壁管

认出这种沉淀物的许多特征：在邻近金属表面上，可以看到一层薄的紧贴的磁铁矿膜，在这层膜的上面出现一层较旧的而又较厚的点缀着金属铜的铁氧化物膜。在其他情况下，铜将以小珠粒的形式镶嵌于整个基质中。

例如某电站锅炉炉管内曾发现铜垢，垢的上层含铜85%，而平均试样总含铜量仅20%；另一电站的锅炉铜垢之平均含铜量仅仅为15%，而垢的上层含铜量为68%。这两个电站锅炉的铜垢中都含有硅酸和铁的氧化物，其详细的化学分析结果见表2-15。

表2-15　　　　　　燃烧器区域净段水冷壁管铜垢垢样的化学分析结果

锅　　炉	垢样地点	化　学　成　分（%）							
		SiO_2	Cu	铁的氧化物折算为		P_2O_5	CaO	MgO	金属铜平均含量（%）
				Fe_2O_3	Fe_3O_4				
TⅡ-200锅炉	向火侧垢样上层	3.2	84.7	12.0	11.3	痕量	痕量	痕量	84.0
	向火侧平均垢样	24.0	21.0	35.5	33.5	7.4	4.9	2.2	19.4
Фостер-уИЛЛеp型锅炉	向火侧垢样上层	5.7	67.8	14.7	13.8	4.2	3.1	0.7	65.2
	向火侧平均垢样	18.7	14.7	34.0	32.0	9.4	7.7	4.0	14.1

又有某中压燃油锅炉炉管内铜垢的分析结果见表2-16。该炉割管检查发现，垢层表面有较多金属铜的颗粒；在炉管严重腐蚀处的周围，有小丘状附着物，附着物表面有闪闪发亮的金属铜粒。

表2-16　　　　　　某中压燃油锅炉炉管内铜垢的分析结果

垢样的地点	化　学　成　分（%）					
	Cu	R_2O_3	Fe_2O_3	SiO_2	CaO	MgO
炉管向火侧平均试样	51.84	24.50	18.80	15.40	1.12	1.71
炉管背火侧平均试样	35.52	39.30	33.20	3.40	1.12	1.21

应该特别注意到，在铜垢中含有金属铜，而金属铜是锅炉给水和锅炉水中所没有的。在解释与碱性腐蚀相关的沉淀物或点腐蚀中为什么含有铜的过程中，一位研究人员曾提出"锅炉水中的铜离子可能被碱性腐蚀过程中释放的氢还原为金属铜"。当然，由蒸汽或水反应释放的氢可能有相同的作用方式。铜形成的另一个可能的机理涉及氧化铜与钢的直接反应：$4CuO+3Fe \longrightarrow Fe_3O_4+4Cu$。

另外，在铜垢被锅炉水冲刷的最上层几乎没有钙镁化合物，而悬浮在锅炉水中固相物的主要成分是钙镁化合物。

铜沉淀物的分布受锅炉设计特征的影响，在高热通量区域和斜坡管，水平或其他非垂直管中积聚较高。各种压力的锅炉中都可能生成铜垢，经常超额定负荷运行的锅炉，或者炉膛内燃烧工况变化引起局部热负荷过高的锅炉，更容易形成铜垢。但是铜垢的生成部位总是在热负荷很高的炉管管段中，或者在锅炉水局部深度蒸发的地方。在锅炉的汽包和联箱内的水渣中也发现有铜，这些铜是从局部热负荷很高的管壁上脱落下来，被水流带到流速较缓慢的汽包和联箱中，与水渣一起积聚在那里而形成的。还在锅炉的一些与锅炉内传热无关的管子（例如双汽包锅炉的水连通管）等处发现含有金属铜的沉积物，但是这种含铜的沉积物（或者也称为垢）较松软，不是坚硬地附着在管壁上的。它也不是在管内形成的铜垢，而是锅炉水循环过程中，把从铜垢中脱落的铜带到那里积聚并附着而形成的。

二、铜垢的形成

（一）铜垢形成过程的分析研究

有人曾经针对不同水质，对不同类型锅炉中铜垢的形成过程与各种因素的关系，进行了观察与分析，归纳起来得到以下一些看法。

1. 铜垢的形成与给水含铜量的关系

铜垢可以在给水含铜量大不相同的各类锅炉中产生。例如，曾在一台给水含铜量仅 $2\mu g/kg$ 的锅炉中发现了铜垢，但在有些给水含铜量达到 $100\mu g/kg$ 的锅炉内却往往没有铜垢。

2. 铜垢的形成与热负荷的关系

铜垢总是形成在热负荷很大的炉管管段上，而不是在整个炉管上，也就是说析出部位有局限性。这种情况说明，铜垢不是由于含有铜离子的溶液与金属铁接触时发生还原反应（$Cu^{2+}+Fe \longrightarrow Fe^{2+}+Cu$）所产生的。因为实际上在溶液中含任何浓度的铜离子时，都应该发生上述还原反应。根据计算，在 Cu/Fe 体系中铜的平衡浓度极小，仅为 0.16×10^{-31} mol/L（25℃时），而给水和锅炉水中含铜量通常为 $10^{-7} \sim 10^{-6}$ mol/L，即超过铜的平衡浓度许多倍，可是在给水管道和省煤器，甚至在相当大部分的锅炉炉管管段上都没有金属铜析出。除了用这种还原反应难以解释铜垢的产生部位有明显的局限性外，铜垢中没有铜的低价化合物，也说明上述还原反应不是铜垢形成的原因。因为还原反应常伴随着形成低价铜化合物的中间阶段，且没有理由认为 $Cu^{2+} \longrightarrow Cu^+$ 与 $Cu^+ \longrightarrow Cu$ 这两个过程的速度的差别是不可比拟的。看来，铜垢的产生可能是一个电化学析铜过程。

铜垢的形成部位明显地与热负荷有关系，使得人们不能不承认热负荷的大小是影响铜垢形成的主要因素。铜垢总是形成在热负荷很大的受热面上，那么热负荷起什么作用呢？热负荷的作用是否仅仅在于提高了管壁的局部温度呢？如果是这样的话，铜垢就会主要形成在高压和超高压锅炉中，但是实际情况并不是如此。各种不同压力的锅炉中都曾经发现过铜垢，只要这些锅炉炉内热负荷很大，铜垢就可能发生。

有人曾经在 TⅡ-200-1 型锅炉上进行了热负荷对铜垢形成的影响的基本研究。该锅炉的设计蒸发量为 200t/h，汽包压力为 3.43MPa，燃用重油，辐射受热面的平均热负荷达 $200 \times 10^3 W/m^2$，沿水冷壁管高度热负荷的变化如图 2-13（a）所示，管内铜垢的分布如图 2-13（b）所示。从图 2-13 中可以看出，在最大热负荷区产生的铜垢量最大。此外，在热负荷

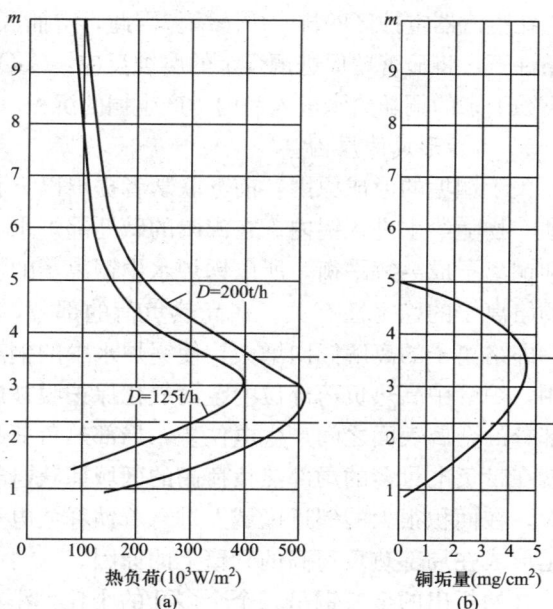

图 2-13 TⅡ-200-1 型锅炉净段水冷壁内铜垢的分布
（a）热负荷的分布；（b）铜垢量的分布

超过 $200 \times 10^3 \, W/m^2$ 的管段上形成的垢，化学成分、性质和数量都与热负荷小于 $200 \times 10^3 \, W/m^2$ 的管段内的垢大不相同。形成在高热负荷区的垢是极紧密的垢，主要由金属铜组成，其化学成分中也含有铁的氧化物、锌的氧化物以及痕量的铅和锡，而钙镁化合物含量很少。形成在热负荷较低区域的垢则是松软的，易于清除，这些垢主要由磷酸钙和氧化铁组成，实际上是不含铜的化合物。

对于铜垢的形成速度，可用下列经验公式表示为

$$A_{Cu} = K_{Cu}(S_G^{Cu})^{1/n} q(q - q_0) \tag{2-11}$$

式中　A_{Cu}——单位时间、单位面积上析出的铜量，$mg/(cm^2 \cdot h)$；

　　　S_G^{Cu}——锅炉水中铜的总含量，mg/kg；

　　　　q——热负荷，W/m^2；

　　　　q_0——引起铜垢生成的最低热负荷，W/m^2；

　　　K_{Cu}——比例系数；

　　　　n——表示锅炉水中铜离子浓度与总含铜量关系的数值。

（二）铜垢的形成原因

1. 铜的来源

一般天然水中铜化合物的含量很低，汽水系统的铜化合物基本上是由于热力设备中铜部件腐蚀所产生的。国内火力发电厂使用铜材的设备主要有：凝汽器，材质多为锡黄铜管（HSn70-1A）、铝黄铜管（HAl77-2A）、普通加砷黄铜（H68A）、白铜管（B10、B30）等，少数厂家选用不锈钢管或钛管；给水加热器，低压加热器一般采用砷黄铜或铝黄铜，而高压加热器有的采用镍铜管，有的采用碳钢或不锈钢。

为了防止锅炉金属材料的腐蚀，国内很多锅炉采用氨和联氨处理，以调整给水 pH 值，降低给水中的溶解氧。在氨—联氨处理方式中，氨及联氨分解出来的氨一部分溶解于蒸汽凝结水中，在凝汽器空抽区的排水中浓缩。因此，空抽区及周围区域氨腐蚀特别明显。在氨和氧共存的条件下，将显著地促进铜合金的腐蚀反应：$CuO + 4NH_3 + H_2O \longrightarrow [Cu(NH_3)_4(OH)_2]$，这些腐蚀下来的铜随给水进入锅内，产生铜的沉积。

2. 铜垢形成的原因

关于铜垢的形成原因，前苏联学者提出以下看法：热力系统中铜合金遭到腐蚀后，铜的腐蚀产物随给水进入锅内。在沸腾的碱性锅炉水中，铜主要以络离子的形式存在。这些络离子和铜离子成离解平衡，所以锅炉水中铜离子的实际含量与锅炉水总含铜量并不相符，这与铜的络离子的稳定性有关。在高热负荷的部位，一方面，锅炉水中部分铜的络离子会被破坏，即络离子的离解倾向增大，使锅炉水中的铜离子含量升高；另一方面，由于高热负荷的作用，炉管中高热负荷部位的金属氧化保护膜被破坏，并且使高热负荷部位的金属表面与其他部分的金属表面之间产生电位差，局部热负荷越大时，这种电位差也越大。其结果，铜离子就在带负电量多的局部热负荷高的区域捕获电子而析出金属铜（$Cu^{2+} + 2e \longrightarrow Cu$）；与此同时，在面积很大的邻近区域上进行着铁释放电子的过程（$Fe \longrightarrow Fe^{2+} + 2e$）。这就是铜垢总是形成在局部热负荷高的管壁上的原因。

开始析出的金属铜呈一个个多孔的小丘，小丘的直径为 $0.1 \sim 0.8mm$，随后许多小丘逐渐连成整片，形成多孔海绵状沉淀层，锅炉水则充灌到这种孔中，由于热负荷很高，孔中的这些锅炉水很快就被蒸干而将氧化铁、磷酸钙、硅化合物等杂质留下。这种过程一直进行到

杂质将孔填满为止。杂质填充的结果就使实际垢层中铜的百分含量比刚形成而未填充杂质的垢层中铜的百分含量小。铜垢有很好的导电性，不妨碍上述过程的继续进行，所以在已生成的垢层上又按同样的过程产生新的铜垢层，结垢过程便这样继续下去。

研究表明，当受热面热负荷超过 $200 \times 10^3 \text{W/m}^2$ 时，就会产生铜垢；铜垢的形成速度主要与热负荷有关，它随着热负荷的增大而加快。在热负荷最大的管段，往往形成的铜垢量最多。

三、防止铜垢的方法

铜垢的沉积同样对热力设备的安全经济运行存在极大的危害。特别应当提到的是，对铜垢（或含铜的水垢）进行酸洗除垢时，必须考虑除铜措施。否则，在炉管内壁上就会镀上一层铜，锅炉运行时，基体母材与镀铜组成电偶电池，炉管将遭受腐蚀。进行除铜措施就必然会增加清洗难度，同时增加清洗费用。因此，必须采取一定措施来防止铜垢的生成。

为了防止在锅炉中生成铜垢，在锅炉运行方面，应尽量避免炉管局部热负荷过高；在水质方面，应尽量降低锅炉水含铜量。降低锅炉水的含铜量有两种办法：

（1）减少给水的含铜量。减少给水的含铜量，主要是防止给水和凝结水系统中铜制件的腐蚀。

（2）往锅炉水中加分散剂。此法尚在试验研究之中。

另外，在我国目前投运的高参数机组大都安装了凝结水精处理设备，保证精处理设备去除氧化物的能力，同样是保证锅炉给水品质防止锅炉结垢的重要手段。由于在线分析铁铜的仪表价格比较贵，而现场又不具备分析铁铜的条件，各个火力发电厂汽水系统中的铁铜大都由实验室分析，这就在一定程度上影响了对现场操作的指导性。因此加强和完善对汽水系统中铁铜的分析，仍是今后工作中应引起有关部门重视的一项重要的工作。

第六节　磷酸盐铁垢的形成及防止

磷酸盐铁垢是锅炉发生酸性磷酸盐腐蚀时，在锅炉高热负荷区的受热面上发展而形成的一种水垢。

由传统的磷酸盐处理形成的水渣在低、中压锅炉的水冷壁下联箱中可见，而在压力为15.5MPa 以上锅炉的下联箱中，甚至在无定期排污的条件下却没有发现磷酸盐水渣，只有粉末状的氧化铁。据资料介绍，15.5MPa 以上锅炉中的磷酸盐以分散状态悬浮在锅炉水中，吸附腐蚀产物，形成具有高表面电荷磷酸盐颗粒，沉积在热负荷最大的水冷壁管内表面，最后形成磷酸盐铁垢。这种铁垢多孔、导热性能低，在高热负荷区累积会发生锅炉水深度浓缩，使氧化膜破坏产生腐蚀甚至穿孔。

一、磷酸盐铁垢与普通磷酸盐水垢的区别

磷酸盐铁垢和普通磷酸盐水垢都是由于锅内磷酸盐处理而产生的，这是两者的共同点，下面简单介绍两者的区别。

1．生成条件

由于磷酸盐铁垢是发生酸性磷酸盐腐蚀时产生的一种特殊水垢，因此，磷酸盐铁垢的主要成分是酸性磷酸盐腐蚀的腐蚀产物磷酸亚铁钠（$NaFePO_4$）。而 $NaFePO_4$ 是磁性氧化铁同 NaH_2PO_4 及 Na_2HPO_4（而不是 Na_3PO_4）发生反应的产物。因此，产生磷酸盐铁垢（或者发生酸式磷酸盐腐蚀）的必要条件是锅炉水中长期含有酸式磷酸盐（包括 NaH_2PO_4 和 Na_2HPO_4）。

普通磷酸盐水垢是指锅内在进行磷酸盐处理（主要用于防垢）时，锅炉水中含有 PO_4^{3-} 量较大，同时 NaOH 浓度较低而产生的以 $Ca_3(PO_4)_2$ 或 $Mg_3(PO_4)_2$ 为主要成分的水垢；当 NaOH 浓度足够时，Ca^{2+} 和 PO_4^{3-} 便生成水渣形式的 $Ca_{10}(OH)_2(PO_4)_6$，达到防垢目的。但由于 $Mg_3(PO_4)_2$ 水渣黏结性很强，易生成二次水垢，故磷酸盐处理时不能有效地防止镁垢的生成。

2. 特征

位于酸性磷酸盐腐蚀内层的反应产物 $NaFePO_4$，即磷酸盐铁垢，呈灰白色，坚硬多孔，导热性很差，上面有时还覆盖有红色氧化铁斑点。

普通磷酸盐水垢外观多呈灰白色，质地松散，在设备上附着力不强，当磷酸盐过剩量不足时，垢中还常伴随着部分碳酸盐水垢。水垢在小于 5% 的稀盐酸中不易溶解，但在加热并大于 10% 的盐酸中可以溶解。在灼烧试样时，一般失重不大，若失重大，则说明有碳酸盐。

3. 生成部位

磷酸盐铁垢是伴随酸性磷酸盐腐蚀的产物，而酸性磷酸盐腐蚀一般容易发生在以下部位：一是炉管内水循环受干扰的地方，如沉积物沉积部位、炉管方向骤变或内径改变处、炉管弯管处；二是高热流量区域；三是热力或水力流动受影响位置，如水平炉管或倾斜炉管。

磷酸盐水垢一般结生在汽包内部，特别是汽包分段蒸发的盐段，锅炉内汽水分离装置接触锅炉水的下部，及下降管和受热面管上。

二、磷酸盐铁垢的产生

磷酸盐铁垢的产生与酸性磷酸盐腐蚀紧密相关，或者说，磷酸盐铁垢是伴随酸性磷酸盐腐蚀的一种特殊的结垢形式。因此，研究磷酸盐铁垢的产生，也就是研究酸性磷酸盐腐蚀的过程。

（一）磷酸盐隐藏

磷酸盐处理是汽包锅炉应用最广泛，技术较成熟的锅炉水处理方式，而磷酸盐隐藏是磷酸盐处理的高压及以上锅炉上经常发生的现象。随着机组而负荷波动，或者机组运行参数的升高，许多采用磷酸盐处理的锅炉都发生了严重的磷酸盐隐藏和再溶出现象，导致炉水 pH 值、PO_4^{3-} 波动而难以控制，严重的还发生了爆管事故。

磷酸盐隐藏的特征是：在负荷增加时，锅炉水中的磷酸盐浓度降低，pH 值增加；负荷降低，锅炉水中磷酸盐含量增加，pH 值降低。

磷酸盐隐藏和再溶出不仅导致锅炉水参数难以维持，而且与其相关的腐蚀破坏对机组的设备危害很大，严重时会导致爆管。因此，对磷酸盐隐藏进行深入理解和认识十分重要，尤其是在锅炉水水质变纯的情况下。

研究认为，控制磷酸盐隐藏的机制（即磷酸盐隐藏的实质）主要有以下几种：

（1）磷酸盐在炉管高热负荷区域沉积。

（2）磷酸盐和 Fe_3O_4 保护膜及其他腐蚀产物反应。

（3）磷酸盐和 Fe_3O_4 交换离子。

总之，磷酸盐隐藏是物理作用（吸收或沉积）及化学作用和磷酸钠盐自身特性共同作用的结果。

（二）酸性磷酸盐腐蚀

酸性磷酸盐腐蚀是近几年才鉴别出的一种与磷酸盐隐藏及再溶出相关的破坏形式，它是导致炉管破坏的一种潜在的腐蚀形式，发生在采用磷酸盐水化学工况的高参数汽包锅炉上。图 2-14 是遭酸性磷酸盐腐蚀的两个典型例子。

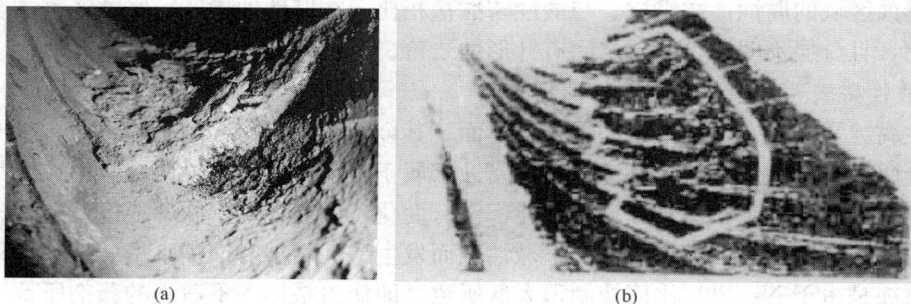

(a)　　　　　　　　　　(b)

图 2-14　被酸性磷酸盐腐蚀的水冷壁管
(a) 起始于管表面褶痕处的酸性磷酸盐腐蚀；(b) 一般的大面积酸性磷酸盐腐蚀

发生酸性磷酸盐腐蚀的主要原因是锅炉水中存在较多酸性磷酸盐和锅炉水的局部浓缩。在协调 pH—磷酸盐或适度磷酸盐水工况下，磷酸盐隐藏现象发生时，为减少磷酸盐的损失，并使运行参数控制在运行范围之内，运行人员往往添加 NaH_2PO_4 和 Na_2HPO_4，导致锅炉水的 Na/PO_4 比值降低，从而发生这种腐蚀。因此，发生隐藏时加入酸性磷酸盐是诱发该腐蚀的主要原因。

当锅炉水中 Na/PO_4 比值低于 2.5，锅炉水温度大于 177℃，且沉积在管壁上的磷酸盐浓度超过一个临界值时就会发生这种腐蚀。这个临界值随温度的升高而降低，腐蚀发生时磷酸钠盐和炉管表面 Fe_3O_4 保护膜反应生成 $NaFePO_4$，反应方程式如下

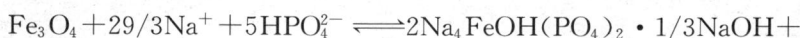

$$Fe_3O_4 + 5Na^+ + 5HPO_4^{2-} + H_2O \Longrightarrow 2Na_2Fe(HPO_4)PO_4 + NaFePO_4 + 5OH^-$$

$$Fe_3O_4 + 29/3Na^+ + 5HPO_4^{2-} \Longrightarrow 2Na_4FeOH(PO_4)_2 \cdot 1/3NaOH +$$

$$NaFePO_4 + 1/3OH^- + H_2O$$

这两个反应导致锅炉水 pH 值升高，PO_4^{3-} 浓度降低。而当温度和压力降低时，反应产物 $NaFePO_4$ 和 $Na_4FeOH(PO_4)_2 \cdot 1/3NaOH$ 又溶于水，产生了低 Na/PO_4 比的酸性溶液，导致 pH 值降低，严重时锅炉水 pH 值会低于 9，可能会引发炉管全面腐蚀，严重时还会导致炉管氢脆的发生。

发生酸性磷酸盐腐蚀时，炉管水侧保护性的磁性氧化铁（Fe_3O_4）层被破坏，形成一个蚀槽区，蚀槽区内腐蚀产物通常有两个明显的区别层，外层黑色，为沉积的给水腐蚀产物，内层呈透明灰色（主要是 $NaFePO_4$），有时还会覆盖有红色的 Fe_2O_3 斑点。腐蚀产物中存在 $NaFePO_4$ 是酸性磷酸盐腐蚀的一个主要特征，其腐蚀速率一般大于 $100\mu m/a$。

由于引起酸性磷酸盐腐蚀的缘由是磷酸盐处理化学工况没控制好，特别是因加入了 NaH_2PO_4 或 Na_2HPO_4 产生了"暂时消失"现象，特别值得注意的是，只加 Na_3PO_4 不会产生酸性磷酸盐腐蚀。因此，酸性磷酸盐腐蚀一般被认为是采用了协调 pH—磷酸盐处理后逐渐出现的实际问题。有资料统计，采用协调 pH—磷酸盐处理的锅炉有 90% 发生磷酸盐隐藏现象，60% 发生酸性磷酸盐腐蚀。

（三）酸性磷酸盐腐蚀与其他腐蚀形式的区别

1. 酸性磷酸盐腐蚀与碱性腐蚀的区别

酸性磷酸盐腐蚀和碱性腐蚀很相似，以前许多公认的碱性腐蚀实际上都是酸性磷酸盐腐蚀。它们形成的蚀槽区十分相似，且一般都发生在向火侧有给水腐蚀产物沉积的地方，主要区别是腐蚀区域的腐蚀产物组成。与酸性磷酸盐相比，在碱性蚀槽区，腐蚀产物主要是分层的氧化物，且分层不明显，两层之间有针形的二价、三价铁的钠盐晶体。

2. 酸性磷酸盐腐蚀与酸性腐蚀的区别

酸性腐蚀常发生在比较致密的沉积物下面，其金相组织有明显的脱碳现象，生成细小裂纹，使金属变脆。酸性磷酸盐腐蚀与碱性腐蚀都属于延性失效，腐蚀区域会形成凹凸不平的腐蚀坑，坑下金属的金相组织和力学性能都没有变化，破损处管壁减薄或呈针孔状失效。

发生酸性磷酸盐腐蚀的炉水往往呈碱性，而发生酸性腐蚀时锅炉水呈酸性。另外，酸性磷酸盐腐蚀是由于 Na/PO_4 比值控制得太低所致，即认为是加入不适当的药剂所致；而酸性腐蚀一般是人们不希望的物质进入锅炉所致。

三、磷酸盐铁垢的防止

要防止磷酸盐铁垢，即是要防止锅炉产生酸性磷酸盐腐蚀。

要防止酸性磷酸盐腐蚀发生，高参数汽包炉机组应采用平衡磷酸盐水工况或低磷酸盐—低 NaOH 水工况来代替协调 pH—磷酸盐水工况。当然，随着机组参数的提高和水处理工艺的完善，也可以选择全挥发处理、联合水处理或中性水处理。总之，应该根据具体情况选择最佳的水工况。

最新的电力行业标准 DL/T 805.2—2004《火电厂汽水化学导则　第 2 部分：锅炉炉水磷酸盐处理》也规定：锅炉压力在 12.7MPa 以上，不允许使用 Na_2HPO_4，即不允许采用协调 pH—磷酸盐处理，这是防止酸性磷酸盐腐蚀的根本措施。

锅炉还原性水化学工况

　　为降低锅炉炉管的腐蚀速率，减小炉管沉积物与结垢量，提高蒸汽品质，必须对锅炉水进行调节处理。虽然高参数、大容量机组无一例外地采用高纯水（通常为二级除盐水）作为锅炉补充水，且越来越多的机组设有凝结水精处理装置，但作为锅炉给水它们并不符合防腐要求（即不是处于炉管腐蚀速率最低的状态）。因此，需要采取如给水加氨、锅炉水加碱性药品（如磷酸盐等）的一系列防腐处理措施。

　　磷酸盐是一种缓冲能力强，热稳定性好，无毒价廉且来源广的物质。由于其这些特点，磷酸盐在汽包锅炉（如工业锅炉、电站锅炉等）的锅炉水处理中得到广泛应用，至今仍是汽包锅炉首选的锅炉水调节处理药剂。

　　汽包锅炉锅炉水采用磷酸盐处理始于 1927 年，主要是为了控制钙、镁水垢的生成，Na_3PO_4 的加入使得锅炉给水中带入的钙硬、镁硬转化为容易随排污排除的软渣。随着锅炉给水品质的改善（尤其是二级除盐水的普遍使用与凝结水精处理设施的投运）及锅炉参数的提高，磷酸盐处理的主要任务也由防垢变为防腐、防垢并重，并且逐步过渡到以防腐为主。

　　直流锅炉早期主要采用全挥发处理（这里是指还原性全挥发处理），从 20 世纪 70 年代起，逐步采用氧化性水工况（即加氧水工况），如中性水处理与联合水处理。由于氧化性水工况的突出优点，20 世纪 80 年代末，国外（我国从 21 世纪初）开始在汽包锅炉上进行加氧水工况试验，试验获得圆满成功，为氧化性水工况在汽包锅炉上的应用打下了良好的基础。

　　本章着重介绍还原性化学水工况，主要包括磷酸盐处理、平衡磷酸盐处理及还原性全挥发处理。氧化性水工况的发展及应用将在第四章详细介绍。

第一节　锅炉常见水化学工况概述

　　对于电站锅炉（包括汽包锅炉和直流锅炉）而言，目前实际应用的锅炉水调节方式大致分为以下三类：①不含酸式盐（指 Na_2HPO_4）的磷酸盐处理方式，如磷酸盐处理、低磷酸盐处理、平衡磷酸盐处理、低氢氧化钠—低磷酸盐处理；②含酸式盐的磷酸盐处理方式，主要是协调 pH—磷酸盐处理；③非磷酸盐处理方式，如氢氧化钠处理（即苛性处理）、全挥发性处理、中性水处理、联合水处理等。

　　如果按锅炉水中金属的氧化还原电位划分，则锅炉水化学工况可分为两类：①还原性水化学工况，如磷酸盐处理、低磷酸盐处理、平衡磷酸盐处理、低氢氧化钠—低磷酸盐处理、氢氧化钠处理、全挥发处理等；②氧化性水化学工况，如中性水处理、联合水处理等。

　　表 3-1 给出了各种锅炉水化学工况的比较情况。

表 3-1 各种锅炉水化学工况的比较

水化学工况	原理简介	控制指标	备 注
磷酸盐处理	在 pH＞9 的碱性锅炉水中，维持一定量的 PO_4^{3-}，使锅炉水中的 Ca^{2+}、Mg^{2+} 变成溶解度极小的碱式磷酸钙和蛇纹石水渣，随锅炉排污排除，锅炉水残余 Ca^{2+}、Mg^{2+} 量小，不会形成水垢	$[PO_4^{3-}] \leqslant 10$mg/L，pH＝9～10。锅炉压力不同，其控制指标也不同： $P = 5.9 \sim 12.6$MPa，$[PO_4^{3-}] = 2 \sim 10$mg/L，pH＝9～10.5； $P = 12.7 \sim 15.6$MPa，$[PO_4^{3-}] = 2 \sim 8$mg/L，pH＝9～10； $P = 15.7 \sim 18.3$MPa，$[PO_4^{3-}] = 0.5 \sim 3$mg/L，pH＝9～10	磷酸盐热稳定性好，缓冲能力强，无毒价廉是其得以推广的前提。但锅炉水中磷酸盐含量高时，会产生磷酸盐"暂时消失"现象，影响蒸汽品质
低磷酸盐处理	防垢原理同上，但磷酸盐兼有调节锅炉水 pH 值、增加炉水锅炉水缓冲能力的作用	$[PO_4^{3-}] = 0.5 \sim 3$mg/L，pH＝9～10	主要用在亚临界汽包锅炉上，实际应用中，锅炉水中 PO_4^{3-} 控制在 1mg/L 左右
平衡磷酸盐处理	为消除磷酸盐"暂时消失"现象，又兼顾锅炉水防垢、防腐调节特性的一种改进的磷酸盐处理工艺	$[PO_4^{3-}] \leqslant 2.5$mg/L，pH＝9.0～9.7 (25℃)，$Na^+/PO_4^{3-} > 2.8$，$[Na^+] \leqslant 0.85$mg/L，$[Cl^-] \leqslant 0.028$mg/L，$[SO_4^{2-}] \leqslant 0.028$mg/L，$[SiO_2] \leqslant 0.13$mg/L	锅炉水磷酸盐处理工艺的最新发展，取代协调 pH—磷酸盐处理的新方法
低氢氧化钠—低磷酸盐处理	锅炉水平衡磷酸盐处理技术的改进	$[PO_4^{3-}] = 0.2 \sim 1.0$mg/L，$[NaOH] = 0.2 \sim 0.8$mg/L，pH＝9.1～9.6，$[Cl^-] \leqslant 0.2$mg/L，$[SO_4^{2-}] \leqslant 0.2$mg/L，$[SiO_2] \leqslant 0.2$mg/L	在高参数、大容量机组中应用越来越多
协调 pH—磷酸盐处理	通过加入 Na_2HPO_4 来消除锅炉水中的游离 NaOH，从而消除碱性腐蚀的锅炉水调节方法	锅炉水 $Na^+/PO_4^{3-} = 2.2 \sim 2.85$（实际控制中一般为 2.5～2.8）；$[PO_4^{3-}] = 2 \sim 8$mg/L，pH＝9～10	实际应用中会产生酸性磷酸盐腐蚀，是一种过渡并逐步被淘汰的方法
氢氧化钠处理	调节锅炉水 pH 值，提高金属耐蚀能力，并增强锅炉水缓冲能力	$[NaOH] = 0.5 \sim 2.0$mg/L，pH＝9.1～10.0	美国电力研究院 (EPRI) 推荐，英国应用广泛
全挥发处理	给水中加入 NH_3 调节其 pH 值，使其处于碱性，加入 N_2H_4 除氧，使其处于无氧的还原性状态	pH＝9.0～10.0 (25℃)，$O_2 \leqslant 0.007$mg/L，$DD_H < 0.2\mu S/cm$，$Fe(T) < 0.02$mg/L，$Cu(T) < 0.003$mg/L，$[Na^+] \leqslant 0.01$mg/L，$[SiO_2] \leqslant 0.02$mg/L	在直流炉及正常运行的大型汽包炉上使用
中性水处理	给水中加入 O_2 使铁系金属的电位升高数百毫伏，进入钝化区，从而达到防腐的目的	pH＝7.0～8.0 (25℃)，$O_2 = 0.05 \sim 0.25$mg/L，$DD_H < 0.2\mu S/cm$，$Fe(T) < 0.02$mg/L，$Cu(T) < 0.003$mg/L，$[Na^+] \leqslant 0.01$mg/L，$[SiO_2] \leqslant 0.02$mg/L	取代挥发性处理的先进水工况，比全挥发处理的效果好的多
联合水处理	为增加给水的缓冲能力，在给水加入少量的 NH_3，使给水 pH 值略有提高	pH＝8.0～9.0 (25℃)，$O_2 = 0.03 \sim 0.15$mg/L，$DD_H < 0.2\mu S/cm$，$Fe(T) < 0.02$mg/L，$Cu(T) < 0.003$mg/L，$[Na^+] \leqslant 0.01$mg/L，$[SiO_2] \leqslant 0.02$mg/L	中性水处理的改进水工况，在汽包锅炉中也得到了应用

第二节 汽包锅炉磷酸盐处理

在汽包锅炉磷酸盐处理的发展历程中，经历了高磷酸盐、普通磷酸盐、低磷酸盐、协调磷酸盐—pH、精确控制、等成分磷酸盐（协调 pH—磷酸盐）、平衡磷酸盐、低磷酸盐—低氢氧化钠处理等。这些水工况的出现，适应了不同时期汽包锅炉对锅炉水品质的要求，实施要求和控制标准各不相同。

一、高磷酸盐处理

压力介于 1.3～2.5MPa 之间的低压汽包锅炉都是采用高磷酸盐处理，其控制指标为：$[PO_4]=10～30mg/L$，$pH=10～12$。对于压力在 3.8～5.8MPa 之间的中压汽包锅炉（电站锅炉），其控制指标为：$[PO_4]=5～15mg/L$，$pH=9～11$（如果属于分段蒸发锅炉，则其盐段炉水锅炉水中 $[PO_4]\leqslant75mg/L$）。

由于中低压锅炉通常采用软化水作为补充水（随着离子交换树脂脱盐技术的推广，中压及以上锅炉基本上采用除盐水作为给水；但对于低压锅炉，由于经济上的原因，仍采用软化水或不进行处理的自来水），因此，磷酸盐处理的主要目的是防垢。由于水质原因，中低压锅炉结垢通常比较严重，一般一年需酸洗一次。

图 3-1 和图 3-2 分别给出了 $[PO_4]=0～30mg/L$ 及 $[PO_4]=0～75mg/L$ 时的 $[PO_4]$-pH 关系曲线。

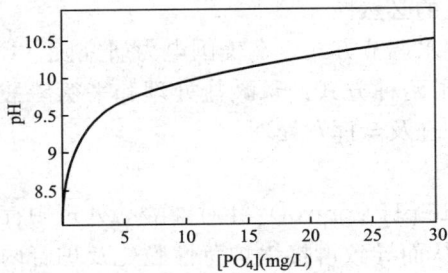

图 3-1 $[PO_4]$-pH 关系曲线

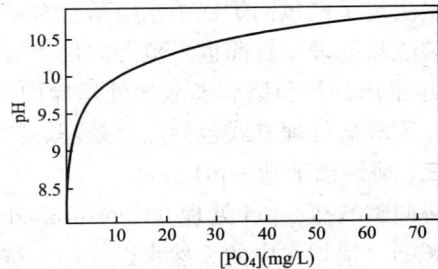

图 3-2 $[PO_4]$-pH 关系曲线

二、磷酸盐处理

对于发电锅炉而言，磷酸盐处理（Phophate Treatment，PT）是指在压力为 5.9～18.3MPa 之间的汽包锅炉锅炉水中采用磷酸盐调节的水工况。随着锅炉压力的增高，锅炉水中容许的 PO_4^{3-} 含量逐步降低。如压力为 5.9～12.6MPa 时，$[PO_4]=2～10mg/L$，$pH=9～10.5$；压力为 12.7～15.6MPa 时，$[PO_4]=2～8mg/L$，$pH=9～10$；压力为 15.7～18.3MPa 时，$[PO_4]=0.5～3mg/L$，$pH=9～10$。

图 3-3 给出了 $[PO_4]=0～10mg/L$ 时的 $[PO_4]$-pH 关系曲线；而图 3-4 给出了 $[PO_4]=0～3mg/L$ 时 $[NH_3]$ 对 $[PO_4]$-pH 关系曲线的影响情况，图 3-4 中曲线 1～6 分别表示 $[NH_3]=0$，0.1，0.3，0.5，0.7，1.0mg/L 时的情况。

与中低压锅炉相比，在高压及高压以上锅炉中，磷酸盐含量大幅度降低，尤其在亚临界参数时，磷酸盐的含量降到 3mg/L 以下（在实际应用中，其值更低，甚至达到小于或等于 1mg/L）。其原因在于：

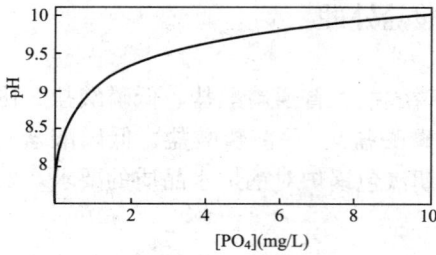

图 3 - 3 ［PO₄］- pH 关系曲线

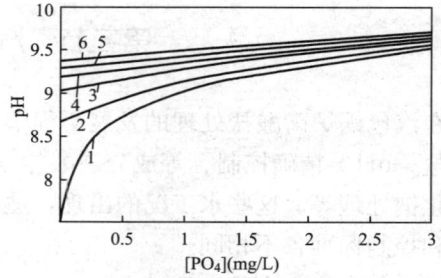

图 3 - 4 PT 时 NH₃ 对 ［PO₄］- pH 曲线的影响

（1）高压以上锅炉的补给水均采用二级除盐水，除在凝汽器泄漏时有微量的硬度带入锅炉水外，正常运行工况下，锅炉水硬度接近于零。因此，作为防垢功能的磷酸盐含量可以大幅度降低，只需少量的磷酸盐用作调节锅炉水 pH 值。

（2）加入锅炉水中的磷酸盐除排污消耗外，其余的会以积盐或垢的方式沉积在热力系统，对锅炉传热效率和机组安全运行带来不利影响。因此，从理论上讲，在确保锅炉水 pH 值合格的前提下，磷酸盐含量越少越好。

（3）锅炉水中的磷酸盐存在暂时消失现象，磷酸盐含量越高、锅炉热负荷越大（即参数越高），越容易产生暂时消失现象，而这正是水冷壁管发生碱性腐蚀和酸性磷酸盐腐蚀的根本原因。同时，磷酸盐含量高时容易产生黏附性磷酸镁水垢，从而导致二次水垢的生成。上述因素决定了汽包锅炉锅炉水磷酸盐含量逐步降低的必然性。

磷酸盐处理是目前世界范围内使用最广的锅炉水调节方式。在美国电力研究院（EPRI）1994 年推出的汽包锅炉磷酸盐处理导则中，推荐了两种方式：磷酸盐处理和平衡磷酸盐处理（非磷酸盐处理方式包括加氧处理、氢氧化钠处理及全挥发处理）。

三、协调磷酸盐—pH 处理

协调磷酸盐—pH 处理（Coordinated Phosphate-pH Control）针对磷酸盐处理中存在游离 NaOH（锅炉水中的天然水碱度热分解所致），从而导致铆接锅炉苛性脆化及炉管内表面苛性腐蚀的问题，1942 年由 S. F. PURCELL 与 T. E. WHIRL 提出。其要点是控制锅炉水中 ［Na］/［PO₄］ 摩尔比为 3：1，以防止游离 NaOH 形成；为此通过加入 Na_2HPO_4 来消除游离碱度，使锅炉水中的磷酸盐始终处于 Na_3PO_4 状态，反应式为 $Na_2HPO_4 + NaOH \longrightarrow Na_3PO_4 + H_2O$。

该处理方式主要应用于压力小于 13.7MPa 的锅炉，其控制指标为：pH＝9.5～10.6，［PO₄］＝3～50mg/L，［Na］/［PO₄］＝3。其控制过程中的 ［PO₄］- pH 关系曲线可以用图 3 - 2 来描述，即要求锅炉水中的磷酸盐恰好处于纯 Na_3PO_4 状态。但实际应用中发现仍有氢氧化钠腐蚀，且 ［Na］/［PO₄］ 比难以控制。

四、精确控制

1948 年 R. E. HALL 提出了一种适合于高压锅炉的磷酸盐处理技术，其控制指标是：［PO₄］＝2～4mg/L，［NaOH］＝15～50mg/L，pH＝10.5～11.5。精确控制（Precision Control）是为了防止磷酸镁泥垢，以及降低锅炉水中可溶性硅含量而衍生出来的一种水处理方式。因为较低的磷酸盐含量可防止磷酸镁生成，而较高的游离 NaOH 碱度又可使锅炉水中溶解性硅变成硅酸钠而减少溶解携带；同时，碱性锅炉水中生成的泥渣更具流动性，易随排污排走。

图 3-5 给出了精确控制时 [PO_4]-pH 关系曲线，图 3-5 中曲线 1～7 分别表示 [NaOH]=0，1，5，10，15，30，50mg/L 时的情况。由图 3-5 可以看出，在 [NaOH]≥5mg/L（曲线 3）后，锅炉水 pH 值仅决定于 NaOH 浓度。

但精确控制由于游离 NaOH 碱度高，苛性腐蚀严重而被淘汰。

图 3-5　精确控制时 NaOH 对 [PO_4]-pH 曲线的影响

五、等成分磷酸盐处理

在上述磷酸盐处理技术中，总认为炉管表面析出的固相物与液相中成分是一致的，即是协调的（congruent）。但研究表明，在高温下从 Na_3PO_4 过饱和溶液析出的是 Na_2HPO_4 沉积物，其固、液相成分是不协调的（incongruent）。这就解释了为什么炉管表面析出沉积物时会出现游离 NaOH 这一现象。1955 年 M. L. RAVICH 与 L. A. SHCHERBAKOVA 发现：在 275℃、8.7MPa 及 365℃、20MPa 时，若控制 Na/PO_4 比分别为 2.85 和 2.65，其析出固相物与液相成分是一致的。即如果控制锅炉水磷酸盐溶液 Na/PO_4 比上限为 2.85，就可保证发生沉积时固、液成分是一致的。经过探索与实践，出现了一种改进的磷酸盐处理方式——等成分磷酸盐处理（Congruent Phosphate Treatment，CPT）。国内许多资料称之为"协调 pH-磷酸盐处理"，或者称为"适宜控制"，容易与上面介绍的"协调磷酸盐—pH 处理"相混淆，但本节第三大点所介绍的处理方式已过时、淘汰，目前所说的"协调 pH—磷酸盐处理"、"协调磷酸盐"、"适宜控制"等皆是指 congruent，即 CPT，而非 coordinate。其控制指标为：锅炉水 Na/PO_4=2.3～2.85（实际控制中一般为 2.5～2.8），[PO_4]=2～8mg/L，pH=9～10。

1964 年 V. M. MARCY 和 S. L. HALSTEAD 对 CPT 进行了改进，将 Na/PO_4 固定在 2.60，控制 [PO_4] 为 2～4mg/L，pH 为 8.5～9.3。美国 1986 年的 EPRI 汽包锅炉磷酸盐处理导则推荐的 CPT 水工况就是以此为基础的（1994 年的 EPRI 导则中没有 CPT，但注明如果没有发生盐类暂时消失现象和酸式磷酸盐腐蚀问题，1986 年导则中的 CPT 仍可使用）。

CPT 适用于给水高品质（二级除盐水）、凝结水高回收率、锅炉低排污率，且压力大于 13.7MPa 的汽包锅炉，在国内汽包锅炉水工况中应用较多。

（一）CPT 的原理

用传统磷酸盐处理时，人们发现有如下缺点：①当有机物进入炉内，引起锅炉水 pH 值降低时，磷酸根控制到上限也不能解决问题；②发现有许多锅炉的炉管发生了碱性腐蚀。经研究证明，发生碱性腐蚀的原因是锅炉水中游离的 NaOH 在炉管的沉积物下浓缩后发生了如下反应

$$4NaOH+Fe_3O_4 \longrightarrow Na_2FeO_2+2NaFeO_2+2H_2O \qquad (3-1)$$

$$2NaOH+Fe \longrightarrow Na_2FeO_2+2H \qquad (3-2)$$

锅炉水中游离 NaOH 的主要来源有：

（1）凝汽器泄漏使锅炉内产生了游离 NaOH。凝汽器泄漏或渗漏时，若系统中没有凝结水精处理装置，循环水中的碳酸盐混入凝结水，并随之进入热力系统。由于水温不断升高，

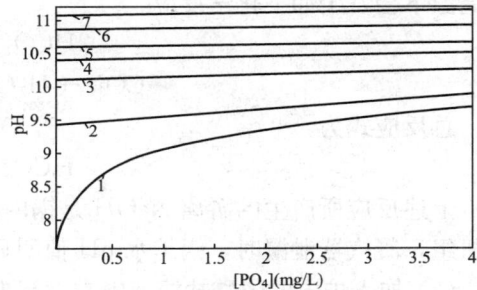

在高温下会发生如下化学反应

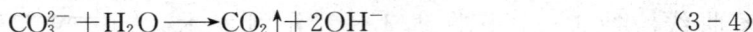

$$2HCO_3^- \longrightarrow CO_2\uparrow+H_2O+CO_3^{2-} \tag{3-3}$$

$$CO_3^{2-}+H_2O \longrightarrow CO_2\uparrow+2OH^- \tag{3-4}$$

总反应式为

$$HCO_3^- \longrightarrow CO_2\uparrow+OH^- \tag{3-5}$$

上述反应所产生的游离 NaOH 是锅内游离 NaOH 的主要来源。故对于循环水碱度较高的机组，凝汽器泄漏时，锅炉水 pH 值明显升高。

（2）加入炉内的磷酸盐溶液中常含有少量 NaOH 或 Na_2CO_3。

（3）由于锅炉水中磷酸钠盐的"暂时消失"现象而产生了游离 NaOH。磷酸盐"暂时消失"现象的实质是，磷酸盐在超过 117℃时溶解度随温度升高而降低。所以当锅炉负荷升高时，锅炉水中磷酸盐浓度明显降低；而当锅炉负荷减小或停炉时，锅炉水中磷酸盐浓度又重新升高。这说明水冷壁管上有磷酸盐沉积。也有资料将产生此现象的原因解释为磷酸盐和 Fe_3O_4 之间发生随温度、压力变化的可逆化学反应。水冷壁管上固相沉积物的组成取决于锅炉水中磷酸盐溶液的成分和 pH 值。当溶液中 Na/PO_4 摩尔比超过 2.85 时，在高热负荷区析出固相物后，余下的液相中就出现了游离的 NaOH。如下反应

$$Na_3PO_4+0.15H_2O \Longleftrightarrow Na_{2.85}H_{0.15}PO_4\downarrow+0.15NaOH \tag{3-6}$$

CPT 就是为了解决上述因磷酸盐"暂时消失"现象发生碱性腐蚀的问题而产生的一种水化学工况。经过研究证明，如果在锅炉水中添加适当的药品，使锅炉水成为 Na_3PO_4 和 Na_2HPO_4 的混合溶液，锅炉水中就不会有游离 NaOH 产生；而且只要锅炉水中的 Na_2HPO_4 分量恰当，磷酸盐即使发生"暂时消失"现象，锅炉水中也不会产生游离的 NaOH。因此就可以避免碱性腐蚀。同时因为锅炉水中有一定量的 Na_3PO_4，锅炉水能保持 pH＞9（25℃），从而避免了酸性腐蚀。

（二）CPT 的控制

图 3-6 给出了 CPT 控制方式下，不同 R（即 Na/PO_4 摩尔比）值情况时的 $[PO_4]$- pH 关系曲线，曲线 1~4 分别表示 $R=2.5$，2.6，2.7，2.8 的情况。图 3-7 则给出了 $R=2.6$ 时，$[NH_3]$ 对 CPT 工况的影响情况，曲线 1~6 分别表示 $[NH_3]=0$，0.1，0.3，0.5，0.7，1.0mg/L 时的 $[PO_4]$- pH 关系曲线。由图 3-7 与图 3-6 比较可知，NH_3 的影响不可忽略。同时考虑 NH_3、有机物、硅酸、电导率对 $[PO_4]$- pH 曲线的影响情况，参见有关文献。

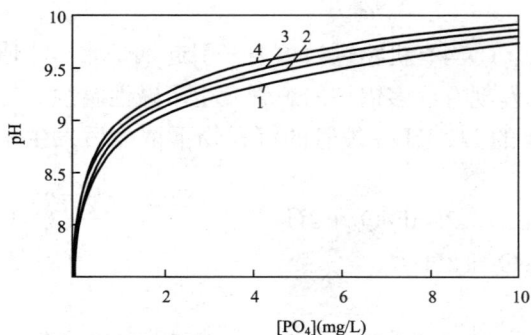

图 3-6 R 为不同值的 CPT 控制图

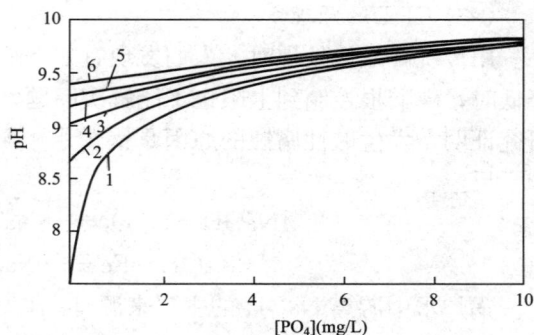

图 3-7 $R=2.6$ 时氨对 CPT 工况的影响

（三）CPT 的实施

1. 基本要求

Na/PO$_4$ 摩尔比（即 R 值）来表示不同成分的磷酸盐溶液组成。如在 Na$_3$PO$_4$ 溶液中，R＝Na/PO$_4$＝3；Na$_2$HPO$_4$ 溶液中，R＝Na/PO$_4$＝2；而溶液为二者混合液时，R 在 2～3 之间。若溶液中 Na$_3$PO$_4$ 的摩尔数 n_1，Na$_2$HPO$_4$ 的摩尔数 n_2，则 $R=\dfrac{3n_1+2n_2}{n_1+n_2}$。

发生磷酸盐"暂时消失"现象时，水冷壁上析出的固相物组分与溶液中磷酸盐组分的关系见表 3－2。

表 3－2　　　　　　　　　　水冷壁上析出的固相物组分与溶液中磷酸盐组分的关系

溶液的 Na/PO$_4$	析出固相物的 Na/PO$_4$	析出固相物后的溶液中 Na/PO$_4$
R＞2.85	小于溶液中的 Na/PO$_4$	增大（溶液中有游离 NaOH 产生）
R＝2.85	等于溶液中的 Na/PO$_4$	不变（同成分，不产生游离 NaOH）
R＝2.85～2.13	大于溶液中的 Na/PO$_4$	减小（不产生游离 NaOH）
R＝2.13	等于或大于溶液中的 Na/PO$_4$	不变（同成分，不产生游离 NaOH）
R＜2.13	大于溶液中的 Na/PO$_4$	减小，但 pH 低于 9.0

从表 3－2 中看出，当溶液中 R≤2.85 时，即使在高热负荷区水冷壁管上析出固相物，水溶液中也不会产生游离 NaOH。所以，控制锅炉水中 R≤2.85，就可以避免炉管的碱性腐蚀。而控制锅炉水中 R≥2.2，则锅炉水 pH≥9，就可以避免酸性腐蚀。按 GB 12145—1989《火力发电机组及蒸汽动力设备水汽质量标准》规定，正常运行中，控制锅炉水中 Na/PO$_4$ 摩尔比为 2.3～2.8，一般控制在 2.5～2.8 范围内。低磷酸盐处理时，为保持 pH 值，R 值控制在上限附近。

2. CPT 的调整和控制

磷酸三钠不是水中钠的唯一来源，还可能有其他钠盐。因此，锅炉水的 Na/PO$_4$ 摩尔比不能采用测定锅炉水中含钠量和磷酸根的办法求出，R 值可通过测定锅炉水 pH 值和 PO$_4^{3-}$ 含量，再由计算求得，即

$$R=\frac{[\text{Na}]}{[\text{PO}_4]}=\frac{10^{(\text{pH}-11)}}{C_{\text{PO}_4}}\times 95-5.588\times\frac{1.8}{1.8+10^{(\text{pH}-9)}}\times\frac{C_{\text{NH}_3}}{C_{\text{PO}_4}}+1.995 \qquad (3-7)$$

式中　C_{PO_4} 和 C_{NH_3}——PO$_4$ 和 NH$_3$ 的总质量浓度，mg/L。

或

$$R=\frac{[\text{OH}^-]}{C_{\text{PO}_4}}-\frac{[\text{H}^+]}{C_{\text{PO}_4}}-\frac{[\text{NH}_4^+]}{C_{\text{PO}_4}}+\delta_1+2\delta_2+3\delta_3 \qquad (3-8)$$

$$\delta_1=\frac{[\text{PO}_4^{3-}]}{C_{\text{PO}_4}} \qquad \delta_2=\frac{[\text{HPO}_4^{2-}]}{C_{\text{PO}_4}} \qquad \delta_3=\frac{[\text{H}_2\text{PO}_4^-]}{C_{\text{PO}_4}}$$

$$\delta_1+2\delta_2+3\delta_3=1.995$$

一般当 [PO$_4$]＞5mg/L，[NH$_3$]≤0.4mg/L 时，[NH$_4^+$]/[PO$_4$] 较小，可忽略。故 R 可简化为

$$R=\frac{K_\text{w}}{C_{\text{PO}_4}[\text{H}^+]}+1.995 \qquad (3-9)$$

式中　K_w——水的离子积（25℃时，K_w＝1.0×10^{-14}）；

C_{PO_4}——磷酸根的摩尔浓度；

[H^+]——氢离子的摩尔浓度。

协调 pH—磷酸盐控制中 "$Na_3PO_4+Na_2HPO_4$" 和 "Na_3PO_4+NaOH"，配方的选择根据锅炉水水质决定。

（1）"$Na_3PO_4+Na_2HPO_4$" 处理。"$Na_3PO_4+Na_2HPO_4$" 处理是正常状态下通常采用的方法。Na_3PO_4 和 Na_2HPO_4 的质量比可以按理论计算，求得不同 R 值时二者的比例；也可以通过实验来选择合适的配比。

根据公式（3-10），由工业磷酸三钠（$Na_3PO_4 \cdot 12H_2O$，分子量380）和工业磷酸氢二钠（$Na_2HPO_4 \cdot 12H_2O$，分子量358）按一定质量比 X，可配制出 R 在 2～3 范围内的任何摩尔比溶液（见表3-3）。

$$R = \frac{3 \times \dfrac{X}{380} + 2 \times \dfrac{1}{358}}{\dfrac{X}{380} + \dfrac{1}{358}} = \frac{3X + 2.12}{X + 1.06} \qquad (3-10)$$

表3-3　　　　　　　　　溶液中三钠、二钠质量比 X 与 R 对应表

X	0.25	0.5	1.0	1.5	2.0	2.5	3.0	3.5	4.0
R	2.19	2.32	2.49	2.59	2.65	2.70	2.74	2.77	2.79

由于药品纯度和含水量等因素，理论和实际会存在一定差别。故可作为初步依据，再作适当调整。

（2）"Na_3PO_4+NaOH" 和 "$Na_2HPO_4+NaH_2PO_4$" 处理。这两种配方都是非正常状态下的控制处理，用以达到 R 合格的要求。前者是由于给水中带入有机或无机酸性物质，或其热分解后产生酸性物质，使 $R<2.2$，这时就要在 Na_3PO_4 溶液中混加 $NaOH$。后者是因凝汽器泄漏或再生碱残液带入而使 $R>3.0$，此时可以不加 Na_3PO_4，单纯加入 Na_2HPO_4，或同时再加入 NaH_2PO_4。以上情况仅适合在可调整的范围内（即 R 值和 PO_4^{3-} 都在标准允许的范围内），否则要作为故障处理直到停炉，更换锅炉水到合格后再启动。

（四）CPT 的缺点

经过 20 多年实践经验表明：采用 CPT 时，无一例外地存在着酸性磷酸盐腐蚀问题。其问题的本质是由于出现磷酸盐"暂时消失"现象时，酸性磷酸钠盐（Na_2HPO_4 和 NaH_2PO_4）与保护性 Fe_3O_4 膜之间发生反应，生成磷酸铁钠、磷酸亚铁钠及碱式磷酸铁钠等，导致了炉管的腐蚀；而不是以前讨论的沉积物固液相成分协调与不协调的问题。为此，必须从磷酸盐处理的本质上去检讨这一问题。

六、低磷酸盐处理

低磷酸盐处理（Low Phosphate Treatment，LPT）分为两种情况：一种是改进的 CPT，主要应用在亚临界汽包锅炉，其锅炉压力高，凝汽器也比较严密，可将锅炉水中磷酸盐含量大幅度降低，控制 [PO_4] 为 1mg/L 左右，其他指标同 CPT（见图3-7，此时，通过给水带入的氨，使锅炉水 pH 值合格，见图3-7中曲线3～6）；另一种与纯磷酸盐处理相同，即一些厂家为消除 CPT 时加入 Na_2HPO_4 带来的酸性磷酸盐腐蚀问题，改为只加 Na_3PO_4，这实际上变为纯粹的磷酸盐处理（PT），与本节二介绍的一致（见图3-3及图3-4）。

磷酸盐处理的每次改进，都是针对性地解决了控制中的某些技术难题。但是，在上述所

有的磷酸盐处理技术中，无一不可避免地会出现磷酸盐"暂时消失"（phosphate hideout & return）现象。由此导致锅炉水 pH 值不稳定，难以控制。因为负荷升高时，磷酸钠盐（包括酸式磷酸盐）以固体物质形式在水冷壁管高热负荷区析出，锅炉水中出现游离 NaOH，从而导致锅炉水 pH 值升高，PO_4^{3-} 浓度下降。按 CPT 控制标准，只好加入 Na_2HPO_4，但加入 Na_2HPO_4 会导致更多的酸式磷酸盐沉积（该酸式磷酸盐会与 Fe_3O_4 膜发生反应，破坏水冷壁管的保护膜，即发生酸性磷酸盐腐蚀）。当锅炉负荷降低时，析出的固体物质又重新溶解（溶液呈酸性），导致锅炉水 pH 值大幅度降低（有时甚至低于 5.0），PO_4^{3-} 浓度上升，此时又需要加入 NaOH 才能消除此影响。其结果是：锅炉水中 PO_4^{3-} 浓度高，但却未能消除炉管腐蚀现象，因此，出现了下面介绍的氢氧化钠处理与平衡磷酸盐处理等方式。

七、氢氧化钠处理

由于担心苛性脆化与苛性腐蚀问题，在磷酸盐处理过程中，一直严格控制锅炉水中游离 NaOH。但随着给水品质的提高与锅炉制造工艺的改进，基本消除了铆接、胀接锅炉，即"苛性脆化"已成为历史；而对"苛性腐蚀"也有了新的认识，认为其腐蚀主要与锅炉水中酸性物质（氯化物、硫酸盐）相关。因此，许多水化学工作者大胆采用了氢氧化钠处理（Caustic Treatment，CT），并取得了良好的效果。据报道：世界上有超过 50 000MW 的锅炉采用 CT 处理。美国 1994 年 EPRI 导则中也推荐用氢氧化钠处理。

图 3 - 8 给出了氢氧化钠处理时 [NaOH] 与 pH 的关系曲线（图 3 - 8 中曲线 1），及氨对氢氧化钠处理的影响（图 3 - 8 曲线 1～6 分别表示 $[NH_3]$＝0，0.1，0.3，0.5，0.7，1.0mg/L 时的状况）。

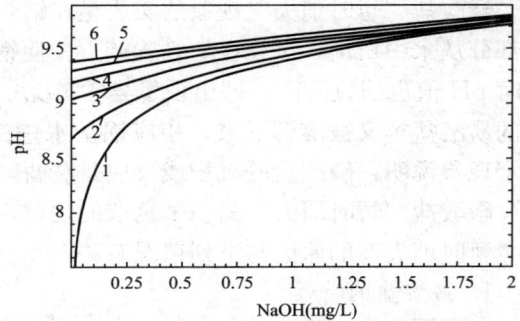

图 3 - 8　氢氧化钠处理时 [NaOH] 与 pH 关系曲线

第三节　平衡磷酸盐处理

基于对本章第二节中各种水化学工况的讨论和认识，在汽包锅炉磷酸盐处理中出现了两种新的工艺，即平衡磷酸盐处理与低磷酸盐—低氢氧化钠处理。本节主要介绍平衡磷酸盐处理（Equilibrium Phosphate Treatment，EPT）。

一、磷酸盐"暂时消失"的研究

在平衡磷酸盐处理出现之前的各种磷酸盐处理方式中，锅炉水磷酸盐"暂时消失"现象是它们共有的特征，正是该现象导致了炉管的腐蚀、锅炉水 pH 值难以控制等问题。因此，平衡磷酸盐处理的出现主要是为了消除磷酸盐"暂时消失"现象。为此，先对磷酸盐"暂时消失"现象进行一定的研究。

在第二章第六节及第三章第二节中已经对磷酸盐"暂时消失"的现象及本质作了部分介绍，本节将对其进行深入探讨和研究。

（一）磷酸盐"暂时消失"的现象

早在 1931 年就发现了磷酸盐"暂时消失"现象，它是在锅炉夜间降负荷和白天升负荷的变化过程中被检测出来的。尤其在高压锅炉内，此现象更容易发生。迄今这一现象仍是锅炉水磷酸盐处理研究中的重点所在。

磷酸盐"暂时消失"的现象是：当锅炉负荷升高时，锅炉水的磷酸盐含量减少甚至消失，锅炉水 pH 值和 Na/PO_4 摩尔比值增大，并可能出现游离 $NaOH$；当锅炉负荷降低及在停炉或启动过程中，可发现锅炉水磷酸盐含量增高，pH 值和 Na/PO_4 摩尔比值降低（这说明锅炉水中存在有酸性磷酸盐）。

（二）磷酸盐"暂时消失"现象的实质及原因分析

研究发现，磷酸盐"暂时消失"主要以两种形式发生：偏离核态沸腾的（DNB）和与之无关的（Non-DNB）。当锅炉管壁发生 DNB 时，一般出现在管壁监测的部位，"暂时消失"量与锅炉水浓度和化学添加剂（Na/PO_4 摩尔比）有关。"暂时消失"现象迅速地发生在 DNB 的初始阶段，在 DNB 快消失时"暂时消失"现象也消失。Non-DNB 情况下的"暂时消失"一般发生在预热器表面，"暂消"率在这段时期内是由锅炉水中磷酸盐浓度决定的，这种形式的"暂时消失"通常是不协调的。

磷酸盐"暂时消失"现象的实质是在锅炉运行负荷增高时，锅炉水中的某些易溶盐类有一部分从水中析出，沉积在炉管管壁上，使锅炉水中溶解盐的浓度明显下降，甚至降为零，同时 pH 值也明显升高，即出现了异常工况；当锅炉的负荷减少或停炉时，沉积在炉管管壁上的易溶盐类又被溶解下来，相应锅炉水中的溶解盐浓度又重新升高，pH 值也随着下降。这个现象说明：磷酸盐的沉积或反应是"暂时消失"的本质。

磷酸盐"暂时消失"是一个复杂的现象，根据有关实验结果与实践经验，表明发生磷酸盐"暂时消失"的原因与下列情况有关。

1. 易溶盐的特性

在高温水中，某些钠化合物在水中的溶解度随水温升高而下降。$NaOH$、$NaCl$ 等在高温水中溶解度很大，而且温度越高，溶解度越大，不会发生"暂消"；温度较低时 Na_2SO_4、Na_2SiO_3、Na_3PO_4 在水中的溶解度也随水温升高而增大，但当温度达到某一数值继续升高时，溶解度则下降。这种变化以 Na_3PO_4 最为突出，尤其当水温达 117℃以上时，它的溶解度随水温升高而急剧下降。图 3-9 给出了 Na_3PO_4 随水温变化其溶解度变化情况。

在中压及中压以上参数的锅炉中，锅炉水的温度都很高。如上所述，由于 Na_3PO_4 在高温水中溶解度较小，如果炉管内发生锅炉水局部浓缩时，它们就容易在此局部区域达到饱和浓度；再者，这些易溶钠盐的饱和溶液沸点较低，随水蒸发而逐渐蒸干，形成固态附着物附着在炉管内壁上。其中以 Na_3PO_4 最易形成这种附着物，从而发生磷酸盐"暂时消失"现象。

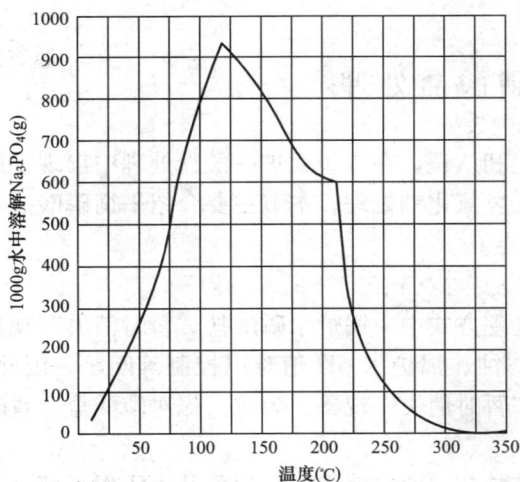

图 3-9 Na_3PO_4 随水温变化其溶解度变化情况

2. 炉管的热负荷

炉管的热负荷不同时，炉管内水的沸腾和流动工况就不同。在锅炉的出力增大和减小的情况下，炉管的热负荷会有很大不同。

当锅炉出力增大时，由于炉膛内热负荷增加，就容易使上升管内锅炉水发生不正常的沸腾工况（膜态沸腾）和流动工况（汽水分层、自由水面和循环倒流）。这些异常工况都会造成局部过热，结果使管内锅炉水发生局部浓缩。

（1）膜态沸腾。由于高热负荷引起炉管内剧烈沸腾，致使管壁处产生气泡过多，并很快并起成膜，使水与管壁隔开，这就形成了膜态沸腾。由于膜传热不良，壁温迅速升高，管壁处溶液很快被完全蒸干，导致某些盐类在管壁析出。

（2）汽水分层。当锅炉水循环不良时，在水平或倾斜度很小的上升管内会出现上部是蒸汽，下部是水的情况，这就是汽水分层。这时，因蒸汽传热效率很差，故管子上部温度很高。加上有细小水滴不断飞溅至管子上部，在这里易引起盐类析出。

（3）自由水面。有的锅炉出力增大时，炉膛内热负荷不均匀性相对增大，某些与汽包蒸汽空间相连的上升管，由于热负荷降低，会出现"自由水面"的情况，此时管内上段为蒸汽，下部为不流动的锅炉水。特别当炉膛内结渣时，因为下段为炉渣覆盖，热负荷小，而上段未被覆盖，热负荷较大，最易出现"自由水面"。处在自由水面下部的水逐渐蒸发浓缩，使水中盐类浓度不断提高，这样，某些盐类就会从靠近管壁的水层析出。此外，在自由水面分界处，由于水的沸腾，有些水滴飞溅至水面上部的管段，在高温管壁很快蒸干，盐类便析出。

（4）循环倒流。有的锅炉出力增大时，因炉膛内热负荷不均匀性相对增大，而使某些与汽包水室相连的上升管的热负荷比其他上升管低得多，导致在这样的上升管中出现水往下流的状况，即"循环倒流"。当汽包水上升速度等于管中水下降速度时，汽包水流停滞，此时管壁温度会增高很多，形成局部过热，引起锅炉水蒸发浓缩而致使盐类析出。

而当锅炉出力减小时，炉膛内热负荷降低，炉管内恢复核态沸腾工况。在这种工况下，沸腾产生的气泡靠浮力和水流冲力离开管壁；与此同时，周围的水流近管壁使管壁得到及时的冷却。这样，不仅使管壁不再出现局部过热，而且由于管壁受到锅炉水的冲刷，可使原来析出并附着在此管壁上的可溶性钠盐重新溶于锅炉水中。此外，当锅炉出力减小或停炉时，由于炉膛内热负荷不均匀性减小或消除，使锅炉水流动工况不正常的上升管恢复至正常，此时管壁上的易溶盐也会重新溶于锅炉水中。

由上述可知，炉管沸腾工况在偏离核态沸腾（DNB）状态下，溶解固形物被带到管壁上，当锅炉水受到闪蒸时，就发生固形物的沉积；和核态沸腾所不同的是固形物没有被冲洗，从而导致沉积加剧。当锅炉热负荷降低时，所有的条件发生逆转，沉积物重新溶解，这种现象就是"暂时消失"的"返回"。浓度波动往往导致锅炉水 pH 值变化。

（三）磷酸盐"暂时消失"现象的机理

关于磷酸盐"暂时消失"的机理，目前尚无定论，总体上有两种说法。一种认为是由于磷酸盐的沉积；另一种认为是磷酸盐与锅炉钢或 Fe_3O_4 膜相互作用产生磷酸铁钠盐。下面对这两种机理分别叙述并加以分析。

1. 磷酸盐的沉积机理

早期的磷酸盐处理只是用 Na_3PO_4，并且了解到它的溶解度在温度超过 117℃ 时随温度升高而下降，并因此在管壁析出，使锅炉水中磷酸盐含量下降；当锅炉蒸发量下降或停用时，这种沉积物再次溶于锅炉水。最初只是从这个角度来看待盐类"暂时消失"现象，其后也有不少研究证实，沉积物的析出是其原因之一。如磷酸盐在高温高压锅炉水中的溶解度，大约只是 20mg/L，因此在温度高于饱和温度的水冷壁管表面上，它将沉淀出来。沉积机理可以从以下几个不同角度分析其过程。

（1）浓缩膜层的作用。这是一个比较重要的因素，管壁上存在的温度梯度反映了管壁上静止水膜的传热特性。为保持炉管中锅炉水在整个温度梯度内的常沸状态，必须存在一相应的浓度梯度，以便溶解固形物浓度更大时，能提高局部沸点，以抵消更高温度。浓缩倍率与锅炉结构、负荷和燃烧方式有关。只有像 NaOH、NaCl 这样具有大溶解度的物质可达到最大的浓缩倍率，而像磷酸盐这样溶解度有限的物质，因局部浓缩而使其浓度超过溶解度极限时，就会发生沉淀。

（2）沉积物下的积聚。这种途径在布满沉积物的"脏"的锅炉中要普遍一些。沿管壁存在有疏松的沉积物时，大量锅炉水侵入沉积物后被蒸发掉，引起溶解固形物浓度的增加，当这种浓度超过磷酸钠盐的溶解度时，就会发生磷酸盐析出现象。

（3）不协调沉积。不协调"暂时消失"也是个重要问题。磷酸钠盐的沉积是不协调的，沉积物中的 Na/PO_4 比倾向于比溶液中的 Na/PO_4 比更低（也有一些例外）。因此，保留在溶液中的 Na/PO_4 比将升高，伴随着这些变化，pH 值也会升高，反之亦然。"暂时消失"现象的特点在于磷酸盐浓度的降低和 pH 值的升高；"暂消"消失后可看到相反现象。

实际上，如果检测出磷酸盐"暂时消失"现象，就要显著降低负荷，改变锅炉水 pH 值和磷酸盐浓度。对于 1 台锅炉，若把负荷从满负荷降到 70%，磷酸盐浓度的变化将是微不足道的；而从满负荷降到 50%，磷酸盐浓度增加 100% 还多。

保持磷酸盐浓度高于所需控制的标准，将会导致磷酸盐沉积。然而，如果遵循新的低磷酸盐浓度标准，磷酸盐的沉积可能不再是磷酸盐"暂时消失"的原因，于是引入了第二种机理。

2. 磷酸盐的反应机理

（1）金属氧化物对磷酸钠溶解度的影响。关于磷酸盐"暂时消失"的机理，最近的研究集中在磷酸盐和金属氧化物的相互作用上。对于磷酸盐和金属氧化物之间的作用的研究已经证明，金属氧化物共存对磷酸钠溶解度有重大影响。表 3-4 给出了金属氧化物共存时对磷酸钠溶解度的影响。

表 3-4 金属氧化物的存在对磷酸钠在高温水中溶解度的影响

物 种		磷酸钠溶解度（mg/L）			
温度（℃）		320		360	
Na/PO_4		2.5	2.5	3.0	3.5
共存物质	无	10 450	2945	1920	1615
	Fe_3O_4	7600	1012	950	760
	NiO	990			
	ZnO	78			

从表 3-4 中可以看出，金属氧化物的存在对磷酸钠溶解度具有极大影响，在 Fe_3O_4 共存的场合，磷酸钠的溶解度下降 1/2~1/3，而氧化锌共存的场合则下降到几十分之一。

（2）不协调"暂时消失"的实质。在前面分析"暂时消失"机理时，已提到过磷酸盐"暂时消失"是不协调的。不协调"暂时消失"的本质在于磷酸盐有三个主要的隐藏区域：

在 Na/PO$_4$ 比低于 2.2：1 的溶液中，形成的固相组成与溶液组成基本一致；Na/PO$_4$ 比为 2.2：1 时，形成固相不确定；在 Na/PO$_4$ 比介于 2.85：1 与 2.2：1 之间时，沉积物中的 Na/PO$_4$ 比明显低于溶液中的 Na/PO$_4$ 比；2.85：1 是固液同组成点，在该点发生"暂时消失"时，溶液组成恒定不变；超过这一点，形成固相接近 3：1 的恒定组成。

从 2.2：1 到固液同组分点 2.85：1 是 CPT 的典型控制区域，在这一控制区域，"暂时消失"会造成溶液中 Na/PO$_4$ 比升高，并由此产生溶液 pH 值升高。这种情况的特点是磷酸盐的减少和溶液 pH 值的升高。一旦负荷或温度下降，这种情况就发生逆转。

（3）磷酸钠与磁性氧化铁的反应。以前研究人员认为，"暂时消失"现象是由于磷酸盐在炉管高热负荷区域沉积引起的，再溶出则是这些盐类的重新溶解。实际上，"暂消"发生时，磷酸盐还和炉内的腐蚀产物或管壁的 Fe$_3$O$_4$ 保护膜发生了反应，并产生复杂的磷酸铁钠盐，从而造成 PO$_4^{3-}$ 浓度明显降低。在发生磷酸盐"暂时消失"现象时，尽管最初的 Na/PO$_4$ 摩尔比在 CPT 要求以下，但仍存在 pH 值上升趋势，这表明磷酸盐与 Fe$_3$O$_4$ 的反应（而不是沉积作用）起主要作用。

在模拟锅炉条件下，磷酸钠盐与磁性氧化铁在大于 200℃ 时起反应。在固体反应产物中 Na/PO$_4$ 比并不是如钠—铁—磷酸盐形成的分子比那样，虽然有的研究人员曾提出了 NaFe$_y$（PO$_4$)$_2$ 的化合物，但钠及磷酸根与氧化铁如何起反应仍需探讨。同时，碳钢上形成的氧化物显示不正规晶粒生成及很差的基质区域，X-射线衍射分析观察到 FePO$_4$·2H$_2$O 颗粒嵌在 Na$_2$HPO$_4$ 溶液内生成的氧化物中。此外，不同磷酸钠盐分子可以从氧化物中释放出来，而不是进入氧化物。

由上面实验结果可知，磷酸钠与碳钢的磁性氧化铁保护膜反应生成混合钠—铁—磷酸盐化合物，它可与氧化层结合并改变它们的结构与化学性质。在高纯水—低磷酸盐体系中，这些反应会影响溶液的化学特性。

Na$_3$PO$_4$ 与 Fe$_3$O$_4$ 反应的本质为：磷酸盐与 Fe$_3$O$_4$ 发生反应时，磷酸钠盐的浓度必须超过一个临界值，且温度升高，此临界值降低；反应产物随锅炉水中 Na/PO$_4$ 比值的不同而不同。有资料介绍，只有当 Na$_3$PO$_4$ 浓度高于 0.01mol/L 时才发生 Na$_3$PO$_4$ 的吸收，且腐蚀只会在沉积物下发生。所以通常情况下，这种形式的"暂时消失"不会在锅炉中出现，即 Na/PO$_4$ 比大于 3.5：1 时，与 Fe$_3$O$_4$ 的反应不会发生。只有当 Na/PO$_4$ 比小于 2.5：1 时才能形成 NaFePO$_4$，大于这个比率则形成其他形式的 Na-Fe-PO$_4$，而不是 NaFePO$_4$。同时，因为 NaFePO$_4$ 形成的过程不可逆，所以这种"暂时消失"的特征是：当压力升高时，磷酸盐水平降低，pH 值升高；压力降低时，不发生逆转。

由此可知，假设锅炉运行在 Na/PO$_4$ 比大于 2.7：1 的情况下，则 NaFePO$_4$ 不可能形成，大于这个比率，"暂时消失"将增大溶液中 Na/PO$_4$ 比。

国外在一项试验中，测量了浸泡在温度为 250、300 和 350℃ 的不同磷酸钠溶液中，且覆盖有磁性氧化铁膜的碳钢试片的失重，结果显示 Na/PO$_4$ 比值介于 2.0~2.4 之间的磷酸钠溶液具有最大的腐蚀性。前苏联热工研究所在 420t/h、13.72MPa 锅炉上进行的蒸汽含氢量测量结果说明，只有当锅炉水 Na/PO$_4$＝2.8~3.2 时，蒸汽含氢量最低，即金属的腐蚀速度最小。这也证实了 Na/PO$_4$ 比小于 2.5：1 时磷酸盐会与 Fe$_3$O$_4$ 发生反应。

磷酸钠盐除了和 Fe$_3$O$_4$ 反应外，还和其他的腐蚀产物如氧化锌等反应，反应同样会造成锅炉水 pH 值的变化。但是它不和金属铜及其氧化物反应。

（4）磷酸盐铁垢的形成。从磷酸盐铁垢的形成也可以说明磷酸盐"暂时消失"现象。磷酸盐铁垢的主要成分为 $NaFePO_4$，它的形成过程可用下面反应式表示

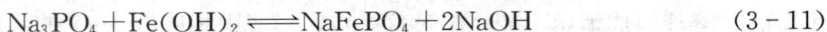

$$Na_3PO_4 + Fe(OH)_2 \rightleftharpoons NaFePO_4 + 2NaOH \qquad (3-11)$$

从化学反应平衡观点来看，对于锅炉水中每一个磷酸根浓度，有一个与它相对应的平衡 NaOH 浓度。当锅炉水中 NaOH 浓度超过这个平衡浓度时，由于化学平衡向左移动，就会使磷酸盐铁垢不能生成。所以磷酸盐铁垢能否生成与锅炉水中 PO_4^{3-} 和 NaOH 浓度有关。

而发生磷酸盐"暂时消失"时，并非以 Na_3PO_4 形式析出，而是以磷酸氢盐的形式析出。365℃时析出的固相附着物是 $Na_{2.85}H_{0.15}PO_4$，相差份额就将以 NaOH 形式存在，反应式见式（3-6）。

综上所述，磷酸盐"暂时消失"时，析出与反应是有联系的，并不是两个独立的过程。也就是说，磷酸盐"暂时消失"是沉积作用与发生反应的同时进行下产生的，这两种途径同时存在并发生作用，可叙述为下面的过程：在水冷壁管受热面上，磷酸钠溶液受到浓缩，其浓度接近饱和程度，在这样的条件下，磷酸根和金属氧化物形成金属的磷酸盐在管壁上析出，消耗的磷酸根要从锅炉水中得到补充；同时，在浓缩时，没有反应的磷酸根在管壁上析出，从而锅炉水中磷酸根减少，与 PO_4^{3-} 相对应的 Na^+ 增加，使锅炉水的 pH 值和 Na/PO_4 摩尔比相应增高。当热负荷降低时，浓缩程度也降低，磷酸根又会从金属的磷酸盐中溶解出来，而沉积的磷酸根也会重新溶解出来，从而使锅炉水中的 PO_4^{3-} 浓度相应增高，并使锅炉水 pH 值及 Na/PO_4 摩尔比减小。

3. 磷酸盐"暂时消失"时的机理与化学反应

高压釜与动态实验已用于证明高压锅炉中磷酸钠"暂时消失"时与 Fe_3O_4 反应所生成的固相物。在升温到 325℃，利用溶解度和 X-射线衍射来研究亚铁反应产物时，发现了新的结构和热力数据，结果表明只有少数几个关键反应控制磷酸盐的"暂时消失"。

（1）"暂时消失"时的反应产物。研究表明，高压锅炉中的"暂时消失"是由含水磷酸盐和 Fe_3O_4 之间的反应引起的，该反应生成磷酸铁钠混合物，即磷酸亚铁钠（$NaFePO_4$）和碱式磷酸铁钠 ［$Na_4FeOH(PO_4)_2 \cdot 1/3NaOH$，缩写为 SIHP]，且在热电厂沉淀中已鉴定出磷酸亚铁钠的存在。研究证明，由 Fe_3O_4 生成任何产物的反应都依赖于局部还原电位。

除磷酸亚铁钠外，所有铁的反应产物的溶解度随温度降低而升高。碱式磷酸铁钠是磷酸钠"暂时消失"时三价铁的主要反应产物，它的化学式是从"暂消"实验中对固体反应产物及其热溶液元素的分析推断出来的。确定它的结构很重要，可用于探讨其形成机理。

由动态实验确定磷酸钠与 Fe_3O_4 反应产物组成的过程为：泵入 Na_3PO_4 的溶液（浓度为 $0.005 \sim 0.10 mol/kg$，$2.5 \leqslant Na/PO_4 \leqslant 4.0$），使之通过一个高度分散的纯 Fe_3O_4 床，该床温度为 $320 \sim 360$℃，充满相应压力下的饱和蒸汽。钠离子和磷酸根离子的吸收和释放由床进口处溶液组成上的差异决定。实验结果显示，当磷酸钠盐浓度超过 Fe_3O_4 反应生成的一种或多种反应产物的溶解阈值时，"暂时消失"发生。当温度升高时，阈值最低，因为磷酸盐

会优先沉积。在"暂时消失"发生时，水相变得碱性更强；而当反应产物重新溶解时，则酸性变得更强，这与燃煤机组火电厂发生"暂时消失"时所观察的非常一致。

此外，通过一组简单分组反应容器（它允许反应产物在高温下从溶液中过滤和分离），还可能回收 Fe_3O_4 反应产物。在动态实验中获得的"暂时消失"混合产物的化学配比，与那些分组反应器中回收的反应产物化学配比一致。

（2）320℃下观察到的反应。

1）Na/PO₄＝1 时的反应。此时，"暂时消失"反应中三价铁和二价铁产物分别是 $Na_2Fe(HPO_4)PO_4$ 和磷酸亚铁钠，反应为如下

$$Fe_3O_4(S)+5HPO_4^{2-}(aq)+5Na^+(aq)+H_2O(L)\Longleftrightarrow$$

$$2Na_2Fe(HPO_4)PO_4(S)+NaFePO_4(S)+5OH^-(aq) \tag{3-12}$$

2）1.5＜Na/PO₄＜2.5 时的反应。此种情况下，"暂时消失"反应中二价铁和三价铁产物分别是磷酸亚铁钠和碱式磷酸铁钠，反应如下

$$Fe_3O_4(S)+5HPO_4^{2-}(aq)+29/3Na^+(aq)\Longleftrightarrow NaFePO_4(S)$$

$$+2Na_4FeOH(PO_4)_2 \cdot 1/3NaOH(S)+1/3OH^-(aq)+H_2O(L) \tag{3-13}$$

3）Na/PO₄＞2.5 时的反应。此时反应倾向于生成 $Na_{3-2x}Fe_xPO_4$（一种立方磷酸三钠固溶体）代替了 $NaFePO_4$ 作为稳定的二价铁反应产物；此外，反应产物中也有 $Na_4FeOH(PO_4)_2 \cdot 1/3NaOH$ 固体。其反应为

$$Fe_3O_4(S)+(20/3+3/x)Na^+(aq)+(4+1/x)HPO_4^{2-}(aq)\Longleftrightarrow 2Na_4FeOH(PO_4)_2 \cdot 1/3NaOH$$

$$+(1/x)Na_{3-2x}Fe_xPO_4+(4/3-1/x)OH^-(aq)+(1/x)H_2O(L) \tag{3-14}$$

4）Na/PO₄ 比更大时的情况。反应产物的 X-射线衍射分析结果表明，在 Na/PO₄＝3.0 时，反应形成的固体溶液与上面反应式（3-14）中 $x=0.2$ 时相吻合；Na/PO₄＝3.5 时，形成的固溶体 x 值小于 0.1，这说明 Na/PO₄ 比值大于 3.5 时，磷酸钠盐几乎不和 Fe_3O_4 发生反应；而斜方 2-Na_3PO_4 是较低温度下 γ-Na_3PO_4 的稳定相，作为 Na/PO₄≥4.0 时的产物，它的存在说明在 Na/PO₄≥4.0 情况下磷酸钠盐没有与 Fe_3O_4 反应。

（3）350℃下观察到的反应。在 350℃时观察到的反应产物与在 320℃时类似，只是生成的产物 $Na_{3-2x}Fe_xPO_4$ 的量减少；这也就是说，相对于碱式磷酸铁，$Na_{3-2x}Fe_xPO_4$ 仅仅是次要的产物。这是一个重要的差异，主要是高温下 Fe_3O_4 中的亚铁离子被氧化了的结果。350℃时，Fe_3O_4 中的亚铁离子依下列反应式（3-15）被氧化的反应式为

$$Fe_3O_4(S)+13Na^+(aq)+6HPO_4^{2-}(aq)\Longleftrightarrow$$

$$1/2H_2(aq)+3Na_4FeOH(PO_4)_2 \cdot 1/3NaOH(S)+H^+(aq) \tag{3-15}$$

（4）对生成 SIHP 的控制反应。

$$2Fe_3O_4(S)+12HPO_4^{2-}(aq)+26Na^+(aq)+2OH^-(aq)\Longleftrightarrow$$

$$6Na_4FeOH(PO_4)_2 \cdot 1/3NaOH(S)+H_2(aq)+2H_2O(L) \tag{3-16}$$

$$Fe_3O_4(S)+3HPO_4^{2-}(aq)+3Na^+(aq)+H_2(aq)\Longleftrightarrow$$

$$3NaFePO_4(S)+3OH^-(aq)+H_2O(L) \tag{3-17}$$

$$2Na_4FeOH(PO_4)_2 \cdot 1/3NaOH(S)+H_2\Longleftrightarrow$$

$$2NaFePO_4(S)+8/3OH^-(aq)+2HPO_4^{2-}(aq)+20/3Na^+(aq) \tag{3-18}$$

$$2Fe_3O_4(S)+H_2O(L) \rightleftharpoons 3Fe_2O_3(S)+H_2(aq) \qquad (3-19)$$

分析以上反应可知：反应式（3-16）控制了 Fe_3O_4 生成 SIHP 的反应。因为反应式（3-16）的还原电位对 $Na^+(aq)$ 和 $HPO_4^{2-}(aq)$ 摩尔浓度极为敏感，而按反应式（3-17）和式（3-18），从 Fe_3O_4 或 SIHP 生成 $NaFePO_4$ 时，还原电位对 Na^+ 和 PO_4^{3-} 摩尔浓度不太敏感。

（5）磷酸盐诱导腐蚀产物。由上面分析可知，溶解的 Na^+ 和 PO_4^{3-} 在控制钝性氧化铁的还原化学上起巨大作用，这就意味着在电站锅炉中磷酸盐"暂时消失"对磷酸盐诱导腐蚀有实用价值。

酸性磷酸盐腐蚀是一种与磷酸盐"隐藏"及再溶出相关的腐蚀形式，其主要产物是 $NaFePO_4$。通过对磁性氧化铁和磷酸钠在高压锅炉中反应的检测，仅当 Fe_3O_4 与 NaH_2PO_4 或 Na_2HPO_4 反应（而不是与 Na_3PO_4 反应）时，$NaFePO_4$ 才生成。

可能的反应包括

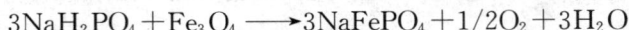

$$2Na_2HPO_4+Fe+1/2O_2 \longrightarrow NaFePO_4+Na_3PO_4+H_2O$$
$$2Na_2HPO_4+Fe_3O_4 \longrightarrow NaFePO_4+Na_3PO_4+Fe_2O_3+H_2O$$
$$3NaH_2PO_4+Fe_3O_4 \longrightarrow 3NaFePO_4+1/2O_2+3H_2O$$

二、平衡磷酸盐处理的原理、控制指标及工业试验

1. EPT 原理及控制指标

针对磷酸盐"暂时消失"问题，一方面是尽量降低锅炉水中磷酸盐含量，使"暂时消失"减轻；另一方面是继续改进磷酸盐处理方法，尽量消除"暂时消失"现象，EPT 即是这种努力的结果。1986 年，加拿大的 J. Stodola 首先报道了 EPT 在安大略水电局（Ortario Hydro）27 台汽包锅炉（总容量为 12 000MW）上成功运用的事例。该局的汽包锅炉在采用 CPT 时遇到了严重的磷酸盐"暂时消失"问题，水冷壁管也因氢脆或腐蚀疲劳而损坏；在改为 EPT 后，不但锅炉水 pH 值稳定了，而且磷酸盐"暂消"现象基本消失，炉管腐蚀问题也大大减少，锅炉的化学清洗周期最少延长了一倍。

EPT 的主要特点是：尽量降低锅炉水中磷酸盐含量（使之达到平衡水平），且仅加 Na_3PO_4 一种磷酸盐，并容许锅炉水中存在少量游离 NaOH。

J. Stodola 给出的 17.93MPa 锅炉 EPT 的控制指标是：$PO_4^{3-} \leqslant 2.4mg/L$、$pH=9.0\sim 9.7$（25℃）、$Na/PO_4=3.0\sim 3.5$、$NaOH \leqslant 1.0mg/L$、$Cl^- \leqslant 0.3mg/L$、$SO_4^{2-} \leqslant 0.3mg/L$、$SiO_2 \leqslant 0.16mg/L$、$DD_H \leqslant 6.0\mu s/cm$。

美国 EPRI 给出的 EPT 控制指标是：$PO_4^{3-} \leqslant 2.5mg/L$、$pH=9.0\sim 9.7$（25℃）、$Na/PO_4>2.8$、$Na^+ \leqslant 0.85mg/L$、$Cl^- \leqslant 0.028mg/L$、$SO_4^{2-} \leqslant 0.028mg/L$、$SiO_2 \leqslant 0.13mg/L$。可以看出，EPRI 的标准要严厉的多。

EPT 中其"平衡"的含义有两种：①是指锅炉水中的磷酸盐含量正好和凝汽器泄漏的硬度相互反应完毕，即达到"平衡"；②是指在锅炉水冷壁管上磷酸盐的沉积与溶解达到"平衡"，在炉管表面酸式磷酸盐沉积物与 Fe_3O_4 反应，导致 Fe_3O_4 保护膜不断溶解与锅炉水中磷酸盐（PO_4^{3-}）不断消耗，此过程一直进行到酸式磷酸盐与 Fe_3O_4 反应达到平衡为止。显然，如果锅炉水本体溶液中 PO_4^{3-} 含量越高，在达到平衡时所需要反应的酸式磷酸盐就越多，导致的炉管腐蚀就越严重，也就是说，过多的磷酸盐含量有害无益。如果尽量减少锅炉水本体中 PO_4^{3-} 含量，使之不发生或很少发生酸式磷酸盐沉积，仅满足平衡①所需的磷酸盐，则磷酸盐"暂时消失"与炉管腐蚀会降低到最小程度。在机组未投运凝结水精处理高速混床时，两种"平衡"状态都存在；在机组投运凝结水精处理高速混床后，以第②种"平衡"为主。

EPT 中磷酸盐的"平衡"水平，虽然由磷酸盐"暂时消失"程度与锅炉设计、运行方式等因素来确定，但通常比 CPT 中的磷酸盐含量低。比如运行在 16～19MPa 的锅炉，典型的磷酸盐"平衡"质量浓度小于 2mg/L，有时小于 1mg/L；J. Stodola 报道在加拿大 Ortario Hydro 是 0.1～2mg/L，Cater 报道在 E. D. Edwards 是 0.15mg/L，Goldstrohm 报道在 Coronado 是 0.7mg/L。

EPT 和 CPT 的最大差别是：EPT 只加 Na_3PO_4，并且允许游离 NaOH 存在（NaOH 在锅炉水 pH$<$9.0，且磷酸盐含量达到控制上限才加）。EPT 中锅炉水碱度由 Na_3PO_4 与游离 NaOH 共同控制，以防止酸式磷酸盐腐蚀为主；而 CPT 则加入 Na_2HPO_4 与 Na_3PO_4 混合物，其中锅炉水碱度是由 Na_2HPO_4 与 Na_3PO_4 共同控制，以防止苛性腐蚀为主。

图 3-10 表示 EPT 时 [PO_4] 与 pH 值的关系曲线，图 3-10 中曲线 1～7 分别表示 [NaOH]＝0，0.1，0.3，0.5，0.7，0.9，1.0mg/L 时状况。图 3-11 表示 [NaOH]＝0.4mg/L 时 EPT 受氨的影响情况，图 3-11 中曲线 1～6 分别表示 [NH_3]＝0，0.1，0.3，0.5，0.7，1.0mg/L 时状况。当然，可以根据不同 [NaOH] 浓度作出更多的氨影响图。

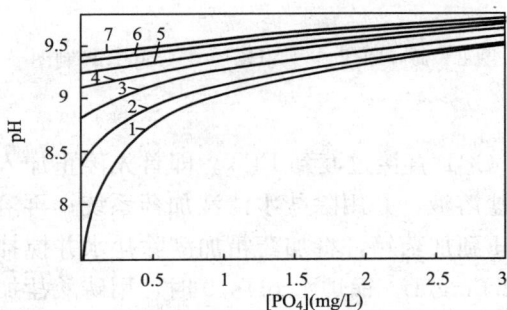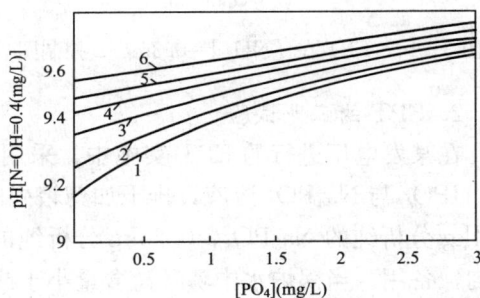

图 3-10　EPT 时 [PO_4]- pH 关系曲线　　　　图 3-11　[NaOH]＝0.4mg/L 时氨对 EPT 的影响

EPT 作为一种改进的磷酸盐处理技术，其优点在于：①基本不发生磷酸盐"暂时消失"，锅炉水水质容易控制，锅炉负荷变化时锅炉水 pH 值稳定；②化学加药量与排污量减少；③锅炉更干净，所需清洗次数比以前大为减少；④因 Na^+/PO_4^{3-} 比值高（3.0～3.5），避免了磷酸钠盐（主要是酸式盐）与 Fe_3O_4 保护膜或水冷壁管上的腐蚀产物相互反应带来的危险，由 CPT 转向 EPT 时，EPT 能够明显阻止锅炉采用 CPT 时正在进行的腐蚀；⑤采用 EPT 时由于明显减少了锅炉水加药量，所以蒸汽品质有所提高；⑥对于水冷壁管上的 Fe_3O_4 保护层，由于存在游离 NaOH，EPT 比 CPT 能提供更有效的保护。

1994 年美国 EPRI 已将 EPT 编入了导则中，它已作为容忍固体残余碱的锅炉水处理方式，越来越多地被选用，全世界有数百台锅炉采用平衡磷酸盐的处理方式。

图 3-12～图 3-15 给出了 [NH_3] 在常见的浓度范围时对 EPT 工况的影响，四个图分别表示 [NH_3]＝0.1，0.2，0.3，0.4mg/L 时，EPT 工况 [PO_4]- pH 关系曲线；图 3-12～图 3-15 中，曲线 1～8 表示 [NaOH] 分别为 0，0.1，0.2，0.3，0.4，0.6，0.8，1.0mg/L 时的情况。

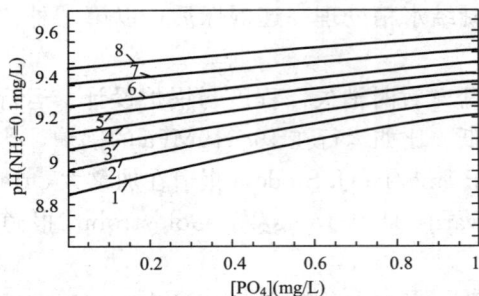

图 3-12 EPT 在 [NH₃]=0.1mg/L 控制图

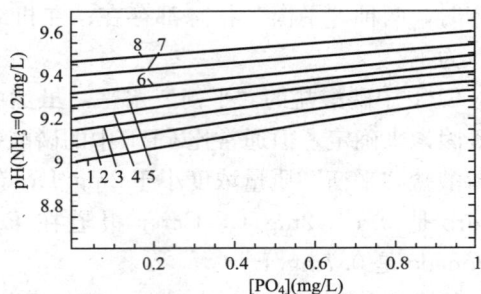

图 3-13 EPT 在 [NH₃]=0.2mg/L 控制图

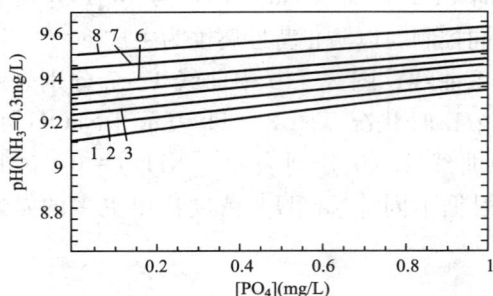

图 3-14 EPT 在 [NH₃]=0.3mg/L 控制图

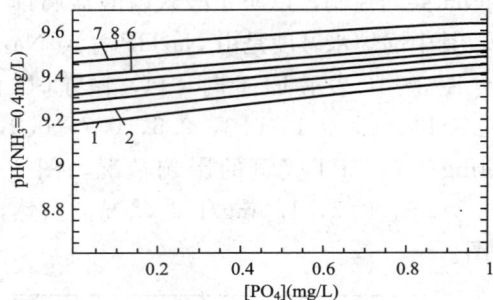

图 3-15 EPT 在 [NH₃]=0.4mg/L 控制图

2. EPT 的工业试验

在某发电厂进行的 EPT 实施中，采用的是由 CPT 直接过渡到 EPT。即首先停止加入 Na_2HPO_4 与 Na_3PO_4 溶液，排干加药箱中的磷酸盐溶液，并用除盐水清洗加药系统；再溶解 4kg 分析纯的 Na_3PO_4，0.25kg 分析纯的 NaOH 到加药箱，将加药箱加满除盐水并搅拌均匀，备用。当锅炉水中磷酸盐含量小于或等于 1.0mg/L，锅炉水 pH<9 时，用磷酸盐加药泵加入新配制的 Na_3PO_4、NaOH 溶液。控制锅炉水 PO_4^{3-}≤2.0mg/L，pH=9.0~9.7，NaOH≤0.5mg/L。

实施过程如下：

(1) 2001 年 11 月 30 日~2001 年 12 月 24 日，药品、测试仪器准备阶段。

(2) 2001 年 12 月 25 日 8：00 停止加 CPT 处理药剂，并清洗磷酸盐加药系统，配制 EPT 药剂。

(3) 2001 年 12 月 25 日 13：00 加入 EPT 处理药剂，将 1 号炉锅炉水处理转化为平衡磷酸盐处理。

(4) 2001 年 12 月 25 日~2001 年 12 月 31 日，为平衡磷酸盐处理调试阶段。

(5) 2002 年 1 月 1 日~2002 年 6 月 30 日为平衡磷酸盐处理考核运行阶段。

(6) 2002 年 7 月 1 日后，为平衡磷酸盐处理正常运行阶段。

在 2 号机组投运时，也采用了平衡磷酸盐处理方式；即两台机组都采用了 EPT 处理技术。

(1) 实施 EPT 前（即实施 CPT 时）的锅炉水 pH、PO_4^{3-}。该厂两台机组自投运后实施的是协调 pH-磷酸盐处理（CPT），其锅炉水 pH 在 9~10 之间，锅炉水 PO_4^{3-} 含量在 2~

8mg/L 之间，是符合 CPT 处理要求的。

（2）实施 EPT 后的锅炉水 pH、DD、PO_4^{3-}。在实施 EPT 后，锅炉水 PO_4^{3-} 在 2mg/L 左右波动，pH 值在 9.5 左右波动，电导率在 $10\mu S/cm$ 左右波动，满足了 EPT 的控制指标要求。锅炉水电导率从 CPT 时的平均 $30\mu S/cm$ 左右降到 $10\mu S/cm$ 左右，降低了 $1/2\sim1/3$。由于锅炉水含盐量降低，使得锅炉水排污量下降。事实上在实施 EPT 后，锅炉连续排污阀门开度从 80% 降到了 30%；甚至有一段时间锅炉连续排污阀门全关，但因锅炉水中 SiO_2 含量超标而将连排阀门开度恢复到 30%。

在实施平衡磷酸盐处理过程中，除调试阶段使用分析纯药品外，运行阶段仍旧使用工业药品。由于锅炉水所需的加药量减少，总的说来所加的药品减少。由此使得热力系统中沉积的盐类减少，可以提高锅炉炉管的传热效率，延长机组服役寿命。

三、低磷酸盐—低氢氧化钠处理

可以认为低磷酸盐—低氢氧化钠处理（Low Phosphate-Low Sodium Hydroxide）是平衡磷酸盐技术发展和变化的结果，其主要的运行特征与 EPT 相同，只是控制范围更窄一些。它的控制指标是：PO_4^{3-} 为 $0.2\sim1.0mg/L$，NaOH 为 $0.2\sim0.8mg/L$，pH 值为 $9.1\sim9.6$，$Cl^-\leqslant0.2mg/L$，$SO_4^{2-}\leqslant0.2mg/L$，$SiO_2\leqslant0.2mg/L$。

图 3-16 可用于考察低磷酸盐—低氢氧化钠处理情况，图 3-16 中曲线 $1\sim8$ 分别表示 $[NaOH]=$ 0、0.1、0.2、0.3、0.4、0.6、0.8、1.0mg/L 时的情况。与图 3-10 和图 3-11 比较可知，该处理方式的控制范围更窄一些。

平衡磷酸盐处理及低磷酸盐—低氢氧化钠处理的出现，使得已在汽包锅炉锅炉水中使用 70 多年的磷酸盐处理技术得以存在与发展，并会在相当长的一段时间内起主导作用。由于人们对磷酸盐处理的熟悉与理解，在 EPT 替代

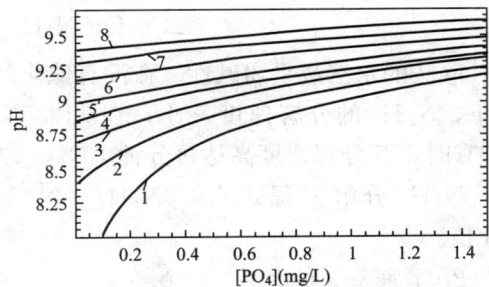

图 3-16　低磷酸盐—低氢氧化钠处理控制图

CPT 这种大趋势中更会主动积极。在我国，经过近 20 年的大力推广，CPT 已占有较大应用比例，但锅炉"四管爆破问题"依然严峻。因此，利用这一先进的技术优化锅炉水工况，确保电力生产的经济与安全，前途光明而又任重道远。

第四节　全挥发处理

锅炉的给水系统包括汽轮机凝结水、加热器疏水等的输送管道和加热设备，其设备管道的材质基本上是碳钢和铜合金（黄铜）。给水中的溶解氧和游离 CO_2 会对碳钢和黄铜产生腐蚀。目前，应用比较广泛的化学处理措施是全挥发处理（All-Volatile Treatment，AVT），即通过加联胺（N_2H_4）消除经热力除氧后给水中的残留溶解氧来防止腐蚀；同时加氨水消除给水中游离 CO_2，以提高给水 pH 值来降低氧化铁在给水中的溶解度，尽量减少腐蚀产物带入炉内。

特别需要注明的是，此处所讲的全挥发处理是指还原性全挥发处理；与此对应，还有弱氧化性全挥发处理，即不加除氧剂（N_2H_4）只加氨的处理方法，详细介绍见第四章。

一、联胺处理

1. 联胺除氧的原理

联胺又名肼，常温时为无色液体，易挥发，易溶于水，遇水会结合成稳定的水合联胺（$N_2H_4 \cdot H_2O$）。空气中存在联胺时对呼吸系统及皮肤有侵害作用，故空气中联胺蒸汽量最高不允许超过 1mg/L。联胺蒸汽量含量达 4.7% 时，遇火便发生爆燃现象。

联胺是一种还原剂，特别在碱性溶液中，它的还原性很强，因此它能与氧反应，并且能将金属的高价氧化物还原为低价氧化物。所以，联胺既可在给水系统中起到有利的防腐作用，还可以防止锅内铁垢和铜垢的结生。反应方程式如下

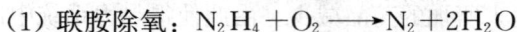

（1）联胺除氧：$N_2H_4 + O_2 \longrightarrow N_2 + 2H_2O$

（2）当水中温度 > 200℃时，N_2H_4 可将 Fe_2O_3 还原成 Fe_3O_4 以至 Fe

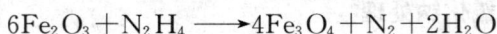

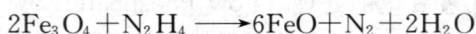

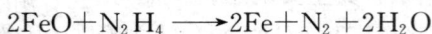

$$6Fe_2O_3 + N_2H_4 \longrightarrow 4Fe_3O_4 + N_2 + 2H_2O$$

$$2Fe_3O_4 + N_2H_4 \longrightarrow 6FeO + N_2 + 2H_2O$$

$$2FeO + N_2H_4 \longrightarrow 2Fe + N_2 + 2H_2O$$

（3）N_2H_4 还能将 CuO 还原成 Cu_2O 或 Cu

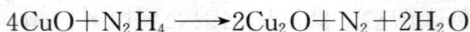

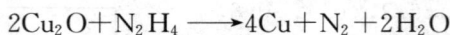

$$4CuO + N_2H_4 \longrightarrow 2Cu_2O + N_2 + 2H_2O$$

$$2Cu_2O + N_2H_4 \longrightarrow 4Cu + N_2 + 2H_2O$$

联胺的水溶液呈弱碱性。在没有催化剂的情况下，N_2H_4 的分解速度取决于温度：50℃以下，N_2H_4 的分解速度甚小；在 113.5℃时，N_2H_4 的分解速度为每天 0.01%～0.1%；250℃时，其分解速度高达每分钟 10%。

N_2H_4 分解方程式为：$3N_2H_4 = N_2 + 4NH_3$，故过剩的 N_2H_4 分解还可以提高给水 pH 值。

2. 联胺除氧的条件

联氨与氧反应的速度和程度，取决于化学反应的动力学条件，它受溶液的温度、pH 值和联氨过剩量的影响。为了保证联胺与溶解氧反应迅速而且完全，应维持下列条件：

（1）使水有足够的温度。当水温超过 150℃时，反应速度很快。

（2）适当的 pH 值。联胺在水溶液 pH = 9～11 范围内，反应速度最快。

（3）使水中有足够的联胺过剩量。在 pH 值和温度相同的条件下，联氨过剩量越多，反应速度越快，除 O_2 越彻底。

300MW 以上机组，给水 pH 值为 9.0～9.4，温度在 200℃以上，能满足其除氧要求。根据实际运行经验证明，联胺过剩量控制在 10～30μg/L 即可。因为联胺过剩量太多，不仅多消耗药品，分解不完全的联胺还会被带入蒸汽中。

（4）低温时（如启运初期）可加入催化联胺（如牌号 Lavocit），以加快联胺与 O_2 的反应。

3. 加药和运行中的控制

通常采用的加联胺的方法为：将工业联胺用喷射器抽至溶液箱中，用除盐水稀释至 0.1% 左右，再用加药泵送至给水系统。

加药点一般设在给水泵入口，通过给水泵的搅动，使药液和给水充分混合。有时为了延缓 N_2H_4 和 O_2 的反应时间，加在除氧水箱中，但这种方法消耗药品多，并且不易混匀，一

般不采用。

运行中给水联胺过剩量一般维持在 $10\sim30\mu g/L$ 范围内，通过调节溶液箱药液的浓度或调节泵的出力来实现。

4. 联胺处理时的注意事项

联胺是可疑的致癌物质，搬运和使用联胺时，应佩戴橡胶手套和防护眼镜，并在有良好通风和水源的地方操作，操作完毕应认真洗手。

联胺不仅有毒，还有挥发性，易燃烧，需要密封保存，靠近浓联胺的地方不允许有明火。

由于联胺的上述缺点，现在已有多种低毒或无毒的新型除氧剂如二甲基酮肟（DW-KO）、异抗坏血酸钠（NaErA）等在国内一些火电厂内试验和使用。

二、给水加氨处理

1. 给水加氨处理的原理

给水系统中不仅要防止溶解氧腐蚀，还要防止因游离 CO_2 存在使 pH 值过低引起的酸性腐蚀。实验证明，碳钢在水的 pH 值为 $10\sim11$ 范围内，腐蚀速度较低，而黄铜在 pH 值为 $8.0\sim8.5$ 范围内腐蚀速度最低。为了使两种材料都处在合适 pH 的溶液中，通过加氨水来调节给水的 pH 值。通常加氨使给水 pH 值调节到 $8\sim9$ 来防止游离 CO_2 的腐蚀，NH_3 与 CO_2 反应式如下

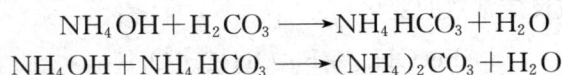

$$NH_4OH + H_2CO_3 \longrightarrow NH_4HCO_3 + H_2O$$
$$NH_4OH + NH_4HCO_3 \longrightarrow (NH_4)_2CO_3 + H_2O$$

NH_3 和 CO_2 都是挥发性物质，在热力系统流程中，由于它们在气液两相中分配系数不同，所以，在热力系统各个部位中 NH_3 和 CO_2 的比值不一样，其分布情况比较复杂，难以精确估算，大致情况如下：

(1) 在热力除氧中，被除去的 NH_3 和 CO_2 的比值小，出水 pH 值比进水 pH 值高；

(2) 凝汽器中凝结水的 pH 值要比过热蒸汽 pH 值高，因为抽气器抽走的 CO_2 比 NH_3 多；

(3) 射汽式抽气器中蒸汽凝结水的 pH 值比凝汽器中凝结水 pH 值低；

(4) 在加热器中，因疏水中 NH_3 多，而蒸汽中 CO_2 多，所以汽相的 pH 值和疏水的 pH 值与进汽的 pH 值都不一样，汽相的 pH 值比进汽的 pH 值低，疏水的 pH 值比进汽的 pH 值高。

由于上述原因，所以采用加 NH_3 处理时，会出现某些地方 NH_3 过多，另一些地方 NH_3 过少的矛盾。因此，不能用加 NH_3 处理作为解决给水因含游离 CO_2 使 pH 值过低的唯一措施；而应该首先尽可能降低给水中碳酸化合物的含量，并以此为前提进行加 NH_3 处理，以提高给水的 pH 值，这样的加 NH_3 处理才会有良好的效果。

2. 加药和运行中的控制

通常采用的加 NH_3 的方法基本同联氨一样，加药设备可以单独设置加药泵，也可以和 N_2H_4 用同一加药泵加入。

由于 NH_3 为挥发性物质，所以不论在热力系统的哪一部位加药，都可以使整个汽水系统中有 NH_3。通常把 NH_3 加在给水或凝结水中。

3. 注意事项

加 NH_3 处理常使人担心的问题是会不会引起黄铜的腐蚀。因为当水中有 NH_3 存在时，

它可以和 Cu^{2+}、Zn^{2+} 形成铜氨、锌氨络离子 $[Cu(NH_3)_4^{2+}$、$Zn(NH_3)_4^{2+}]$，这样会使原来不溶于水的 $Cu(OH)_2$ 保护膜转化成易溶于水的络离子，破坏了它们的保护作用，就可能使黄铜遭受腐蚀。尤其是在凝汽器的空抽区部位，NH_3 量急剧浓缩，要比给水和蒸汽中 NH_3 含量高出数十倍。实践证明，该部位的氨蚀是十分严重的。目前多采用耐氨蚀的B30来替换黄铜管。

所以，在进行加 NH_3 处理时，首先应能保证汽水系统中含 O_2 量非常低，且加 NH_3 量不宜过多，一般维持给水中 NH_3 含量在 $0.4\sim1.0\text{mg/L}$。另外，NH_3 是一种强挥发性物质，操作时应注意安全。

三、还原性全挥发处理条件下铁的反应

在氧气不存在的条件下，铁溶解的主反应为

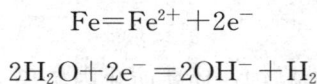

$$Fe = Fe^{2+} + 2e^-$$

$$2H_2O + 2e^- = 2OH^- + H_2$$

总反应式为

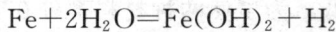

$$Fe + 2H_2O = Fe(OH)_2 + H_2$$

提高 pH 值后，受高 pH 值的抑制，会引起 Fe^{2+} 和 $Fe(OH)^+$ 离子浓度的降低，并伴随 $Fe(OH)_2$ 的溶解产物或反应常数的变化

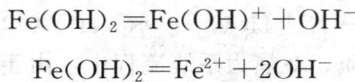

$$Fe(OH)_2 = Fe(OH)^+ + OH^-$$

$$Fe(OH)_2 = Fe^{2+} + 2OH^-$$

氢氧化亚铁的溶解度先随温度升高而上升，然后在 $200\sim250℃$ 期间急速下降到磁性氧化铁的溶解度，其结果是磁性氧化铁在这个温度范围内沉积。为了将给水中氢氧化亚铁的溶解度维持在小于或等于磁性氧化铁在 $250℃$ 的溶解度，并消除过饱和的可能性，至少应保持 pH 值在 9.6，pH 值为 10 则更好。而实际的 pH 值范围取决于水汽系统的金属材质，因为铜和钢在不同的 pH 值表现出不同的腐蚀性，故在为一套同时包括铜和钢的机组选择水汽系统操作 pH 值时，综合考虑铜和钢的腐蚀并进行折中是必要的。

四、还原性全挥发处理的给水控制指标

表 3-5 给出了几个国家采用还原性全挥发处理时的给水质量标准。

表 3-5　　　　　　　　　几个国家采用还原性全挥发处理时的给水质量标准

国　　别	前苏联	日本（JIS）	美国（EPRI）	德国（VGB）	中国（GB）
DD_H（$\mu S/cm$）	≤0.3	0.85	<0.2	<0.2	≤0.2
pH（25℃）	9.1±0.1	8.5～9.5	铜铁系统 8.8～9.3 全铁系统 9.0～9.6	9.0～9.5	铜铁系统 8.8～9.3 全铁系统 9.0～9.5
N_2H_4（$\mu g/L$）	20～60	>10	10～20		10～30
O_2（$\mu g/L$）	≤10	<7	<5	<20	<7
Fe（$\mu g/L$）	<10	<10	<10	<20	<10
Cu（$\mu g/L$）	<5	<2	<2	<3	<5

五、全挥发处理的实施

还原性全挥发处理一般用于采用铁铜混合材质水汽系统的机组。当含铜机组采用 AVT（R）方式正常运行时，通常加氢氧化氨（NH_4OH）控制给水 pH 值在 $9.0\sim9.3$，并在给水加热器上游加入还原剂联胺，使凝结水泵出口处溶解氧含量小于 $5\mu g/L$（期望值 $2\mu g/L$），控制水的氧化—还原电位（ORP）处于 $-350\sim-300mV$ 之间。为使 AVT 处于理想运行状态，需要建立一套综合性监测程序，监测水汽系统的控制指标，除连续监测装置外，还包括必要的补充抽样分析。

特别需要指出的是，AVT（R）正常运行时，对于混合材质水汽系统中铜合金腐蚀的控制，ORP 是一个重要的参数。为了正确的控制铜腐蚀，就必须将 ORP 维持在还原性范围内。ORP 通常是在除氧器入口处的低压给水中监测的（不是在省煤器入口）。因为有时当高压给水（省煤器入口）中的条件为还原性时，低压给水却是氧化性的，这是由于过量空气漏入或加入了含有氧气的补给水所致。实际应用中，应当确保 ORP 传感器正常工作，从而保证水汽系统中铜和铁的含量最小化。

六、水汽系统中杂质的影响

空气的漏入是全挥发处理时水汽系统中一个令人担心的问题，它不但加重了凝结水精处理器的负担（需要去除二氧化碳），还增加了凝结水泵出口处的溶解氧浓度。在具有混合材质的水汽系统中，这一点尤为重要，因为凝结水泵出口处氧含量大于 $10\mu g/L$ 时，将会危害低压给水系统的还原性环境，从而加重对铜合金的腐蚀。

其次，凝汽器冷却水的泄漏、补给水污染、凝结水补水箱污染和不正确的凝结水精处理混床再生都可能成为水汽系统中杂质的来源。其中，三种主要的途径为：

（1）来自凝汽器冷却水泄漏的氯化物或硫酸盐污染；

（2）来自补给水（或凝结水精处理混床）再生剂的碱性或酸性污染；

（3）来自外部的二氧化硅污染。

对于直流锅炉而言，为满足汽轮机运行要求，凝结水（精处理出口）、给水和蒸汽的氢电导率均应小于 $0.2\mu S/cm$。另外，全铁系水汽系统中，给水控制指标：$Fe<10\mu g/L$，O_2 为 $1\sim10\mu g/L$，$Na^+<5\mu g/L$；混合材质水汽系统中，给水控制指标：$Fe<10\mu g/L$，$Cu<2\mu g/L$，$O_2<5\mu g/L$（ORP 为 $-350\sim-300mV$），$Na^+<5\mu g/L$。

在污染期间，如果发现下列情况，则建议停机处理：

（1）给水氢电导率超过 $2.0\mu S/cm$ 时间长达 5min，并且继续保持稳定或正在增大；

（2）给水氢电导率超过 $5.0\mu S/cm$ 时间长达 2min，并且没有任何将会下降的迹象；

（3）在凝结水精处理器出水中检测到的钠含量超过 $20\mu g/L$ 时间长达 5min，并且继续保持稳定或正在增大；

（4）在凝结水精处理器出水中检测到的钠含量超过 $50\mu g/L$ 时间长达 2min，并且没有任何将会下降的迹象。

出现上述异常情况时，应首先从整个水汽系统中的关键取样点开始，检查取样是否具有代表性，分析结果是否正确，并综合分析系统中水、汽质量的变化情况来判断问题或故障的来源。

此外，药品的纯度也可能导致水汽系统中正常化学指标的偏移，其解决办法是更换分析纯级药品。

七、全挥发处理水质控制

对于直流锅炉机组，必须对下列取样点的水质进行全面控制：

(1) 补给水处理系统出水；

(2) 凝结水补水箱出水；

(3) 凝汽器热井区；

(4) 凝结水泵出口；

(5) 凝结水精处理混床出水；

(6) 除氧器入口；

(7) 除氧器出口；

(8) 省煤器入口；

(9) 再热蒸汽；

(10) 低压蒸汽（可选择的）。

八、全挥发处理的优点和缺点

1. 全挥发处理的优点

给水采用全挥发处理的一个明显的好处就是能应用在使用铁铜混合金属的给水循环中。除此之外，AVT 还具有以下优点：

(1) 不增加给水、锅炉水中的溶解固形物；

(2) 控制简单，易于调整，检测项目少；

(3) 给水品质得到保证时，可以获得高品质蒸汽。

2. 全挥发处理的缺点

AVT 工况就是不向锅炉水中添加任何固体化学药剂，仅在给水中添加氨和联胺，用以调整给水 pH 值。采取这种处理的前提是：给水水质要高度纯净，凝汽器必须严密不泄漏。

对锅炉化学水工况的研究证明：AVT 抵抗酸性物质污染的缓冲能力几乎为零。这是因为给水中加入的 NH_4OH 几乎全从锅炉水中逸出，随蒸汽带走，使得锅炉水 pH 值偏低。另外，当温度从 30℃升到 300℃时，NH_4OH（1.15mg/L）对应的 pH 值将从 9.15 下降到 6.10 左右，从而使锅炉水的碱性变得不足，将不可避免地在炉内产生酸性腐蚀。

在相同的水质情况下，与其他锅炉水化学工况比较，采用 AVT 工况的锅炉水冷壁沉积速率最高。这是因为 AVT 工况对杂质突然入侵不能提供保护，即使对极低浓度杂质的进入（如凝结水精处理装置的泄漏，树脂降解等），由于在汽包内的浓缩，同样不能提供保护作用。而氨对锅炉保护只起很小作用。尽管在 AVT 时也监测锅炉水的 pH 值，使之在规定的范围内；但测定 pH 值是在水温 25℃下进行，氨在低温下电离出 OH^-，而在锅炉水温度（300～400℃）下，氨根本不电离，此时 pH 值是一个假象。

有研究人员通过试验证实，与 AVT 工况相比，碱化条件下采用 EPT 时形成的膜能更好地抑制腐蚀。图 3-17 和图 3-18 分别为扫描电镜拍摄的某电厂锅炉在 AVT 和 EPT 工况运行时水冷壁管垢层的表面状态。图 3-17 和图 3-18 对比可以看出，AVT 工况下，水冷壁管表面晶粒粗大、疏松、有孔隙，也就是说，水冷壁表面没有保护膜；而 EPT 工况下，水冷壁表面晶粒细小，没有孔隙，说明已形成致密的保护膜。这与上述试验结果一致。

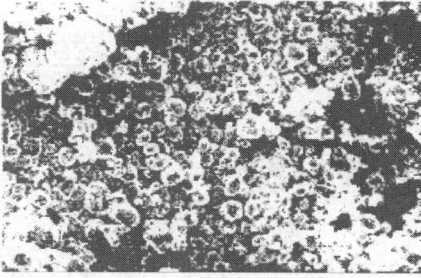

图 3 - 17　AVT 工况下水冷壁
垢的表面状态

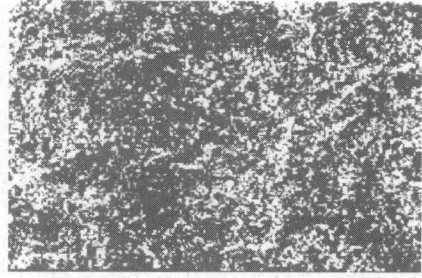

图 3 - 18　EPT 工况下水冷壁垢的
表面状态

另外，对于直流锅炉来说，采用还原性全挥发处理时还会存在炉前流动加速腐蚀，从而导致直流锅炉结垢速率高，锅炉压差上升速度快，该问题可采用加氧处理措施来解决，将在第四章中详细介绍。

锅炉氧化性水化学工况

20 世纪 80 年代，采用全挥发处理以来，直流锅炉氧化铁垢生成速率高，锅炉系统压差上升速度快，是我国火电厂发电机组较突出的问题之一。究其原因，主要是与给水系统铁含量高有关。因此抑制给水系统的腐蚀，降低给水铁含量是解决问题的关键。

有关单位通过实验室和工业模拟试验，确认了给水加氧处理是解决上述问题的有效办法。目前很多国家都已在直流锅炉上普遍采用了给水加氧处理技术，也正在大力研究和应用汽包锅炉给水加氧处理技术。

第一节 氧化性水化学工况概述

对于现代大型动力机组，锅内水质调节的最优化主要在于减少水汽系统内部的腐蚀，这也就是说，随着机组参数的提高，炉内处理的主要目的已经从防垢转变成了防腐。氧化性水化学工况的发展更有益于这一目的的实现。

一、三种给水处理方式简介

锅炉水化学工况的总体方针就是尽可能减少机组的结垢、腐蚀速率，确保机组安全、经济运行，达到或超过预期的服役年限。为了达到这个目的，对锅炉水处理的要求有：

（1）尽量减少对锅炉、蒸汽、凝结水和给水系统的腐蚀；

（2）减缓在受热面上的结垢和形成沉积；

（3）保持高水平的蒸汽纯度。

为此，在高压以上火力发电厂水汽系统，不论是汽包锅炉还是直流锅炉，都使用高纯度的除盐水作为运行介质。

在这些火电厂的水汽系统中，一般使用碳钢或低合金钢材料，这些材料对腐蚀很敏感。在高温区域（不低于 200℃），钢材表面能自发形成一层致密均匀的磁性氧化铁保护层；但在低温区域（不超过 200℃），与水接触的钢材表面仍保持着活性，这会导致低温区域的侵蚀腐蚀。除此之外，高温区域也很容易受到来自低温区域腐蚀产物的沉积的影响。它们之所以能够广泛使用，是因为运行过程中形成了保护性铁氧化物层，隔离了水和蒸汽对其的继续腐蚀。

通过采取合适的化学措施，就能够显著地降低低温区域的腐蚀和侵蚀腐蚀，以及腐蚀产物从低温区域向高温区域的迁移，即"给水处理"或"给水调节"。

随着我国电力工业的高速发展，电站机组越来越趋向于高参数和大容量化，机组参数由亚临界提高到超临界、超超临界。因此，现代大型机组的运行不但对材料的选择提出更严格的要求，而且对水汽品质要求也越来越高，这也就意味着要求给水处理工艺不断发展和完善。

目前国际上采用的给水处理方式主要有三种，即还原性全挥发处理、弱氧化性全挥发处理和加氧处理。表 4－1 对这三种处理方式的特征进行了对比。其中，氧化性水工况包括弱氧化性全挥发处理和加氧处理。这三种处理方式既可用于直流机组，也可用于汽包机组。它们的定义如下：

表 4 - 1　　　　　　　　　　现有给水处理方式的特征对比

项　目	适用的给水系统	系统配置要求	给水水质	处理药剂	处理效果	钢铁表面氧化物层
AVT（R）	铜铁混合系统	—	CC≤0.3μS/cm	氨+联氨（或其他除氧剂）	Fe≤20μg/L Cu≤5μg/L	Fe_3O_4
AVT（O）	全铁系统	—	CC≤0.3μS/cm 空气量小于1.699m³/（h·100MW）	氨	无过多的实践数据	$Fe_3O_4 + Fe_2O_3$
CWT	全铁系统	有运行正常的凝结水精处理	CC≤0.1μS/cm	氨+氧	Fe≤5μg/L	$Fe_3O_4 + Fe_2O_3$

（1）还原性全挥发处理［All-Volatile Treatment（Reduction），AVT（R）］，即第三章中所讲到的全挥发性处理，指的是不向锅炉水中添加任何固体药剂，只添加氨和联胺调节给水 pH 值的给水处理方式。

（2）弱氧化性全挥发处理［All-Volatile Treatment（Oxidation），AVT（O）］，指锅炉给水只加氨的水处理方式。

（3）加氧处理（Oxygenated Treatment，OT），指锅炉给水加氧的水处理方式。

由实践运行经验可知，采用加氨和联胺的还原性处理［AVT（R）］时，国内许多亚临界机组都存在所谓"两高现象"，即汽水品质合格率高，而省煤器和水冷壁管结垢速率也很高的现象。这是因为在还原性条件下，尽管在给水中通过提高 pH 值可以减小四氧化三铁的溶解度，但在热力系统的低温段，二价铁的溶出率仍然较高，特别是在给水系统湍流部位存在流动加速腐蚀（Flow Accelerated Corrosion，FAC）现象，腐蚀产物会随水流迁移到高温段沉积，造成省煤器节流阀发生严重污堵、省煤器管和水冷壁管结垢速率高等问题。为解决上述问题，给水处理引入了加氧处理技术。

二、给水加氧处理的可行性

众所周知，电站热力系统是一个密闭循环系统，通过凝汽器的真空除氧和除氧器的热力除氧使热力系统内部基本保持无氧状态。过去水处理水平低、水质条件差的时候，给水的含盐量比较高，在锅炉的高温区，常见的腐蚀损坏形式有沉积物下腐蚀、氢脆等。这些现象都与给水带入的有害杂质有关。锅炉水中的某些阴离子会破坏汽包锅炉高热负荷区氧化膜，例如氯离子若达到了破坏氧化膜的某一临界浓度，在有氧存在的情况下，氧分子作为阴极去极化剂，可以加速氯离子的破坏过程。因此，按照以前的理论，必须彻底除去热力系统中的氧。

随着水处理技术的不断进步，锅炉补给水的纯度越来越高，特别是许多汽包锅炉都配备了凝结水精处理设备，使得锅炉水的纯度有了质的变化，过去常见的腐蚀破坏形式已不多见，这不但使直流锅炉成功地采用了给水加氧处理技术，也使汽包锅炉给水加氧处理技术成为现实。

三、加氧处理技术的发展历程及应用

给水加氧处理是在高纯度给水中加入适量的氧化剂（通常为气态氧）以达到减缓热力设备腐蚀的目的，它与给水除氧的 AVT（R）还原性水工况截然相反，是一种氧化性水工况。该方法最先在直流锅炉上实施，是一种比较先进的锅炉给水处理方法，打破了锅炉给水中溶解氧浓度越低越好（一般规定不能超过 $7\mu g/L$）的传统的水处理理念。

给水加氧处理是 20 世纪 60 年代后期由原联邦德国首创的。在 60 年代后期，西德在中性的给水中加入过氧化氢，后又改为加入氧气，使给水中的溶氧含量保持在 $100\sim300\mu g/L$ 之间，在金属表面形成一种特定的氧化膜，从而起到防腐的作用，当时称此为中性处理（Neutral Water Treatment，NWT）。后来发现此方法有缺点，主要是水的缓冲性很差，水中微量二氧化碳及其他的酸性物质就会引起金属侵蚀，于是便逐渐发展成为加入少量氨和氧的联合处理（Combined Water Treatment，CWT）方法，来达到抑制腐蚀的目的。

加氧水工况（OT）在西德开发出来后，不久便在意大利、荷兰、丹麦等许多国家得到了广泛的应用。1977 年，前苏联已在超临界直流炉中加入过氧化氢，进行中性处理；到 1983 年又开始研究在加入氧化剂的同时，加入氨的试验，即所谓的联合水处理。据报道，到 1992 年，前苏联大约已有 80% 的超临界机组采用联合处理或中性处理。日本在 20 世纪 80 年代末才开始进行加氧的试验，直至 1989 年才开始在火电厂中应用。美国对此方法功效的认识是较晚的，但由于意识到其一些突出的效益，80 年代后期也进行了不少工作。在研究了一些使用国家的经验（尤其是德国和前苏联），进行了国际培训（主要赴德国进行实地考察培训）之后，美国电力研究院（EPRI）于 1991 年公布了加氧处理的导则，并且于同年 11 月开始分期分批地对几个火电厂进行示范试用，并很快将此项技术推广应用于火电厂和核电站。1991 年起，美国超过 30 台直流锅炉机组采用 EPRI 的指导方针完成 OT 转化；1994 年，美国第一台汽包锅炉机组转换为加氧水工况，并取得了与直流锅炉机组一样的优良效果。据报道，到 2000 年为止，世界上已有 83% 以上的直流锅炉和 5% 以上的汽包锅炉改为加氧处理。

加氧处理方式本身也在不断发展，最初是中性处理，它是将 O_2 加入中性的高纯水中的处理方式。由于中性水处理对水的 pH 值不起任何缓冲作用，少量酸性物就会引起 pH 值下降，甚至有导致酸性腐蚀和氢脆的可能，加之担心碳钢在低温区的腐蚀速度高和铜合金的腐蚀等问题，又开发了加氧的同时在给水中添加少量氨的技术，将给水 pH 值由 $6.5\sim7.0$ 提高至 $8.0\sim8.5$，这称之为联合水处理，也可以说是第二代氧化性水化学工况处理技术。从应用范围来看，最初用于全铁系合金的直流锅炉，后又扩大到凝汽器和低压加热器是铜合金的直流锅炉，目前已用于汽包锅炉。另外，现在也不再分为中性处理与联合处理，统称为加氧处理。

对于直流锅炉来说，锅炉给水加氧处理是一项成熟的给水处理技术，在减缓直流锅炉受热面结垢速率、抑制锅炉压差上升、延长锅炉化学清洗周期和降低水处理药剂消耗等方面均明显优于给水全挥发处理。在汽包锅炉中，当给水水质满足一定要求时，采用给水加氧处理同样能降低给水的含铁量。采用该技术能降低机组运行成本，保证机组的安全运行，提高机组效率，国外已经取得了许多成功的经验。国外给水处理采用 OT 方式代替 AVT（R）方式运行的汽包锅炉也逐年增多。

我国自 1984 年开始对直流锅炉的给水进行 CWT 研究，1988 年首次在望亭亚临界燃油直流锅炉机组上成功地进行了 CWT 的工业试验，取得了令人满意的结果。我国对汽包锅炉的加氧课题的研究始于 1998 年，并于 2001 年成功地在吉林双辽电厂 1 号机组上实施。

四、加氧处理技术的优点

加氧处理推广应用较快，主要是由于该种处理方式有明显的效益。采用 OT 处理后，锅内沉积物量减少、腐蚀损坏降低、直流锅炉炉管和加热器压降快速升高问题得到了解决、锅炉清洗频率降低、凝结水净化装置运行周期延长、给水管道 FAC 大有改善等。因此，目前德国、日本、前苏联和中国等许多国家将 OT 处理方式列入国家标准。我国于 2002 年制订了 DL/T 805.1—2002《火电厂汽水化学导则　第 1 部分：直流锅炉给水加氧处理》，2004 年制订了 DL/T 805.4—2004《火电厂汽水化学导则　第 4 部分：锅炉给水处理》。从此，我国锅炉给水加氧处理技术成为有标准可依的成熟技术。

第二节　氧化性水工况机理

在机组的水汽系统中，一般使用碳钢和低合金钢材料。在高温状态下这些材料对腐蚀很敏感，如何防止铁铜的腐蚀，是火电厂化学的一项重要任务。因此，对于以防腐为主要目的的高参数机组，不管采用何种水处理工况，其目的都是在金属表面形成并保持完整的具有保护性的氧化层，且该氧化层在机组运行中不易溶解，并能自动修复有限的损伤。

一、热力系统铁氧化膜的形成机理

在各种介质条件下，如在空气、水或各种化学溶液中，金属表面会迅速氧化形成氧化膜，氧化膜的质量依据介质和温度条件有所不同。在热力系统中，使金属表面生成钝化膜的钝化剂有 H_2O（汽态）、OH^-、O_2 等，影响钝化膜质量的因素主要有阴离子、温度、pH 值和流速等。

（一）无氧条件下铁氧化膜的形成及特点

1. 无氧条件下铁氧化膜的形成

正常无氧条件下，火电厂水循环系统氧化膜的形成分为以下三个步骤：

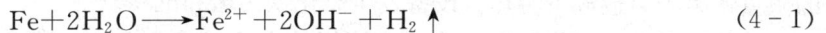

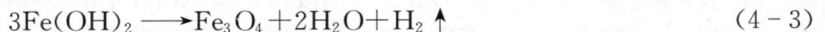

$$Fe + 2H_2O \longrightarrow Fe^{2+} + 2OH^- + H_2 \uparrow \qquad (4-1)$$

$$Fe^{2+} + 2OH^- \longrightarrow Fe(OH)_2 \downarrow \qquad (4-2)$$

$$3Fe(OH)_2 \longrightarrow Fe_3O_4 + 2H_2O + H_2 \uparrow \qquad (4-3)$$

从上面三个反应式可以看出，氧化膜的形成需要一定量的 Fe^{2+} 和 OH^-，且受反应式（4-3）的控制。根据反应式（4-1），提高溶液的 pH 值有利于抑制 $Fe(OH)_2$ 的溶解，但 pH 至少提高到 9.4 以上方见成效。而反应式（4-3）的反应动力学与温度密切相关。

在 200℃以下，第三个反应较慢。这是因为在低温条件下，水作为氧化剂没有能量使 Fe^{2+} 氧化为 Fe^{3+} 并沉积为具有保护作用的氧化物覆盖层，从而氧化膜处于活性状态。四氧化三铁的溶解度约在 150℃时最大。在凝结水管段、低压加热器和第一级高压加热器入口的水温条件下，纯水中铁的溶解一般都受到扩散控制。当局部流动条件恶化时，铁的溶解会转化为侵蚀性腐蚀，即流动加速腐蚀。而在 200℃以上的温度区，反应式（4-3）较快，$Fe(OH)_2$ 发生缩合反应，使钢铁表面生成保护性四氧化三铁。如在末级高压加热器、省煤器和水冷壁的钢铁表面会自发地生成四氧化三铁保护膜。

根据氧化膜生成机理，火电厂水汽循环系统水与碳钢反应又可分为电化学反应和化学反应两种过程。这两种反应的机理主要依据温度条件而有所不同，从常温到 350℃左右的范围内，水与碳钢通过电化学反应生成氧化膜；在 400℃以上，水或者蒸汽与碳钢则通过化学反应生成氧化膜。

在 300℃以下的无氧纯水中，金属铁是腐蚀电池中的阳极，在反应中放出电子被氧化成

为 Fe^{2+}，Fe^{2+} 与水中的 OH^- 反应生成氢氧化亚铁，水中的 H^+ 在腐蚀电池的阴极反应中接受电子，还原成为氢分子 [即反应式（4-1）、式（4-2）]。在 200℃ 以下，Fe^{2+} 转化为 Fe^{3+} 的缩合过程受阻时，氢离子的还原反应也受到制约。此时的氧化膜由致密的 Fe_3O_4 内伸层和多孔、疏松的 Fe_3O_4 外延层构成，氧化膜的溶解度较高，因而致使给水系统的铁含量较高。此外，还原性水工况中给水加入的联氨除了用于除氧外，在低温区还有促进生成四氧化三铁的作用。

在 300～400℃ 高温区，水具有能量使 Fe^{2+} 氧化为 Fe^{3+}，因此在省煤器的出口段到水冷壁的金属表面形成了内层薄而致密、外层也较为致密的 Fe_3O_4 氧化膜。此温度区应该是化学反应与电化学反应的混合区或过渡区。随着温度的升高，氧化膜生成的反应控制过程逐渐改变，即由电化学反应为主转向以化学反应为主。

在更高的温度（400℃ 以上），铁、水系统的反应主要是化学反应：$3Fe+4H_2O\longrightarrow Fe_3O_4+4H_2\uparrow$。即在无氧条件下铁与蒸汽直接反应，蒸汽分解提供氧离子（O^{2-}）并放出氢分子。由于铁离子向外扩散，氧离子向里扩散，整个氧化层同时向钢铁原始表面两侧生长，此时生成等厚度致密的双层 Fe_3O_4 氧化膜，内层为尖晶型细颗粒结构，外层为棒状型粗颗粒结构。

有人通过测量蒸汽中的氢含量证实，上述热力系统各温度段氧化膜的生成反应或者受损氧化膜的修复，在机组启动后约 20h 完成。

2. 无氧条件下铁氧化膜的特点

由前面所述可知，无氧时水和铁在不同的条件下反应可以使热力系统碳钢表面生成质量不同的氧化膜，但其主要成分都是 Fe_3O_4。除过热器高温段外，中低温段的氧化膜都不够致密，且 Fe_3O_4 的溶出率较高，导致给水系统局部发生流动加速腐蚀。同时，氧化膜释放出的微量铁离子会造成下游热力设备发生氧化铁污堵和沉积。

另外，通过对亚临界和超临界直流锅炉水冷壁管上 Fe_3O_4 氧化膜的观察可以看到，该氧化膜的特性是在一定条件下形成特有的波纹，就像海滩上的沙粒波纹。当流体流经它们表面时会形成一个阻力，该阻力远大于一个正则（光滑）曲面的阻力，水流阻力增加的结果是造成锅炉压差上升和给水泵动力消耗增加。向火侧和非向火侧的波纹尺寸基本上相同，这表明热负荷对波纹几何形状影响很小。据报道，在一年半到两年的运行之后，这些波纹最大高度（谷底到顶峰）可以达到 $8\times10^{-3}cm$。图 4-1 和图 4-2 分别描述了水冷壁管内表面和横断面波纹效应在显微镜图上的构造。研究表明，只有在水相中才会产生氧化膜的横向波纹，在蒸汽相中不会产生波纹结构。实践运行经验证明，给水加氧处理技术可以避免波纹的形成，并解决由此带来的一系列问题。

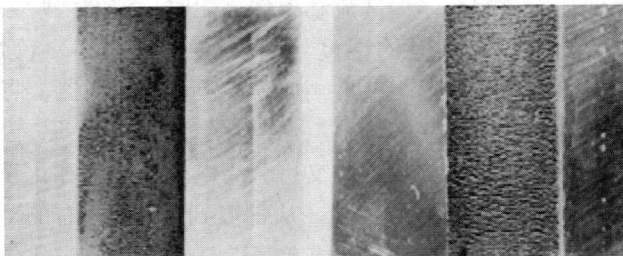

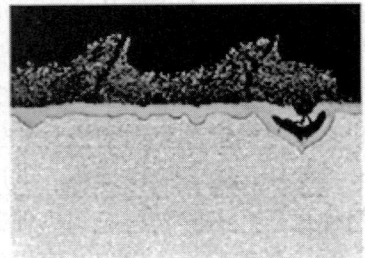

图 4-1　水冷壁管内表面 Fe_3O_4 氧化膜波纹效应　　　　图 4-2　水冷壁管横断面 Fe_3O_4
氧化膜波纹效应

（二）氧的作用原理

在水质较差的铁/水体系中，氧作为去极化剂，起着加速金属腐蚀的作用。在中性和碱性溶液中，腐蚀过程的阳极反应是铁的溶解：$Fe \longrightarrow Fe^{2+} + 2e^-$，腐蚀过程的阴极反应是溶解在水中的氧的还原反应：$O_2 + 2H_2O + 4e^- \longrightarrow 4OH^-$。

氧去极化的阴极反应可以分为两个基本过程，即氧向金属表面的扩散过程和氧的离子化反应过程。在氧的扩散过程中，氧通过静止层的扩散步骤为阴极过程的控制步骤。影响氧去极化的因素有氧浓度、溶液流速、含盐量和温度等。

在水汽系统中，含盐量对氧的作用起着决定性的影响。如果用氢电导率表征水中的含盐量水平，则当氢电导率大于 $0.2\mu S/cm$ 时，由于某些阴离子可以加速阳极过程（腐蚀过程），氧作为去极化剂在阴极还原，进一步加速了金属的腐蚀过程；当氢电导率小于 $0.2\mu S/cm$ 时，氧仍然是阴极去极化剂，但阳极溶解过程因没有阴离子去极化作用的影响而受阻，腐蚀过程减缓。在流动的高纯水中添加适量氧，可以将碳钢的腐蚀电位提高数百毫伏，使金属表面发生极化或使金属电位达到钝化电位，并使金属表面生成致密而稳定的保护性氧化膜。不同盐含量下的腐蚀和氧浓度的关系见图 4-3。该图表明：对于氢电导率为 $0.1\mu S/cm$ 的纯水，当氧质量浓度增加到 $50\mu g/L$ 以上时，腐蚀产物释放速率显著降低；同时给水纯度降低会增加释放速率。因此，在水质较好的铁/水体系中，氧又作为钝化剂，起着阻碍金属腐蚀的作用。

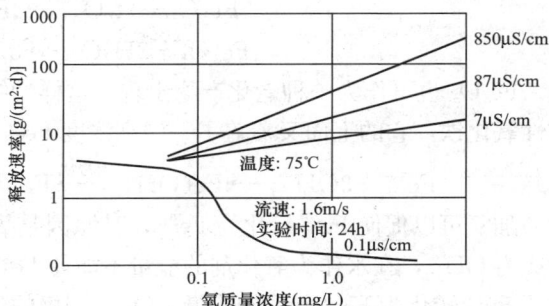

图 4-3 不同盐含量下的腐蚀和氧质量浓度的关系

随着温度的升高，金属腐蚀过程由电化学反应控制向化学反应控制转移时，氧分子的作用逐渐减弱。另外，在水冷壁高温区产生蒸汽处，由于分配系数的关系，氧分子进入蒸汽相，液相中氧的浓度几乎为零。因此，水中的溶解氧仅仅在热力系统的低、中温区域参与腐蚀电化学过程的阴极反应。

热力系统中氧的电化学作用还表现在当热力系统金属表面氧化膜破裂时，氧在氧化膜表面参与阴极反应还原，将氧化膜破损处的 Fe^{2+} 氧化为 Fe^{3+}，使破损的氧化膜得到修复。

（三）保护性双层钝化膜的形成

要使金属表面氧化膜层能起保护作用，必须具备以下两个条件：

（1）氧化物层必须是难溶的，无裂缝和无孔的，金属氧化成氧化物的速度，即金属的溶出速度要小，不至于因此影响到机组的使用寿命。

（2）对于在运行中因机械作用或化学原因造成的有限损伤，必须具有修复这些损坏部位膜的能力。

全挥发处理时（即无氧条件下）在水中形成的双层 Fe_3O_4 氧化膜的外延层是疏松的，除了氧化铁的溶出率较高外，还会受水流动的影响，在局部造成流动加速腐蚀。所以在弱碱性纯水中形成的氧化膜还不能够满足电站大机组防腐防垢的要求。而氧在一定的温度范围内可使铁/水系统金属表面已经存在的氧化膜完全钝化，生成更具保护性的钝化膜。

在给水加氧方式下，由于不断向金属表面均匀地供氧，金属表面仍保持一层稳定、完整的 Fe_3O_4 内伸层，而通过 Fe_3O_4 微孔通道中扩散出来 Fe^{2+} 进入液相层，其中一部分直接生成由 Fe_3O_4 晶粒组成的外延层。由于 Fe_3O_4 层呈微孔状（1％～15％孔隙），通过微孔扩散进行迁移的 Fe^{2+} 在孔内或在氧化膜表层就地氧化，生成三氧化二铁（Fe_2O_3）或水合三氧化二铁（$FeOOH$，$FeOOH$ 将老化形成 $\alpha - Fe_2O_3$），沉积在 Fe_3O_4 层的微孔或颗粒的空隙中，封闭了 Fe_3O_4 氧化膜的孔口，从而降低了 Fe^{2+} 扩散和氧化的速度，其结果是在钢铁表面生成了致密稳定的"双层保护膜"。故 Fe_2O_3 作为钝化区域中的腐蚀产物，其形成是受金属离子通过钝化膜的扩散速率控制的，而且这种腐蚀产物一般很少。其具体生长机理及生成膜的形态参见后文图 4-8。Fe_3O_4 的生成可表示为此总反应式

$$3Fe^{2+}+1/2O_2+3H_2O\longrightarrow Fe_3O_4+6H^+$$

而覆盖层的形态通过下面两个反应来决定

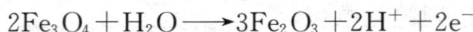

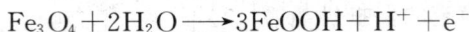

$$2Fe_3O_4+H_2O\longrightarrow 3Fe_2O_3+2H^++2e^-$$

$$Fe_3O_4+2H_2O\longrightarrow 3FeOOH+H^++e^-$$

Fe_2O_3 也可作为一种老化产物出现。这样的结果就是钢铁表面形成了两个氧化层，一层是磁性氧化铁，它的上面又覆盖了一层高浓度 Fe_2O_3 锈层。Fe_2O_3 锈层的形成如下面反应所示

$$Fe^{3+}+3OH^-\longrightarrow Fe(OH)_3\xrightarrow{\text{老化}}Fe_2O_3\cdot nH_2O\xrightarrow{\text{老化}}FeOOH\xrightarrow{\text{脱水}}Fe_2O_3$$

加氧可以促使 Fe^{2+} 氧化为 Fe^{3+}，其原因是氧分子在腐蚀电池中的阴极反应中接受电子还原成为 OH^-，在水作为氧化剂的能量不能使 Fe^{2+} 转化为 Fe^{3+} 时，氧分子在阴极的还原反应提供了 Fe^{2+} 转化为 Fe^{3+} 所需的能量。O_2 在阴极的还原反应促进了相界反应速度，同时 Fe^{3+} 作为氧的传递者，充当 Fe^{2+} 转化为 Fe^{3+} 反应的催化剂，加快了氢氧化亚铁的缩合过程。因此，在铁/纯水系统中，氧的去极化作用直接导致金属表面生成 Fe_3O_4 和 Fe_2O_3 的双层氧化膜，从而完全中止了热力系统金属的腐蚀过程。两种不同结构的氧化铁组成的双层氧化膜比单纯 Fe_3O_4 双层膜更致密更完整，因而更具保护性。从这个意义上说，氧分子又被称为钝化剂。

实践证明，直流锅炉应用给水加氧处理技术，在金属表面形成了致密光滑的氧化膜，不但很好地解决了炉前系统存在的腐蚀问题，而且还消除了水冷壁管内表面氧化膜波纹形状造成的不良影响。如江苏常熟发电有限公司将 1 号、2 号亚临界直流锅炉由 AVT（R）改为 CWT 方式运行后，采用扫描电镜能谱法对水冷壁管内表面的形貌进行照相，结果如图 4-4 和图 4-5 所示。

图 4-4　AVT（R）运行 3 年水冷壁
管内表面形貌

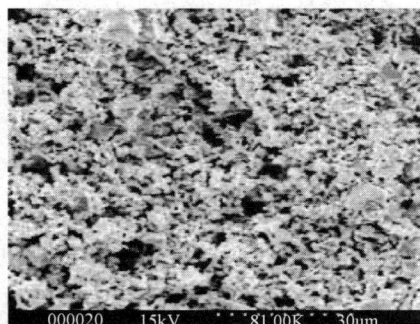

图 4-5　CWT 运行 3 年水冷
壁管内表面形貌

由图 4-4 和图 4-5 可以看出，AVT（R）工况运行时，水冷壁管内表面垢层呈波纹状，表面晶粒粗大，较疏松；转化为 CWT 方式运行 3 年后水冷壁管内表面垢层结构发生了根本的变化，波纹状垢层完全消失，整个垢层表面晶粒很细、很均匀。AVT（R）处理时水冷壁管内表面颜色呈黑色；CWT 方式运行 1 年后，内表面颜色呈红色，运行 3 年后，内表面呈深红色。

对 1 号机组水冷壁管内表面垢样的物相成分进行 X-射线衍射分析，结果见表 4-2。

由表 4-2 可知，AVT（R）转化为 CWT 后，水冷壁内表面膜由 Fe_3O_4 逐渐向 Fe_2O_3 转化，形成了致密、平整、坚固的钝化膜。另外，从洗垢法测定水冷壁的结垢量可看出，原 AVT（R）工况下水冷壁表面的 Fe_3O_4 在洗液中浸泡 1~2h 即可清洗干净，而 CWT 工况下水冷壁表面的 Fe_2O_3 膜需几十小时才能清洗干净。从这方面也可看出，CWT 工况下水冷壁表面的 Fe_2O_3 膜与金属本体结合比较牢固。

表 4-2　1 号机组水冷壁管内表面垢样物相组成

运行情况	物相组成
AVT（R）运行 3 年	Fe_3O_4 占 63%，Fe_2O_3 占 37%
CWT 运行 1 年	Fe_3O_4 占 50%，Fe_2O_3 占 50%
CWT 运行 3 年	Fe_3O_4 占 20%，Fe_2O_3 占 80%

（四）影响氧化膜形成的因素

（1）电导率。在加氧水中，电导率与碳钢腐蚀产物溶出速度之间存在着线性关系，水中杂质特别是氯离子会妨碍正常的磁性氧化铁保护膜的生成。故给水必须为高纯度方能进行加氧处理，其电导率应在 0.15~0.20μS/cm（25℃）范围内。

（2）pH 值。碳钢在无氧除盐水中的腐蚀速度，明显地与 pH 值有关。随着 pH 值的升高，碳钢的腐蚀速度逐步降低。而在有氧的纯水中，碳钢的腐蚀速度在 pH 值为 7 时降得很低，并不再随着 pH 值的升高有所变化。

（3）溶解氧浓度。保持纯水中一定的氧浓度是为了保证碳钢的腐蚀电位高于其钝化电位。溶解氧浓度的确定与纯水的流动状况和温度有关，在碳钢表面氧化膜形成期需要的氧量比形成后需要的氧量大得多。

（4）给水流速。在加氧情况下，使水保持适当地流速有利于碳钢表面形成均匀的氧化膜，故水的流速是能否保持防腐效果的必要条件。

二、加氧处理化学原理

全挥发处理的运行基础是提高给水 pH 值，而加氧处理则突破了传统理论，把过去认为会引起钢材腐蚀而必须彻底除掉的有害物质——氧，在一定条件下变成有利于防腐的第一要素，在流动的高纯水中加入氧来减小或防止腐蚀。

加氧处理的基本原理是：在高纯水的条件下，一定浓度的氧能使碳钢表面形成比四氧化三铁保护性更好的三氧化二铁＋四氧化三铁"双层保护膜"，进而阻碍基体进一步腐蚀。氧气、过氧化氢和空气可以作为氧化剂加入。

把氧以分子的形式加入到流动的高纯水中后，使钢铁的腐蚀电位提高了几百毫伏，从而使金属表面发生极化或使金属的腐蚀电位超过其钝化电位，达到抑制腐蚀的作用。这种增加在温度低于 150℃ 的范围内特别明显。溶解氧向钢铁表面的迁移可将腐蚀电位调节到钝化电位以上，下面几种方式可以达此目的：

（1）增加给水中氧含量（即增大流体中氧气浓度，提高扩散动力）；

（2）增加流速（即减小层流层的厚度，加快氧的扩散）；

（3）提高温度（即增大氧的扩散系数）。

1. 抑制一般性腐蚀

一般性腐蚀通常是指金属表面遭受全面性的均匀腐蚀，现有的 AVT（R）、AVT（O）、OT 三种给水处理方式均可抑制一般性腐蚀，抑制一般性腐蚀主要是从电化学的角度出发来考虑问题的。加入氧气提高钢铁腐蚀电位是加氧处理抑制一般性腐蚀的基本原理。

图 4-6 为不同温度下铁—水体系电位-pH 平衡图。从图 4-6 中可以清楚地了解到铁在水中的腐蚀状态。铁的状态分为 3 种：①铁处于活性的腐蚀状态，即铁将发生氧化，有转变成这些离子态的倾向；②铁的钝化区，即存在着铁的氧化物或氢氧化物是稳定物质状态的范围；③铁的免蚀区（或稳定区），即金属状态的铁能稳定存在。

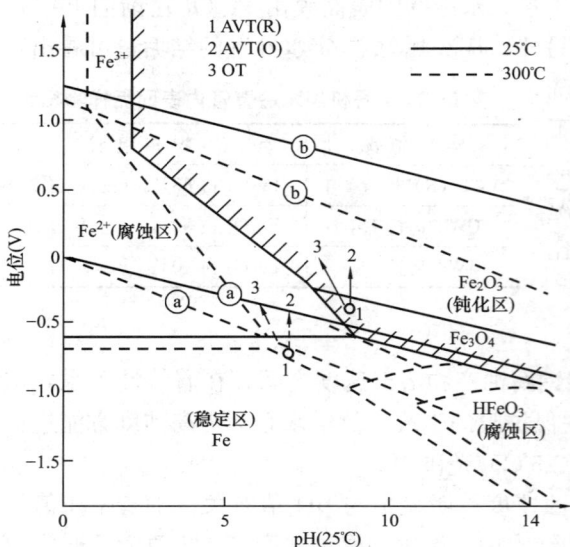

图 4-6　不同温度下铁—水体系电位-pH 值平衡图

这里，需要特别指出的是：水的氧化还原电位（ORP）与铁的电极电位是两个不同的概念。水的 ORP 通常是指以银—氯化银电极为参比电极，铂（或其他贵金属）电极为测量电极，在密闭流动的水中所测出的电极电位，在 25℃ 时该参比电极的电极电位相对标准氢电极为 +208mV，ORP 是衡量水的氧化还原性的指标。而铁的电极电位是指以银—氯化银电极（或其他标准电极）为参比电极，铁电极为测量电极，在密闭流动的水中所测出的电极电位，是说明在水中铁的电化学状态的指标。

因此，要保护铁在水溶液中不受腐蚀，就要把水溶液中铁的形态由腐蚀区移到稳定区或钝化区。可以采取以下三种方法达到此目的：

（1）还原法：通过热力除氧并加除氧剂进行化学辅助除氧的方法来降低水的氧化还原电位（ORP），使铁的电极电位接近于稳定区，即 AVT（R）方式；

（2）弱氧化法：只通过热力除氧（即保证除氧器运行正常，允许给水中氧的质量浓度不超过 $10\mu g/L$），而不再添加其他任何除氧剂进行化学辅助除氧，使铁的电极电位处于 $\alpha\text{-}Fe_2O_3$ 和 Fe_3O_4 的混合区，即 AVT（O）方式；

（3）氧化法：通过加氧气（或其他氧化剂）的方法提高水的 ORP，使铁的电极电位处于 $\alpha\text{-}Fe_2O_3$ 的钝化区，即加氧处理（OT）方式。

在 AVT（R）方式下，由于降低了 ORP，使铁生成较稳定的氧化物和氢氧化物［分别是 Fe_3O_4 和 $Fe(OH)_2$］。它们的溶解度都较低，在一定程度上能减缓铁的腐蚀。从电化学角度讲，这是一种阴极保护法。

在 OT 方式下，由于提高了 ORP，使铁进入钝化区，这时腐蚀产物主要是 $\alpha\text{-}Fe_2O_3$ 和 $Fe(OH)_3$，它们的溶解度都很低，能阻止铁进一步腐蚀。从电化学角度讲，这是一种阳极保护法。

在 AVT（O）方式下，由于 ORP 提高幅度不大，使铁刚进入钝化区，这时腐蚀产物主要是 α-Fe_2O_3 和 Fe_3O_4，其防腐效果处于 OT 和 AVT（R）之间。从电化学角度讲，这也是一种偏向于阳极的保护法。

从铁在水中的电位-pH 图还可以通过区别不同的给水调节处理方法抑制碳钢腐蚀的原理，比较它们防腐的优劣性。给水的全挥发碱性调节（ATV）法，是限制给水中溶解氧的浓度，并加入挥发性的碱性物质 NH_3，使给水的 pH 值达到 9.0 以上，使铁进入了 Fe_3O_4 稳定区。给水加氧中性处理（NWT）法是增加了水中溶解氧的浓度后，使铁的电位升高，进入钝化区，这时铁的腐蚀产物可被氧化成高价氧化物 Fe_2O_3，它可以阻止铁的继续腐蚀。给水加氨、加氧联合处理（CWT）法是既向给水中加碱化剂（如 NH_3）来提高给水的 pH 值，又加氧化剂（如 O_2）提高铁的电位，即把给水的 pH 值提高到 $8\sim9$，同时将铁电位升到使铁进入 Fe_2O_3 的稳定区（钝化区），这样就兼有了碱性调节（AVT）法和加氧调节（NWT）法两者的防腐蚀特点和效果，可以看出 CWT 法是一个更优化的防止腐蚀的方法。

2. 抑制流动加速腐蚀

流动加速腐蚀（FAC）是锅炉管材在水高流速条件下发生的一种磨损腐蚀，一般是碳钢在高流速的无氧纯水中发生的。在含有微量氧的强还原性环境下的紊流区（如管道弯头、三通、变径处），FAC 最易发生。其发生过程如下：附着在碳钢表面上的磁性氧化铁（Fe_3O_4）保护层被剥离进入湍流水或潮湿蒸汽中，使其保护性降低甚至消除，导致母材快速腐蚀，一直发展到最坏的情况——管道腐蚀泄漏。这种腐蚀的结果是给水含铁量偏高，并使给水系统中的加热器、给水泵、省煤器、水冷壁结垢率加大。调查发现，FAC 过程可能十分迅速，有时管壁减薄速度可高达 5mm/a 以上。例如，某电厂一台 500MW 的直流锅炉，在高压加热器母管分为许多支管的弯头处，5mm 厚的钢管半年就被腐蚀穿透。研究发现，水的纯度、pH 值、溶解氧含量、流速、温度、炉管几何形状、材料等都对 FAC 有明显的影响。要防止 FAC，首先应在设计时认真考虑 FAC 的影响因素，如流速的确定、管道的布置，尽量减少产生强烈湍流的可能。若不能避免，在特殊部件选材上可选择添加 Cr 元素的碳钢材料。其次是改变锅炉水化学工况，选择适宜的给水处理方式可以减轻 FAC 的损害，也能使省煤器入口处的铁含量达到较低水平（小于 $2\mu g/L$）。实践证明，可采用给水加氧处理达到这一效果。

根据前面对于金属表面氧化膜形成及特点的研究表明，无氧条件下形成的氧化膜通常分两层，外层膜是不很紧密的 Fe_3O_4 氧化膜，在 $150\sim200℃$ 条件下溶解度较高，不耐冲刷。这就是为什么在联胺处理条件下，炉前系统容易发生 FAC 的原因，也是为什么使用联胺处理给水含铁量高，给水系统节流孔板易被 Fe_3O_4 粉末堵塞的原因。因此，要了解 FAC，首先要了解管壁上磁性氧化铁膜（Fe_3O_4）的性质。它是 Fe_2O_3 与 FeO 的混合物，其中 FeO 中的铁以二价的氧化态存在，Fe_2O_3 中的铁为三价铁。对 FAC 敏感的正是二价铁离子。在腐蚀作用区，二价铁离子从 Fe_3O_4 晶格中迁移出来，在还原性环境下持续地生成 Fe^{2+}。这一持续迁移的过程，使管壁减薄、强度下降，最终导致突发性爆管事故。

研究发现，铁的溶出率主要是受水的 ORP 控制，AVT（R）、AVT（O）和 OT 三种条件下水的 ORP 相差较大，它们对抑制 FAC 效果也明显不同（见表 4-3）。

表 4 - 3 三种条件下的 ORP 和 FAC

水处理方式	给水水质	ORP（SVH）（mV）	FAC 程度
AVT（R）	$O_2 < 1\mu g/L$ 或联胺$> 20\mu g/L$	-350	较严重
AVT（O）	不加联胺	$0 \sim 80$	一般
OT	加入少量氧	$> +150$	无

对三种水工况下水的 ORP 讨论结果表明，给水加氧处理可以抑制 FAC。下面从金属表面氧化膜的形成和特点方面来进一步证实给水加氧处理可以抑制 FAC 的原理。给水分别采用 AVT（R）和 OT，其氧化膜组成的变化可用图 4-7～图 4-9 的对比说明。

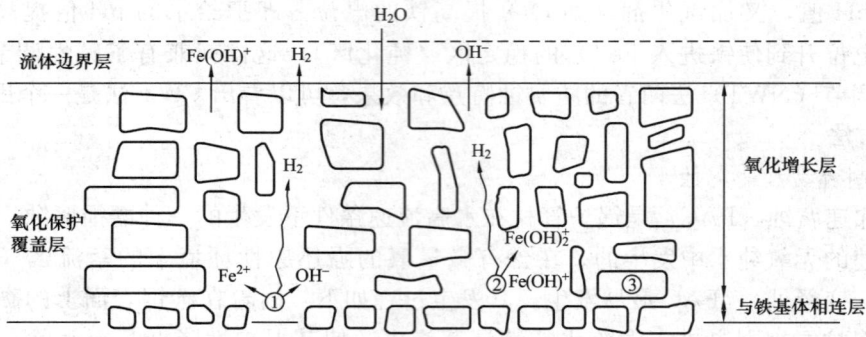

图 4 - 7 采用 AVT（R）的氧化膜结构示意

反应过程为

$$① \ Fe + 2H_2O \longrightarrow Fe(OH)_2 + H_2 \uparrow$$

$$Fe(OH)_2 \longrightarrow Fe(OH)^+ + OH^-$$

$$Fe(OH)_2 \longrightarrow Fe^{2+} + 2OH^-$$

$$② \ 2Fe(OH)^+ + 2H_2O \longrightarrow 2Fe(OH)_2^+ + H_2 \uparrow$$

$$③ \ Fe(OH)^+ + 2Fe(OH)_2^+ + 3OH^- \longrightarrow Fe_3O_4 + 4H_2O$$

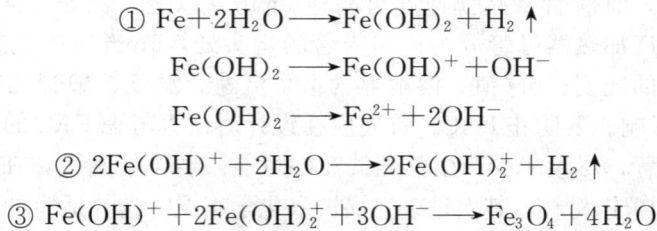

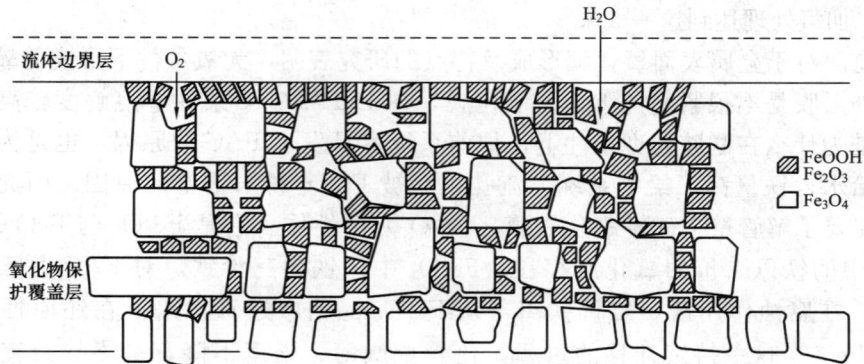

图 4 - 8 采用 OT 的氧化膜结构示意

形成三价铁氧化物的有关反应为

$$4Fe^{2+}+O_2+2H^+\longrightarrow 4Fe^{3+}+2OH^-$$
$$2Fe^{2+}+2H_2O+1/2O_2\longrightarrow Fe_2O_3+4H^+$$
$$Fe(OH)^++H_2O\longrightarrow FeOOH+2H^++e^-$$
$$Fe_3O_4+2H_2O\longrightarrow 3FeOOH+H^++e^-$$

(a)　　　　　　　　　　　　　　(b)

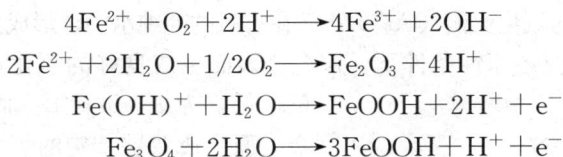

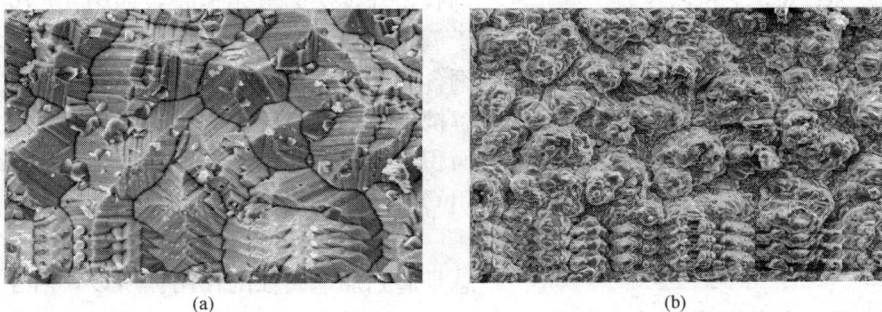

图 4-9　有氧处理和无氧处理对金属表面膜的影响
(a) 给水 AVT (R) 金属表面状态；(b) 给水 OT 金属表面状态

从图 4-7～图 4-9 的对比可看到，采用 OT 后，主要是将外层的 Fe_3O_4 膜的间隙和表面覆盖上 Fe_2O_3，改变了外层 Fe_3O_4 层孔隙率高、溶解度高、不耐流动加速腐蚀的性质。其具体作用原理在前面"保护性双层钝化膜的形成"中已经详细介绍，这里就不再一一赘述。而 AVT (O) 方式与 OT 相比是弱氧化性环境的处理方式，从机理上讲与 OT 大致相似。但也正由于其氧化性不强，所以给水采用 AVT (O) 所形成的氧化膜的特性介于 OT 和 AVT (R) 之间，也就是说这种给水处理方式所形成的膜的质量比 OT 差，但优于 AVT (R)。

对于 AVT (R)，给水处于还原性气氛，碳钢表面生成磁性氧化膜（Fe_3O_4）的两个关键过程是：

(1) 内部取向连生层的生长，受穿过氧化物中的细孔进行扩散的氧气（水或含氧离子）的控制；

(2) 可溶性二价铁产物溶解到流动的水中，溶解过程受给水的 pH 和 ORP 控制。

一般而言，给水的还原性越强，在省煤器入口铁腐蚀产物的溶解度就越高。正常 AVT (R) 情况下，ORP$<-300mV$，给水中铁腐蚀产物的含量小于 $10\mu g/L$，一般不会发生 FAC。但值得注意的是，当局部流体处于湍流状态时，碳钢表面的磁性氧化膜会快速脱落，使得 FAC 发展非常快。而对于 OT 和 AVT (O)，则有完全不同的情形。在非还原性给水环境中，碳钢表面被一层氧化铁水合物（FeOOH）所覆盖，它也向下渗透到磁性氧化铁的细孔中，而且这种环境有利于 FeOOH 的生长。此类构成形式可产生两个效果：①由于氧向母材中的扩散（或进入）过程受到限制（或减弱），从而降低了整体腐蚀速率；②减小了表面氧化层的溶解度。因此从产生 FAC 的过程看，在与 AVT (R) 时具有完全相同的流体动力学特性的条件下，FeOOH 保护层在流动给水中的溶解度明显低于磁性铁垢（至少要低 2 个数量级）。采用 OT 时，用原子吸收法测得的给水含铁量有时能小于 $1\mu g/L$，并且能明显减轻或消除 FAC 现象。

3. 加氧处理对铜氧化膜的影响

从热力学观点来看，在无氧或有氧的高纯水中，铜均处于钝化状态。不过在无氧的高纯水中，铜表面形成浅黄色的氧化亚铜（Cu_2O）；而在有氧的高纯水中，形成黑色的氧化铜（CuO）。

因此，在 AVT 工况还原性条件下，铜合金表面生成良好的氧化亚铜膜，给水中的铜含量很低，为 $3\sim5\mu g/L$。而在加氧条件下，铜合金表面生成双层结构的氧化膜，内伸层为氧化亚铜膜，外延层为氧化铜膜，如图 4-10 所示。由于氧化铜的溶解度大于氧化亚铜，所以给水中的铜含量会有所增加，铜离子会通过机械携带或溶解携带转移到汽轮机高压缸沉积，引起蒸汽流通面积小，降低高压缸效率。这是有铜机组难于采用 OT 技术的根本原因。

从以上分析可以看出，对于铜合金而言，氧总是起到加速腐蚀的作用。所以，对于有铜系统机组，应尽量采用 AVT（R）方式运行。

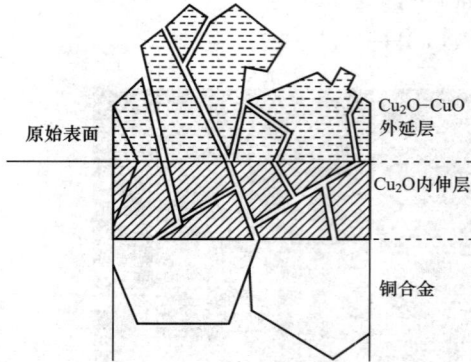

原始表面

Cu_2O-CuO 外延层

Cu_2O 内伸层

铜合金

图 4-10　OT 条件下铜合金覆盖层

第三节　氧化性水工况水质标准

一、直流锅炉加氧处理标准

给水采用加氧处理时，通常 ORP>100mV。锅炉给水质量标准应按 DL/T 805.1—2002 执行，具体锅炉给水质量标准见表 4-4。

各指标的依据及说明：

（1）氢电导率。在较纯的水中，氧使钢铁表面生成致密的 α-Fe_2O_3 保护膜，起抑制腐蚀的作用；但在不纯的水中，氧会与其他杂质一起促进钢铁的腐蚀，起加速腐蚀作用。对于加有氨的给水来说，水的纯度往往用氢电导率来衡量，它是除 OH^- 以外所有阴离子的综合衡量指标。氧究竟起什么作用，由水的氢电导率临界值决定。由于温度、钢铁的

表 4-4　　直流锅炉给水加氧处理水质标准

项　目	标准值	期望值
氢电导率（25℃）（$\mu S/cm$）	<0.15	≤0.10
pH 值（25℃）	8.0~9.0	
溶解氧（$\mu g/L$）	30~300	
铁（$\mu g/L$）	<10	≤5
铜（$\mu g/L$）	<5	≤3
钠（$\mu g/L$）	<5	
二氧化硅（$\mu g/L$）	<10	

表面状态等因素的影响，其临界值在 $0.2\sim0.3\mu S/cm$ 之间。为了安全起见，给水加氧处理时，其氢电导率定在 $0.15\mu S/cm$ 以下。

（2）pH 值。在给水加氧处理时通常要求机组的给水系统，特别是低压加热器系统不得含有铜部件。因此，加氧处理只考虑钢铁的腐蚀。由图 4-5 和图 4-6 的分析可知，采用加氧处理时，由于表面生成的氧化膜致密，铁的溶出率极低；又由图 4-3 可知，pH 值在较大的范围内其表面氧化膜的组成没有发生变化。其 pH 值下限可以到 7.0，上限可以达到 10 以上。中性范围内的给水，缓冲性差，抗杂质的干扰能力弱，对安全运行不利；水的 pH 值过高，则会增加凝结水精处理的负担，对经济运行不利。从安全性和经济性两方面考虑，给水的 pH 定为 8.0~9.0。

（3）溶解氧。在加氧处理的前期，氧化膜处于转型阶段，需要的氧量较多。这时只要饱和蒸汽中没有氧，给水中的溶解氧浓度允许高些。转型阶段往往给水的氢电导率也会升高，

其原因是给水系统的管壁以及管壁上的 Fe_3O_4 氧化膜中所含有机物被氧化，形成低分子有机酸。当 Fe_3O_4 全部转换为 $\alpha - Fe_2O_3$ 后，给水的氢电导率就会恢复到加氧前的水平。在氧化膜的转换过程中，允许给水的氢电导率达到 $0.2\mu S/cm$，如果超过此值就应减少加氧量。

对于直流锅炉，实施给水加氧处理稳定运行后，虽然溶解氧量规定在 $30\sim300\mu g/L$，但最好控制在 $50\sim100\mu g/L$。实践证明这一浓度范围既不浪费，又能提供形成氧化膜所需要的氧。如果加氧量过高，可能会对过热器氧化皮的生成与脱落有一定的影响。

（4）铁。加氧处理可在钢铁表面已经形成的 Fe_3O_4 氧化膜的表面膜以及膜中的孔隙中生成致密的 $\alpha - Fe_2O_3$。这种加氧后形成的膜可在两个方面起到防腐作用：①表面膜致密，使水和其他杂质难以通过 $\alpha - Fe_2O_3$ 保护膜与铁基体继续反应；②在 Fe_3O_4 的孔隙中形成的微小 Fe_2O_3 颗粒堵塞了 Fe_3O_4 的孔隙通道，使 Fe^{2+} 扩散不出来，这种类似于浓差极化的作用使得腐蚀的动力削弱，从而降低腐蚀。一般采用 OT 时，给水的含铁量在 $1\mu g/L$ 以下。

（5）铜。一般除凝汽器外水汽系统不含铜合金时才采用 OT。凝汽器管为铜管时，由于真空除氧的作用，使蒸汽中的氧被除去，不会引起铜管的腐蚀。另外，凝结水通过精处理混床后会除去大部分铜离子。因此，给水的含铜量就比较低，通常在 $3\mu g/L$ 以下。

（6）钠。给水中的含钠量只对直流锅炉作了规定，因为给水经过直流锅炉后，水中的钠几乎全部进入蒸汽，含钠量如果过高，过热器和汽轮机就可能会发生钠盐的沉积。按照各类钠盐的溶解与析出特性综合考虑，认为蒸汽中含钠量超过 $10\mu g/kg$ 后，在蒸汽做功、热力参数降低的过程中就有可能发生钠盐的沉积。为了安全起见，电力行业标准规定直流锅炉的给水含钠量应小于 $5\mu g/L$。

二、直流锅炉弱氧化性全挥发处理标准

AVT（O）是指只通过热力除氧（即保证除氧器运行正常，允许给水中氧的浓度不超过 $10\mu g/L$），而不再添加其他任何除氧剂进行化学辅助除氧，以提高水的氧化还原电位（ORP）到 $0\sim80mV$，使水由原来 AVT（R）时的还原性环境改变为弱氧化性环境；同时使铁的电极电位处于 $\alpha - Fe_2O_3$ 和 Fe_3O_4 的混合区域。锅炉给水质量标准应按表 4-5 中的有关规定执行。

表 4-5　　　　　　　　　　AVT（O）时直流锅炉给水质量标准

锅炉过热蒸汽压力（MPa）		<18.3		>18.3	
标准值/期望值		标准值	期望值	标准值	期望值
氢电导率（25℃）（μS/cm）		≤0.20	≤0.15	≤0.20	≤0.15
pH（25℃）	有铜系统	9.0~9.3		9.0~9.3	
	无铜系统	9.0~9.6		9.0~9.6	
溶解氧（μg/L）		≤10	—	≤10	—
铁（μg/L）		≤10	≤5	≤10	≤5
铜（μg/L）		≤3	≤2	≤3	≤2
钠（μg/L）		≤10	≤5	≤5	
二氧化硅（μg/L）		≤20	—	≤15	≤10
硬度（μmol/L）		≈0		≈0	
油（mg/L）		≤0.3	—	<0.1	

各指标的依据及说明：

（1）氢电导率。标准中采用氢电导率而不用电导率，其理由是：①因为给水采用加氨处理，氨对电导率的贡献远大于杂质的贡献；②由于氨在水中存在以下的电离平衡：$NH_3 \cdot H_2O \longrightarrow NH_4^+ + OH^-$，经过 H 型离子交换后可除去 NH_4^+，并生成等量的 H^+，H^+ 与 OH^- 结合生成 H_2O。由于水样中所有的阳离子都转化为 H^+，而阴离子不变，即水样中除 OH^- 以外，各种阴离子是以对应的酸的形式存在，而氢电导率就是衡量除 OH^- 以外的所有阴离子的综合指标，其值越小说明其阴离子含量越低。由于不同的阴离子对电导率的贡献不同，所以它是一个综合指标。在 25℃ 时，$35.5\mu g/L$ Cl^-、$48\mu g/L$ SO_4^{2-} 和 $59\mu g/L$ CH_3COO^- 对氢电导率的贡献分别是 0.426、0.430 和 $0.391\mu S/cm$，而纯水本身的电导率为 $0.054\,78\mu S/cm$。例如，给水的氢电导率规定为不大于 $0.2\mu S/cm$，如果水中的阴离子除 OH^- 以外只有 Cl^-，那么 Cl^- 的浓度不应超过 $12.1\mu g/L$。

（2）pH 值。给水采用 AVT（O）时，其钢铁表面形成的氧化膜的质量不如 OT 致密，但适当提高 pH 值可以在一定程度上弥补这一缺点。在 pH 值低于 9 时所形成的氧化膜质量差，但氧化膜的质量会随着 pH 值的升高而逐渐改善。当 pH 值超过 9.6 以后，其改善效果已不明显。所以，对于全钢系统的机组，给水的 pH 值定为 9.0～9.6。当机组含有铜合金材料时，还要同时考虑铜的腐蚀。在机组运行的温度范围内，防止铜的腐蚀的最佳 pH 值范围为 8.8～9.1。为了兼顾铁、铜的腐蚀，采取折中的方法，给水的 pH 值定为 9.0～9.3。

（3）溶解氧。规定值比 AVT（R）高，其目的是提高水的 ORP，使水处于弱氧化性。此指标世界各国的规定值不同，对于大容量机组，最高为 $25\mu g/L$，最低为 $7\mu g/L$，但大多数国家规定为 $10\mu g/L$。

（4）铁。采用 AVT（O）时，铁表面生成 Fe_3O_4 和 Fe_2O_3 混合氧化膜，靠近铁基体以 Fe_3O_4 为主，靠近水侧以 Fe_2O_3 为主。由于 Fe_2O_3 膜较致密，并且本身的溶解度也较小，所以水中的含铁量也相对较低，一般不大于 $10\mu g/L$。

（5）铜。此种水工况条件下，铜合金的表面主要生成 Cu_2O 氧化膜，其膜较致密，溶解性相对较小。因此，铜含量一般不超过 $3\mu g/L$。但是低压加热器管为铜合金时，最好不采用 AVT（O），而采用 AVT（R）。

（6）钠、硬度、油。同 OT。

三、汽包锅炉加氧处理标准

加氧处理水化学工况是目前公认的直流锅炉最佳水化学工况，目前我国已有几十台直流锅炉在加氧工况下运行。但对于汽包锅炉而言，由于存在锅炉水中杂质浓缩问题，在有氧的条件下将会引起水冷壁管的腐蚀，因此包括美国在内的世界各国专家以前都曾经认为汽包锅炉不宜采用给水加氧处理工艺。随着机组参数的不断提高，锅炉补给水的纯度越来越高，特别是许多亚临界汽包锅炉都配备了凝结水精处理设备，使得锅炉水的纯度有了质的变化，这给在汽包锅炉上应用给水加氧处理带来了希望。

1999 年 6 月国家电力公司下达了"亚临界汽包锅炉给水加氧处理"研究课题，由西安热工研究院牵头，研究亚临界汽包锅炉给水加氧的可行性，并进行示范工程。课题于 2002 年结束并通过了国家电力公司组织的验收。得出的结论是，只要锅炉给水的水质（主要是氢电导率小于 $0.15\mu S/cm$）、锅炉的结构（汽包内给水管的开孔方向、燃烧方式、超温等情况）和过热器的材料（是否有奥氏体不锈钢）等符合条件，汽包锅炉采用给水加氧技术是可行的。示范工程是在吉林的双辽火电厂 300MW 亚临界汽包锅炉 1 号机组实施的，该机组在 2001 年 8 月开始进行给水加氧处理，至今已运行 6 年多了，给双辽火电厂带来了巨大的经济效益。双辽火电厂的 4 台机组于 2004 年全部实施锅炉给水加氧处理。目前国内已有十多台汽包锅炉采用了给水加氧处理。

汽包锅炉给水采用 OT 时，同直流锅炉一样 ORP＞100mV。给水的质量标准应按表 4-6 中的有关规定执行。

表 4-6　　　　　　　　　　　OT 时汽包锅炉给水质量标准

锅炉过热蒸汽压力（MPa）		12.7～15.8		15.9～18.3	
标准值/期望值		标准值	期望值	标准值	期望值
氢电导率[①]（25℃）（μS/cm）		≤0.15	≤0.10	≤0.15	≤0.10
pH（25℃）	中性处理	6.7～8.0	—	—	—
	碱性处理	8.0～9.0	—	8.0～9.0	—
溶解氧[②]（μg/L）		10～80	—	10～80	—
铁（μg/L）		≤5	≤3	≤5	≤3
铜（μg/L）		≤3	—	≤3	≤2
二氧化硅（μg/L）		≤20	—	≤20	≤10
硬度（μmol/L）		≈0	—	≈0	—
油（mg/L）		≈0	—	≈0	—

① 汽包下降管锅炉水的氢电导率应小于 1.5μS/cm。

② 汽包下降管锅炉水的溶解氧含量应小于 10μg/L。

各指标的依据及说明：

（1）氢电导率。给水的纯度仍然用氢电导率来衡量，要达到氢电导率小于 0.15μS/cm 的指标，凝结水必须配备精处理设备。有关解释同直流锅炉加氧处理。

（2）pH 值。与直流锅炉加氧处理工况相比，汽包锅炉加氧处理工况增加了中性水加氧处理。碱性水加氧处理的 pH 值控制指标及有关解释，与直流锅炉相同。中性水加氧处理主要是针对铝制散热器的空冷机组，这是由于铝在中性范围内腐蚀速度最低的原因。由于空冷机组不存在冷却水泄漏污染凝结水的问题，因此即使水的缓冲小，但干扰离子的来源也很少。综合考虑铁和铝的腐蚀，给水 pH 值定为 6.7～8.0。

（3）溶解氧。汽包锅炉在给水加氧处理稳定运行后，溶解氧含量的控制要比直流锅炉严格。主要是考虑杂质在锅炉水中浓缩，过高的溶解氧含量会加速腐蚀，所以氧含量的上限不宜定得过高。通过高压釜试验研究表明，溶解氧含量在 100μg/L 以下，在碱性锅炉水的作用下，腐蚀没有明显加快。为了安全起见，溶解氧含量的上限定为 80μg/L，下限即为 AVT（O）的上限 10μg/L，故范围为 10～80μg/L。

（4）铁、铜和钠。同直流锅炉 OT。

（5）下降管锅炉水的氢电导率和溶解氧。规定汽包下降管锅炉水的氢电导率应小于 1.5μS/cm，溶解氧含量应小于 10μg/L 的理由如下：汽包锅炉给水采用 OT 和直流锅炉的主要区别就是锅炉水浓缩问题。汽包锅炉炉水的蒸发和再循环可使杂质浓缩，浓缩后的锅炉水，其氢电导率也随之增加，使得氧的作用由阳极钝化剂变为阴极去极化剂。因为汽包中的锅炉水水质受给水的影响较大，特别是溶解氧的测量影响最大，而控制汽包下降管的锅炉水水质，就是控制水冷壁入口的锅炉水水质。锅炉水中溶解氧含量过高时，就会使水冷壁管发生氧腐蚀；同时少量氯化物就可降低钢的氧化还原电位，所以要控制进入水冷壁管的氧含量及下降管锅炉水中阴离子（主要是 Cl^-）的含量。据有关资料介绍，溶解氧量达到 $200\sim400\mu g/L$ 时，Cl^- 浓度大于 $100\mu g/L$ 就可使钢的氧化还原电位降到佛莱德电位以下，即可局部破坏钝化膜造成水冷壁管点腐蚀。由于测试条件的限制，一般锅炉水中的微量 Cl^- 不易在线监测，所以通过监测下降管锅炉水的氢电导率来间接反映有害阴离子（主要是 Cl^-）的含量。因此，导则对采用 OT 的汽包下降管锅炉水的氧含量和氢电导率给出了控制指标。在 $25\,℃$ 时，$100\mu g/L$ Cl^- 对氢电导率的贡献为 $1.200\mu S/cm$，考虑到锅炉水本身的电离以及锅炉水中还可能有少量 SO_4^{2-} 和 CH_3COO^- 等，认为下降管锅炉水的氢电导率控制小于 $1.5\mu S/cm$ 为宜。根据对汽包锅炉给水 OT 的研究与实践经验，认为锅炉水中的溶解氧浓度越小越好，可以接受的值为 $10\mu g/L$。

四、汽包锅炉弱氧化性全挥发处理标准

20 世纪 80 年代末，随着人们环保意识和公共安全卫生意识的逐渐加强，AVT（R）所使用的联胺越来越遭到置疑。为此在世界范围内开展了两方面的研究：一是开发无毒的新型除氧剂来代替联胺，如丙酮肟、异抗坏血酸和乙醛肟等；二是取消除氧剂，改为弱氧化性处理，即 AVT（O）。后者更符合国际水处理的发展方向，即尽量少向水汽系统投加化学药品，且加药越简单越好。我国在 20 世纪 90 年代初开始研究 AVT（O），并于 1994 年在电力系统试用。

AVT（O）其实就是不加除氧剂的 AVT（R）。在该处理方式下，给水处于弱氧化性的气氛，通常水的 ORP 在 $0\sim80mV$ 之间。由于 OT 对水质要求严格，对于没有凝结水精处理设备或凝结水精处理运行不正常的机组，给水的氢电导率难以保证小于 $0.15\mu S/cm$ 的要求，就无法采用 OT。而采用 AVT（R）时，给水的含铁量又高，这时可以采用 AVT（O）。这种水处理方式通常会使给水的含铁量降低，省煤器管和水冷壁管的结垢速率也相应降低，并能在一定程度上减轻 FAC。例如，陕西某电厂 50MW 的机组 1994 年采用 AVT（O）至 2003 年 7 月，省煤器管的结垢量仅为 $72g/m^2$，水冷壁管的结垢量仅为 $190g/m^2$。依此推算锅炉的酸洗周期为 $15\sim20$ 年。

因此，除凝汽器外，无其他铜合金材料的机组，锅炉给水处理应优先采用 AVT（O）。如果有凝结水精处理设备，给水的氢电导率也能保证小于 $0.15\mu S/cm$，还可以采用 OT。如果低压给水系统含铜合金部件，一般不宜采用 AVT（O），否则会使水汽系统含铜量增高，严重时会使汽轮机结铜垢。汽包锅炉采用 AVT（O）时，锅炉给水质量标准应按表 4-7 中的有关规定执行。

各指标的依据及说明参见直流锅炉 AVT（O）。

五、加氧处理其他控制标准

加氧处理时，除给水水质需要进行严格控制外，还要对主蒸汽、凝结水泵出口、凝结水精处理器出口及补给水混床出水等水质进行严格控制。表 4-8 给出了超临界机组给水加氧处理水汽质量标准。

表 4 - 7　　　　　　　　　　AVT（O）时汽包锅炉给水质量标准

锅炉过热蒸汽压力（MPa）		3.8~5.8	5.9~12.6	12.7~15.8		15.9~18.3	
标准值/期望值		标准值	标准值	标准值	期望值	标准值	期望值
氢电导率（25℃）（μS/cm）	有精处理	—	—	—	—	≤0.20	≤0.15
	无精处理	—	≤0.30	≤0.30	≤0.20	≤0.30	≤0.20
pH①（25℃）	无铜系统②	9.0~9.6	9.0~9.6	9.0~9.6	—	9.0~9.6	—
溶解氧（μg/L）		≤15	≤10	≤10		≤10	
铁（μg/L）		≤30	≤20	≤10	≤5	≤10	≤5
铜（μg/L）		≤10	≤5	≤3	≤2	≤3	≤2
二氧化硅（μg/L）		应保证蒸汽二氧化硅符合标准					
硬度（μmol/L）		≤2.0	≤2.0	≤1.0	≈0	≈0	
油（mg/L）		≤0.3	≤0.3	≤0.3		≤0.3	

① 用石灰—钠离子交换水为补给水的锅炉，应改为控制凝结水的 pH 值，最大值不超过 9.0。

② 当凝汽器管为黄铜材料时，pH 值宜控制在 9.0~9.3。

表 4 - 8　　　　　　　　　　给水加氧处理水汽质量标准

项目取样点	pH（25℃）	氢电导率		铁		铜		溶解氧	二氧化硅	钠
		标准值	期望值	标准值	期望值	标准值	期望值			
		μS/cm（25℃）		μg/L						
省煤器入口	8.0~9.0	<0.15	≤0.10	<10	≤5	<5	≤3	30~300	<10	<5
主蒸汽	—	<0.15	—	<5	≤3	<3	≤1	—	<10	<10
凝结水泵出口	—	<0.3	—	—	—	—	—	—	—	<10
精处理器出口	—	≤0.10	—	<5	≤3	<3	≤1	—	<10	<1
补给水混床出水	—	≤0.15①	—	—	—	—	—	—	<10	

① 补给水混床出水用电导率。

第四节　加氧处理的实施及控制说明

加氧处理和全挥发处理的水质控制标准除氧含量外并没有根本性的不同。加氧处理中，氧气替代了联胺被加入到凝结水精处理系统的出口中，同时为了补充除氧器中的氧气损失，氧气也被加入到除氧器的下降管中。在给水 pH 值较低时，也连续加入氨（这点和全挥发处理的操作一样）。

另外，加氧处理要求机组水汽系统高度严密，凝汽器泄漏率低，凝结水精处理处于100％运行状态；同时要求补给水纯度高，空气漏入量低（CO_2 漏入少）。

与全挥发处理不同的是，加氧处理只能应用在凝汽器下游采用了全铁系合金的水汽系统中，且要求凝结水、给水和蒸汽中的氢电导率小于或等于 $0.15\mu S/cm$（25℃），这是进行加氧处理两个不可缺少的先决条件。

一、加氧处理的实施

1. 氧化剂的选择

在加氧处理中，建议使用气态氧作为氧化剂。尽管过氧化氢也可被使用，但过氧化氢的使用以及经验较少。在前苏联，空气也一直被广泛的应用，但是空气中含有不受欢迎的杂质，特别是 CO_2。因此，气态氧被作为首选的氧化剂。

对于超临界机组而言，同全挥发处理一样，根据所加药剂在相应压力和温度下完全挥发且不分解的要求，最好使用气态氧作为氧化剂。另外，美国的一些火电厂已经从气态氧改变到了液态氧。

2. 加氧位置

对于气态氧，有两个加氧点，第一个加氧点是在凝结水精处理器出口；第二个是在除氧器的下降管。该方案已成功应用于许多电厂。

在没有配备除氧器的循环系统中，不要求设置第二个加氧点；在除氧器排气门保持关闭的情况下，也无需使用第二个加氧点。但对于配备有除氧器的循环系统，在除氧器下降管的第二个加氧点是人们所期望的。这样就形成一种操作灵活性，即有限利用除氧器去除不凝性气体，随后再加入氧气来补偿除氧器中的损失。

3. 加氧设备

加氧设备由三个不同的子系统组成：存储设备、控制设备和注入设备。图 4 - 11 给出了加氧设备的示意图。

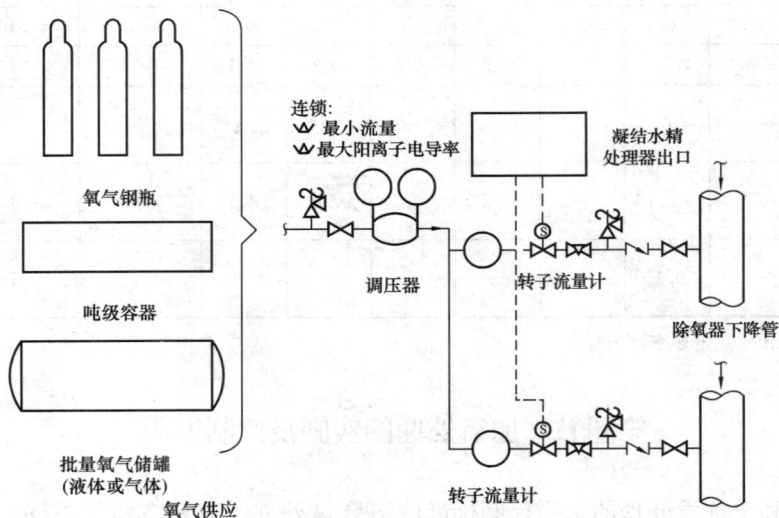

图 4 - 11　加氧设备示意图

氧气储存设备取决于机组的规模和布置形式，影响耗氧量的因素有：凝结水和给水的流量、除氧器除氧效率和排气量。在水汽循环过程中，一部分氧气在凝汽器真空中被抽走。因此，在凝汽器正常运行条件下，加入的氧气基本被消耗或损失掉，不会返回到给水系统中。另外，机组的装机容量和负荷也对氧气的加入量产生影响。氧气储存量应该在机组容量和负荷的基础上确定。对于大型机组，最好使用批量储存设备，从而避免频繁更换。表 4 - 9 提供了在几种凝结水流量下的耗氧量。

从表 4-9 中可以看出，在大型火电厂中使用加氧处理时，如果选择这些 A1 型钢瓶，则要求更换的钢瓶数量相当大，使用较大的容器和批量储存可以消除频繁更换钢瓶的麻烦。

表 4-9　几种不同凝结水流量下的耗氧量

凝结水流量 （t/h）	耗氧量 （kg）	A1 型钢瓶的 数量（瓶/月）
2800	3.36	5
6800	8.16	12
13 200	15.84	24

加氧控制设备包括一个调压器、几个截止阀、一个转子流量计和几个调节阀。几条并联的加氧管线可以共同使用一个调压器。每一个单独的加氧管线应配备单独的截止阀和控制阀，最好还能有一个背压阀。调压器的压力应设置到比期望的最高加氧点压力更高，这样可消除水倒流回氧气钢瓶的可能性。

也可使用自动加氧控制系统。通过加氧速率与凝结水流量的比例关系，对加氧量进行自动控制，并通过氧含量分析仪的反馈信号来纠正加氧量，这样可使给水中的氧分布更均匀。当给水电导率超过了设定值时（一般为 $0.2\mu S/cm$），加氧系统会自动切断供氧；锅炉负荷下降到低于设定值时，也会切断氧气供应。

4. 加氨

加氨的目的是调节并维持给水与凝结水 pH 值，使氧化处理达到最佳效果。加氨一般是通过自动加氨装置完成的。氨液的配制有两种方式：一种是使用液氨的加压储罐，另一种是使用氨水的常压溶液储罐。

在超临界锅炉中，一般不使用像环己胺或吗啉等胺类替代品，因为这些胺类在超临界机组的运行条件下会发生分解，分解产物会增加水汽系统中的杂质，使蒸汽的氢电导率升高、汽轮机低压缸叶片遭受酸腐蚀。

图 4-12 给出了一个典型的加氨系统，图 4-12（a）、（b）分别代表氨液采用两种不同配制方式时的加氨系统图。表 4-10 列出了不同规模的机组在 8.0～8.5 的 pH 值范围内采用加氧处理运行时的氨消耗速率。

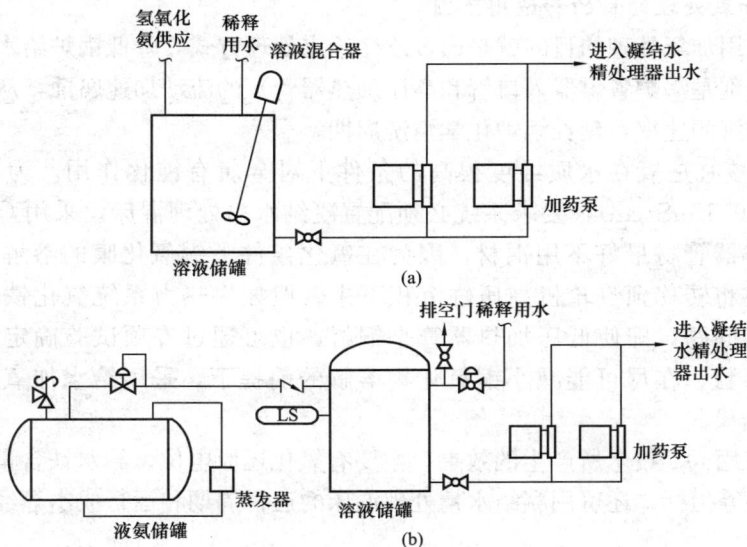

图 4-12　典型的加氨系统示意图
(a) 使用氨水的常压溶液储罐；(b) 使用无水氨气的加压储罐

表 4-10　　几种凝结水流量对应氨消耗速率

凝结水流量（t/h）	NH₃ 消耗量（kg）
2800	1.35
6800	3.27
13 200	6.34

二、中性水处理、联合水处理和加氧处理的区别

中性水处理是指锅炉给水只加氧不再加任何药剂，使水呈中性的氧化性处理方式。即在电导率小于 $0.15\mu S/cm$、pH＝$6.6\sim7.2$ 的中性高纯水中加入适量的氧使钢铁进入钝化状态，从而达到抑制腐蚀的目的。此时水中的氧不但不腐蚀钢材，反而会促使钢铁表面生成良好的保护膜，成为钝化剂。但由于中性水中的氧会加速铜的溶解，因此 NWT 不适于有铜合金设备的系统。另外，该处理方式存在给水缓冲性差，抗杂质干扰能力弱的缺点，一般适用于杂质来源极少的高参数空冷式汽包锅炉或直流锅炉水质调节。

联合水处理是指锅炉给水加氧的同时，加微量氨调节 pH 值，使给水呈微碱性的氧化性处理。它在 NWT 基础上进行了改进，克服了 NWT 缓冲性差的缺点，并综合了 AVT 和 NWT 的优点。即在高纯水中加入适量的氧和微量氨，使给水 pH 值维持在 8.5 左右，既使钢材表面能生成双层结构氧化保护膜（表层 Fe_2O_3，底层 Fe_3O_4），又不至于对铜合金造成腐蚀危害。因此，它是直流锅炉给水处理技术中较先进的一种方式。

加氧处理是指锅炉给水加氧的处理。它与给水的 pH 值无关，可以加其他药剂调节 pH 值，也可以不再加任何药剂。

与 CWT 和 NWT 相比，OT 使用范围更广泛，它包含了 CWT 和 NWT 的全部内容。在 20 世纪 90 年代以前曾经广泛使用 CWT 和 NWT 这样的说法，近十年来，随着给水加氧处理技术在世界范围的普及，美、英、日、俄等 40 多个国家和地区统一使用 OT 这一名词。为了与国际接轨，我国在 2002～2004 年制定的电力行业标准中均采用了 OT 这一名词。

三、有关加氧处理的说明

（一）采用加氧处理的目的和适用范围

给水处理采用加氧处理的目的就是通过改变给水处理方式，降低锅炉给水的含铁量和抑制炉前系统（特别是锅炉省煤器入口管和高压加热器管）的流动加速腐蚀，从而降低锅炉水冷壁管氧化铁的沉积速率，延长锅炉化学清洗周期。

OT 工艺的核心是氧在水质纯度很高的条件下对金属有钝化作用。为保证水质纯度（氢电导率小于 $0.15\mu S/cm$），要求系统必须配置凝结水精处理混床。采用 OT 工艺的另一条件是低压加热器管材最好不用铜材，因为在氧化条件下铜氧化膜的溶解度较高，氧化铜腐蚀产物最终将转移到汽轮机高压缸沉积下来。但如果热力系统氧化铁腐蚀产物造成较为严重的结垢问题，即使低压加热器管是铜材，也可通过专项试验确定加氧处理水质的具体的控制参数，在尽可能减小铜氧化物溶解的前提下，采用给水加氧处理，取得抑制铁氧化物的结果。

评定给水采用 OT 技术所产生的效果，主要有氧化还原电位、给水铁含量、水冷壁结垢速率和锅炉压差等指标，还可用凝结水精处理混床的运行周期和运行成本等经济效益指标进行评定。

（二）采用加氧处理的条件

给水水质和系统是否含有铜材是采用加氧处理的两个最主要的条件。加氧处理必须在

水质很纯的条件下才能进行。直流锅炉给水加氧处理时，只需考虑给水含氧量和给水含铁量的关系，严格控制给水的电导率即可。但汽包锅炉给水加氧处理时，除控制给水的电导率、含氧量和含铁量外，还要考虑锅炉水的电导率、含氧量。因此，汽包锅炉给水加氧处理的控制要比直流锅炉的复杂和困难些。由于锅炉汽包对杂质有浓缩作用，除研究锅炉水水质的控制条件外，还要进一步改善凝结水精处理的运行条件，提高凝结水精处理的出水水质。

1. 水质

机组必须配有凝结水精处理设备，并且能保证长期稳定运行。凝结水精处理设备的运行条件和出水品质的好坏，是锅炉给水加氧处理能否正常运行的重要前提条件。直流锅炉要求凝结水精处理必须保证出水的氢电导率小于 $0.10\mu S/cm$；而汽包锅炉对此水质的要求比直流锅炉严格，即保证出水的氢电导率小于 $0.075\mu S/cm$。经处理后应保证给水的氢电导率能长期低于 $0.15\mu S/cm$（期望值小于 $0.10\mu S/cm$）。此外，汽包锅炉还要控制锅炉水的氢电导率，正常运行时的期望控制值应小于 $1.0\mu S/cm$。

表 4－11 和表 4－12 分别为超临界机组和超超超临界机组采用加氧处理时要求的凝结水出水质量标准。

表 4－11　　　　　　　　　　　　超临界机组加氧处理时凝结水出水标准

项　目	氢电导率（25℃）（$\mu S/cm$）		二氧化硅（$\mu g/L$）	铁（$\mu g/L$）	铜（$\mu g/L$）	钠（$\mu g/L$）	氯离子（$\mu g/L$）
	挥发处理	加氧处理					
标准值	<0.15	<0.12	≤10	≤5	≤2	≤3	≤3
期望值	<0.10	<0.10	≤5	≤3	≤1	≤1	≤1

表 4－12　　　　　　　　　　　超超临界机组加氧处理时凝结水出水标准

主要控制项目	氢电导率（25℃）（$\mu S/cm$）	钠（$\mu g/L$）	氯离子（$\mu g/L$）	二氧化硅（$\mu g/L$）	硫酸根（$\mu g/L$）	铁（$\mu g/L$）	铜（$\mu g/L$）	悬浮物（$\mu g/L$）
标　准	<0.08	<0.5	<0.5	<2	<0.5	<1	<1	<5

2. 材质

一般情况下，给水系统不应含有铜合金部件。但对于低压加热器管材为铜合金的机组能否采用加氧处理工艺的问题，国内外有不同的意见。第二节已经讲过加氧处理对铜氧化膜的影响，国外不同意有铜加热器机组采用加氧处理的理由也基于此，国外的经验主要是将低压加热器铜合金材质换为不锈钢或碳钢。

我国通过望亭火电厂和黄埔火电厂的 CWT 工业实验发现，除了温度对氧化铜溶解度有一定的影响以外，pH 值也有显著的影响。因此，可以通过调整给水的 pH 值在一定程度上抑制氧化铜的溶解，使给水中的铜含量降低到 AVT（R）工况的水平。有资料显示，不论水中含氧量高低，给水的 pH 值在 8.8～9.1 的范围内，铜的腐蚀速度都最低。事实证明，将给水的 pH 值控制在该范围内，望亭火电厂可将给水含铜量降低到小于 $3\mu g/L$〔而给水 pH 值降至 8.3 时，给水中铜含量比 AVT（R）处理时增加 60%〕；黄埔火电厂机组大修时检查高压缸也未发现明显的铜沉积现象。值得注意的是，若在有铜系统采用 OT，一定要特别关注汽轮机上铜沉积的情况。

3. 其他

给水水质和系统是否含有铜材是采用 OT 的两个最主要的条件。此外，还应该注意以下几个方面：

（1）给水应配置在线氢电导率仪和溶解氧仪进行在线监测。

（2）对于汽包锅炉，为防止水冷壁管氧腐蚀，进入水冷壁管的氧含量必须受到监测和控制。因此，应监测水冷壁管入口的水质，即锅炉下降管的水质。故应加装锅炉水下降管取样点，并配置锅炉水在线溶解氧仪和氢电导率仪。

（3）加氧控制系统。氧化剂采用气态氧，由高压氧气瓶提供的氧气经减压阀、针形流量调节阀加入系统。加氧控制方式采用自动调节和手动调节并联控制，与直流炉给水加氧方式不同的是，汽包锅炉给水加氧要求加氧量调节自动控制。如果采用自动加氧装置，应向加氧控制柜引入凝结水流量信号和/或给水流量信号。由在线溶解氧仪向分散控制系统（Distributed Control System，DCS）引入溶解氧的测量显示信号，并由 DCS 系统向自动加压氧装置引入溶解氧测量信号和加氧控制信号。

（4）安装高、低压给水加氧管路及阀门。

（三）加氧前应作好的准备工作

（1）对加氧系统进行清洗，清洗介质一般采用四氯化碳。

（2）对加氧系统进行严密性试验，试验介质用氮气。

（3）对加氧装置进行调试。

（4）确保加氧期间精处理出水的氢电导率小于 $0.15\mu S/cm$，争取小于 $0.10\mu S/cm$。

（5）对在线化学仪表进行校验，并确定准确无误。

（6）锅炉燃烧工况稳定，机组处于长期运行状态。

（四）我国的给水加氧处理与国外的差别

1. 直流锅炉

对于直流锅炉采用给水加氧处理，我国给水主要指标为：pH（25℃）值为 8.0～9.0，氢电导率（25℃）小于 $0.15\mu S/cm$，溶解氧量为 30～300$\mu g/L$。这与美、欧国家的标准一致。但是具体执行时，我国采用的 pH 值往往偏上限，即 pH 值为 8.5～9.0；溶解氧量往往偏下限，即为 30～100$\mu g/L$；而美、欧国家一般 pH 值偏下限，即 8.0～8.5，溶解氧量居中，即为 100$\mu g/L$ 左右。虽然这没有本质的差别，但却体现各自的风格。我国认为，控制 pH 值略高些，有利于水的缓冲性。与给水 AVT 相比，pH 值低了 0.5 左右，给水的含氨量少了近 3/4，凝结水混床的运行周期延长了 4 倍以上（如果再延长，混床的运行压差会继续增大，这将导致凝结水泵的动力增加）。而国外则认为，应尽可能少地向水汽系统加入药品。

2. 汽包锅炉

对于汽包锅炉采用给水加氧处理，我国给水主要指标为：pH（25℃）值为 8.0～9.0，氢电导率（25℃）小于 $0.15\mu S/cm$（期望值为 $0.10\mu S/cm$），溶解氧量为 10～80$\mu g/L$；汽包下降管锅炉水的氢电导率（25℃）应小于 $1.5\mu S/cm$，溶解氧含量应小于 10$\mu g/L$。美、欧国家的标准大部分指标与我国相同，只有以下差异：①给水的氢电导率，我国的期望值与国外的极限值相同；②下降管锅炉水的溶解氧含量，国外规定小于 5$\mu g/L$，比我国更加严格。由于这两项指标对防腐效果的影响没有质的差别，并且目前在我国要达到这一标准尚有一定的困难，所以暂时放宽这两项指标。

四、给水水质监测及水质劣化处理

加氧处理运行过程的监测内容同全挥发处理基本相似，除了需要确保在线分析仪测量准确外，同时也要保证实验室分析结果准确可靠。

加氧处理中，给水的氢电导率、pH 值和溶解氧含量是影响锅炉腐蚀的主要因素，必须使用在线仪表进行连续监测。铁、铜含量是对以上三项指标以及给水处理方式的综合反应，可进行定期监测。对于水中的硬度和含油量，可根据具体情况进行间隔时间更长的定期监测。另外，对于采用海水作冷却介质的滨海火电厂，检测凝结水的含钠量也是不可缺少的项目。

（一）水质劣化时的三级处理

当给水水质劣化时，应迅速检查取样是否有代表性，化验结果是否正确，并综合分析系统中水、汽质量的变化；确认无误后，应首先进行必要的化学处理，并立即向有关负责人汇报。负责人应责成有关部门采取措施，使给水质量在规定的时间内恢复到标准值。下面是水质劣化时三级处理的含义：

（1）一级处理——有造成腐蚀、结垢、积盐的可能性，应在 72h 内恢复至正常值。

（2）二级处理——肯定会造成腐蚀、结垢、积盐，应在 24h 内恢复至正常值。

（3）三级处理——正在进行快速腐蚀、结垢、积盐，应在 4h 内恢复至正常值，否则停炉。

在异常处理的每一级中，如果在规定的时间内尚不能恢复到正常值，则应采取更高一级的处理方法。此外，对于汽包炉，在恢复标准值的同时应采用降压方式运行。

AVT（R）、AVT（O）时锅炉给水水质异常的处理值见表 4-13 规定。

表 4-13　　　　　　　AVT（R）、AVT（O）时锅炉给水水质异常[①]的处理值

项　目		标准值	处理值		
			一级	二级	三级
氢电导率	有精处理	≤0.20	0.21~0.35	0.36~0.60	>0.60
（25℃）（μS/cm）	无精处理	≤0.30	0.31~0.40	0.41~0.65	>0.65
pH（25℃）	有铜系统	8.8~9.3	<8.8 或>9.3	—	—
	无铜系统	9.0~9.6	<9.0 或>9.6	—	—
溶解氧（μg/L）	AVT（R）	≤7	8~20	>20	—
	AVT（O）	≤10	11~20	>20	—

① 用海水冷却的火电厂，当给水的氢电导率超标时，应迅速检测凝结水的含钠量，如果大于 400μg/L，应紧急停炉。

（二）异常情况处理

在加氧处理的监测过程中发现可能超标时，必须立即采取纠正措施。加氧处理监测过程出现的异常情况主要包括氢电导率偏差、加氧损失及加氨损失与其他的 pH 值偏差。

1. 氢电导率偏差

给水加氧处理要求给水水质纯度很高。对于汽包锅炉来说，当给水或汽包下降管锅炉水氢电导率超过 OT 的标准值时，应及时转为 AVT（O）。对于直流锅炉而言，应保证给水的氢电导率能长期低于 0.15μS/cm（期望值为小于 0.10μS/cm）；氢电导率大于 0.15μS/cm 时，表明有杂质进入，必须非常认真和迅速地处理。

表 4-14 列出了氢电导率出现偏差时的处理措施。

表 4 - 14 氢电导率出现偏差时的处理措施

氢电导率（$\mu S/cm$）	需要采取的动作
<0.15	通常希望的值，继续正常运行。能够小于 $0.1\mu S/cm$ 最好，而且也容易达到
>0.2 或 <0.3	将系统的 pH 值增加到全挥发处理时的水平（全铁系统大约 9.2）继续加入氧气并监测，以确定污染物的来源
>0.3	终止加入氧气，返回到不使用联氨的全挥发处理，即转为 AVT（O）

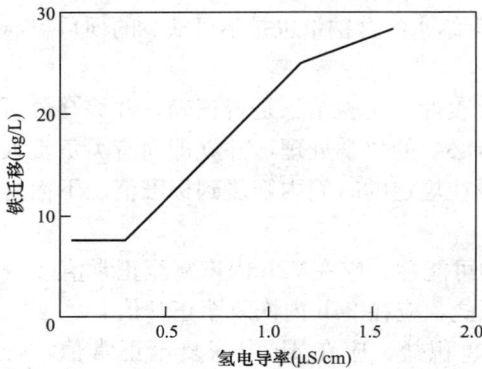

图 4 - 13 氢电导率与腐蚀产物迁移的关系

另外，从图 4 - 13 也可以看出，当氢电导率增加到 $0.3\mu S/cm$ 以上时，腐蚀速率开始缓慢增加。这就是表 4 - 14 中处理措施的根据所在。而且，在氧存在的条件下，随着盐浓度的增加，局部腐蚀（点蚀腐蚀）的危险性也会显著上升。目前，还不能为点蚀腐蚀确定一个临界氢电导率上限值。这样一个临界电导率值既取决于氧含量，也取决于水的流速和温度。作为一种预防措施，当机组循环系统的氢电导率增加到 $0.3\mu S/cm$ 以上时，建议中断加氧。另外，此情况下还建议同时把 pH 值调到全挥发处理的 pH 值范围。

2. 加氧损失

如果只是短时间内的加氧量损失，则对采用加氧处理的系统防腐蚀性能的影响甚微。虽然停止几天加氧也不会对水汽系统产生严重影响，但也要尽量防止这种情况出现。

3. 加氨损失与其他 pH 值偏差

加氧处理时水汽系统中 pH 值控制范围较宽，因此，加氨损失也不是一个很严重的问题。但在加氨装置停用期间，应该密切监测给水与凝结水的 pH 值及氢电导率。有些火电厂水汽系统的 pH 值降到 7.0 左右时仍能安全运行（实际上处于中性水处理工况范围，NWT 时最小腐蚀速率发生在 pH 值大约为 7.0 时）。但当 pH 值进一步下降时，腐蚀就会快速增加，因此应该避免更低的 pH 值出现。如果凝汽器泄漏或杂质进入与 pH 值下降同时发生，则根据具体情况停止加氧处理。

如果加氨过量，出现给水与凝结水的 pH 值过高时，通过凝汽器空抽器或增加除氧器排气门开度都能去除过量的氨。另外，加氨过量会增加凝结水精处理装置以 RH/ROH 型运行时负担，缩短精处理树脂运行周期；不过，如果凝结水精处理装置以 RNH_4/ROH 型运行时，加氨过量没有影响。

（三）其他有关监测及说明

1. 监测锅炉给水的硬度

监测锅炉给水的硬度，而不是监测锅炉水的硬度，其理由如下：

（1）如果锅炉的补给水、凝结水、疏水或生产返回水中渗入了杂质成分，一般都会使给水的硬度增大。把握好给水的质量，就能防止硬度成分进入锅炉后发生结垢现象。

（2）我国汽包锅炉的锅炉水大多采用磷酸盐处理，如果有少量的硬度成分进入了锅炉，由于磷酸盐可与硬度成分反应形成水渣，干扰了硬度的检测；若有大量的硬度成分进入锅炉水，钙、镁的重碳酸盐会受热分解，由易溶盐转化为难溶盐，从锅炉水中析出，这时监测硬度就已经没有多大意义了。

目前对硬度的监测已经没有以前那样重要了，有的火电厂基本上不检测给水的硬度。其理由是：以前对于 12.6MPa 以下的锅炉，GB/T 12145—1999《火力发电机组及蒸汽动力设备水汽质量》中没有规定氢电导率指标，所以很多机组没有安装在线氢电导率仪表，这时检测给水是否有硬度成分，对判别给水是否发生污染是非常重要的。由于在线仪表的普及，在新制定的电力行业标准 DL/T 805.4—2004《火电厂汽水化学导则　第 4 部分：锅炉给水处理》中规定，压力为 5.9MPa 以上的锅炉，给水均应符合标准中规定的氢电导率指标。如果给水有硬度成分，通常给水的氢电导率首先超标，而在所有的化学仪表中，电导率的检测是最准确、最可靠的。

2. 监测锅炉给水中的油

(1) 锅炉给水中油的来源：

1) 新机组的某些部件在出厂前进行了涂油防腐处理，如果不进行除油处理，机组启动时给水中可能含有油的成分。

2) 如果热电厂的用户使用蒸汽加热了含油的设备，其生产返回水中可能含有油的成分。

3) 如果水、汽系统的各种泵类在检修和运行期间出现故障，给水中可能含有润滑油的成分。

(2) 锅炉给水中含有油时，可能产生的危害：

1) 油质附着在水冷壁管上，经高温分解会生成热导率很小 $[0.093\sim0.1163W/(m\cdot K)]$ 的附着物（即油垢），影响管壁的传热，严重时还可造成炉管高温蠕变，危及锅炉安全。

2) 给水中的油会使锅炉水形成泡沫或生成漂浮的水渣，使蒸汽品质恶化。

3) 带有油沫的水滴容易被蒸汽带到过热器中，受热分解后产生热导率很小的附着物，导致过热器管因超温蠕变而损坏。

(四) 给水水质劣化的可能原因及处理措施

发现给水水质劣化时，首先应检查取样和检测操作是否正确，必要时应再次取样检测。当确认水质劣化时，应及时找出原因，采取措施。

1. 给水硬度不合格或外观浑浊

可能有以下原因：

(1) 凝结水、补给水或生产返回水的硬度太大或太浑浊，此时应首先查明污染的水源，并进行处理或减少使用。

如果没有凝结水精处理设备，或精处理设备没有投运，应重点检查凝汽器是否泄漏，并采取堵漏措施；若是补给水中带有硬度，应检查除盐水箱的水质是否正常，水质不合格时应停止使用，并检查除盐设备是否运行正常；若是生产返回水中有硬度，应停止使用，查找原因并采取一定措施。

(2) 生水漏入给水系统。凝结水水泵、凝结水升压泵的密封水如果压力过高，冷却水有可能进入低压给水系统。

应采取的处理措施：给水的硬度不合格，应加强汽包锅炉的排污和蒸汽品质监督，严重时应采取降压运行甚至停炉。

2. 给水的氢电导率、含硅量不合格

可能的原因及处理措施如下：

（1）凝结水、补给水或生产返回水的氢电导率、含硅量不合格。此时应加强汽包锅炉的排污和蒸汽品质监督，严重时应采取降压运行甚至停炉。

（2）锅炉连续排污扩容器送往除氧器的蒸汽严重带水。此时应采取的措施为及时调整扩容器的排污方式，降低水位运行。

3. 溶解氧含量不合格

可能的原因及处理措施如下：

（1）除氧器的运行方式不正常，包括除氧排气门开度太小，加热蒸汽的参数太低、流量不足等。此时应对运行方式进行相应的调整。

（2）除氧器内部装置有缺陷，应及时检修。

（3）凝汽器真空系统不严密，导致漏入空气；或进入凝汽器的各种水没有进行充分的脱气处理。应采取查漏、堵漏措施；或改造系统使进入凝汽器的各种水有充分的脱气时间和脱气空间。

（4）真空泵出力不足。

4. 含铁量或含铜量不合格

可能的原因及处理措施如下：

（1）凝结水、补给水或生产返回水中铁、铜含量过高，或回收的过程对系统产生腐蚀。此时，应在加强汽包锅炉的排污和蒸汽品质监督的同时，采取适当的处理措施。

（2）低压给水或高压给水的 pH 值偏低或偏高。有时尽管 pH 值在合格的范围内，但长期接近标准的上限或下限，都会成为不合格的原因。一般地，pH 值偏高，给水的含铜量偏高；pH 值偏低，给水的含铁量偏高。所以，应对加氨系统进行适当的调整。

第五节 给水优化处理

20 世纪的火力发电技术获得了辉煌的成就，电能已成为能源转化和使用的主要方式，成为一个国家经济发达程度的标志，同时也成为人类文明生活不断提高的物质基础。提高火电机组的参数，是实现电能生产的高效、洁净、经济、可靠、安全要求的最重要途径之一，我国电站锅炉正在以高参数、大容量（如超临界和超超临界机组）为标志走向世界先进水平，朝着高效率、低煤耗既定目标，走进一个能源利用和环境保护并重的可持续发展时代。

对于一个火力发电厂的性能而言，机组的化学水工况选择与给水和锅炉水处理的连续最优化是至关重要的。一般情况下，这两种化学水工况都是在机组初始设计期间就决定好的，然后在调试和早期运行期间进行"微调"。

因此，随着动力机组参数与单机容量的增长，水工况对火电厂的经济运行和可靠运行的影响越来越大，采用适宜的水化学工况是保证机组服役期内效益最大化的重要前提之一。

一、全挥发处理与加氧处理比较

加氧处理是为了解决全挥发处理所存在的缺点而开发出来的一种新型给水处理方式。因此，可以说加氧处理是全挥发处理的改进，它优于全挥发处理。全挥发处理与加氧处理的机组实际应用效果也表明：加氧处理明显好于全挥发处理，从全挥发处理转换到加氧处理的机组，其优越性和经济性更加明显。

除了在第二节中讲到的抑制腐蚀的机理及生成氧化膜的结构特点不同外，两者还在以下几个方面存在不同之处。

1. 系统材质要求

对于全挥发处理，AVT（O）主要应用于全铁系合金机组，而 AVT（R）则主要应用于含铜的混合材质水汽系统，特别是低压加热器含铜的机组。对于加氧处理，则仅适用于全铁系合金机组。

2. 氢电导率的要求

加氧处理必须在水质很纯的条件下才能进行，必须严格控制给水的氢电导率。这就要求机组必须配备完善的凝结水精处理装置，并保证其可以长期稳定运行。直流锅炉要求凝结水精处理必须保证出水的氢电导率小于 $0.10\mu S/cm$，且保证经处理后给水的氢电导率能长期低于 $0.15\mu S/cm$（期望值为小于 $0.10\mu S/cm$）。

相对于加氧处理，全挥发处理对水质的要求较低，但对于超临界锅炉，仍然要求给水氢电导率不大于 $0.20\mu S/cm$。

3. pH 值的要求

对于全挥发处理，实际的 pH 值范围是从 8.8～9.6，但应根据不同机组的具体情况而有所改变。即全铁系合金系统采用 AVT（O）时 pH 值控制在 9.2～9.6；而混合材质系统采用 AVT（R）时 pH 值控制在 9.0～9.3。

对于加氧处理，使用氧作为腐蚀抑制剂时允许在较大的 pH 值范围内操作。但 pH 值控制在 8.0～8.5 之间的 CWT 有许多优点的，其一就是能减少凝结水精处理装置的再生频率。

4. 氧的含量

全挥发处理时，凝结水在凝汽器、除氧器中经过了脱气处理。对于 AVT（R），单独使用热力除氧时很难在整个机组水汽系统中达到 $5\mu g/L$ 的氧含量标准，故加入联胺进行辅助除氧。对于 AVT（O），虽然不加联胺，也要求系统给水氧含量小于 $10\mu g/L$。

而加氧处理时，则在凝结水精处理器出口和除氧器下降管两个部位加入氧气，保证整个循环系统的氧含量一直保持在 30～$150\mu g/L$。

5. 腐蚀产物的迁移

同一台机组在全挥发处理和加氧处理工况下腐蚀产物迁移的测定和比较结果表明：加氧处理时的腐蚀产物迁移显著低于全挥发处理时；铁离子的迁移速率低是加氧处理方法的一个最重要的优点。

腐蚀产物的迁移速度不同还引起了省煤器和水冷壁上的沉积不同。对于采用全挥发处理的直流锅炉，在流速达到 2～3m/s 的某些省煤器管和水冷壁管上会形成波纹状磁性氧化铁，这种形式的氧化铁会使锅炉运行压差显著增加，且只能通过酸洗解决。而使用或转化为加氧处理后，省煤器和水冷壁上腐蚀产物迁移的减少和波纹状氧化层的消除，使锅炉运行压差有恢复到设计值的趋势；不需要进行化学清洗，从而减少了运行成本。

6. 优缺点对比

根据第三章中已经讲过的全挥发处理的优点，在我国早期引进的超临界机组中，给水处理无一例外的全部采用了 AVT 处理。这些机组在 AVT 工况下运行时均遇到了下列问题或其中的部分问题：高的给水铁浓度；高的锅炉炉管结垢速率；高的锅炉运行压差上升速度；短的锅炉清洗周期；部分水相节流调节阀结垢严重，影响调节性能；高压加热器和省煤器管的流动加速腐蚀损坏引起泄漏;高的汽轮机结垢、结盐速度;短的凝结水精处理运行周期等。

实践证明,通过加氧处理,就能减少或完全消除上述所有问题;因此加氧处理具有相当的优越性和明显的效益,其显著的优点包括:

(1) 锅炉给水的含铁量和锅炉的结垢速率显著的降低,酸洗周期可延长 2~4 倍;

(2) 锅炉给水系统的压差上升速度变缓,可减少给水的动力消耗;

(3) 凝结水精处理的运行周期显著延长,按 RH/ROH 型方式运行可延长 3~10 倍;

(4) 有利于环保,由于该处理方式取消了联胺的使用,有利于操作人员的身体健康,同时由于减少了凝结水精处理的再生次数,减少了再生废液的排放量,有利于环境保护。

但是,对加氧处理的使用仍然存在下面这些顾虑:

(1) 给水泵填料滑环的钨铬钴合金在充氧的水中性能下降;

(2) 奥氏体过热器和再热器管子的性能及氧化物的生长、形态及脱落现象与蒸汽的氧含量关系不明确;

(3) 蒸汽侧氧化锈皮以及氧化锈皮脱落物中三氧化二铁的数量与氧含量关系不明确;

(4) 在蒸汽中奥氏体不锈钢存在晶间腐蚀的可能。

二、选择给水处理方式的原则

1. 根据材质选择给水处理方式

除凝汽器外,水汽系统不含铜合金材料,首选 AVT(O);如果有凝结水精处理设备并正常运行,最好通过试验后采用 OT。

除凝汽器外,水汽系统含有铜合金材料,则首选 AVT(R);也可通过试验,确认给水的含铜量不超标后采用 AVT(O)。

2. 根据给水水质选择给水处理方式

由于 AVT(R)、AVT(O) 和 OT 三种水处理方式对给水的纯度(主要是指氢电导率)要求不同,故可按照图 4-14 根据给水氢电导率的不同来选择不同的给水处理方式。

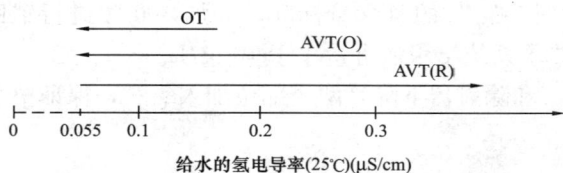

图 4-14 根据给水氢电导率选择处理方式

3. 根据机组的运行状况选择给水处理方式

如果机组因负荷需求经常启停,或机组本身不能长期稳定运行,最好选择 AVT(R)。

三、给水优化处理

所谓给水优化处理,是指根据火电厂水汽系统的材质和给水水质合理地选择给水处理方式,使给水系统所涉及的各种材料的综合腐蚀速率最小。

其具体步骤如下:

(1) 根据水汽系统的材质和给水水质来选择给水处理方式;

(2) 采用目前的给水处理方式,如果机组无腐蚀问题,给水的含铁量较小,可按此方式继续运行;

(3) 如果采用目前的给水处理方式,机组存在腐蚀问题,或给水的含铁量较高,则应通过图 4-15 所示的流程选择其他给水处理方式。

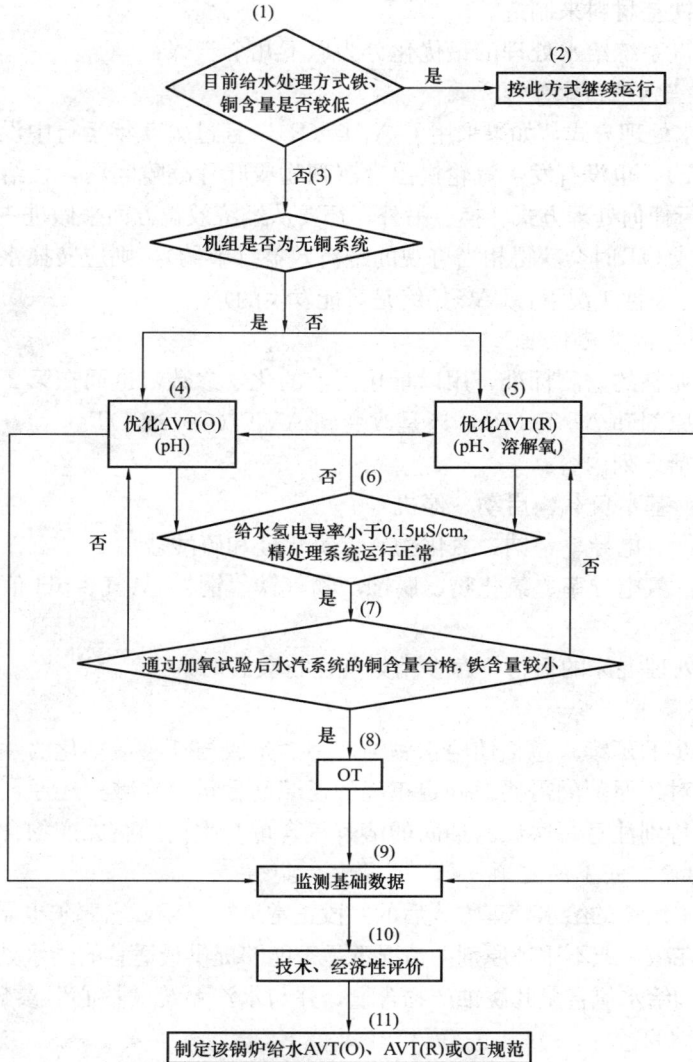

图 4-15　给水处理方式的选择流程

具体选择步骤如下：

1）当机组为无铜系统时，应优先选用 AVT（O）方式；如果给水氢电导率小于 $0.15\mu S/cm$，且凝结水精处理系统运行正常，宜转化为 OT 方式，否则按原处理方式继续运行。

2）当机组为有铜系统时，应采用 AVT（R）方式，并进行优化，即确定最佳的化学控制指标使铜、铁的含量均处于较低水平，化学控制指标主要包括 pH 值、溶解氧浓度等；如果给水氢电导率小于 $0.15\mu S/cm$，且凝结水精处理系统运行正常，还可以进行加氧试验，并通过试验确定水汽系统的含铜量合格后转化为 OT 方式，否则按原处理方式继续运行。

（一）全铁系金属材质系统给水处理的最优化

在选择水汽系统最佳化学水工况时，必须考虑在凝汽器管子和给水系统中使用的材料。因为铜能迁移到锅炉水汽系统中，且可溶于水蒸气，故如果需要在凝汽器或给水加热器管子中使用铜或铜合金时，就要求特别加以关注。为了使给水污染物的控制和迁移最小化，给水系统应该尽量采用铁基材料来制造。

全铁系金属水汽系统给水处理的最优化分为以下几个步骤：

1. 审核正常或当前的给水处理方式

对于当前的给水处理方式，如果采用了 AVT（R），且过去 5 年运行中没有发生锅炉水冷壁管爆管故障（BTF），也没有发生汽轮机出现沉积物或叶片故障问题，且给水腐蚀产物含量最低，则不需要进行任何处理方式转换。另外，还要从经济效益方面来做进一步的权衡，如果转换到 AVT（O）或 OT 时会获得相当可观的经济效益（节约），则应转换水化学工况为经济效益最佳的方式（还原性工况下，FAC 始终是可能发生的）。

2. 当前给水处理的监测标准

这里包括一个完整的监测标准，用以量化当前的化学参数，进而在第 3 步中确定是否应该考虑继续使用还原剂和 AVT（R），还是改变到 AVT（O）或 OT。

监测活动应包括下列内容：

（1）运行条件：基本负载、启动、停机等。

（2）蒸汽化学：氢电导率、钠、氯化物、二氧化硅和硫酸盐。

（3）给水化学：氢电导率、氯化物、腐蚀产物（铁、铜）、氧气、pH 值、氧化还原电位（ORP）。

（4）凝结水精处理混床的运行（存在精处理运行装置时）。

3. 评估还原剂要求

本步骤是第 2 步的延续，包括使给水腐蚀产物的生成与迁移最小化的一系列试验，并通过进行试验来评估对还原剂的需要，确定正确的还原剂含量。在减少还原剂的剂量或取消还原剂的使用时，应特别注意每次试验期间的溶解氧含量和生成的腐蚀产物含量。

4. 新型给水处理方式下的监测

本步骤涉及在采用新的给水处理方式后的一段正常运行时期，它偶尔也需要重复第 2 步中的监测，以便确认在减少或不用还原剂的情况下是否能够提供最适宜的给水处理。这里只需要查看省煤器入口处的给水氧含量和腐蚀产物含量，并与水汽系统"核心"参数进行比较。

5. 考虑转换到 OT

通过了第 2 步的监测及经过一段时间的正常运行后，考虑机组是否能够在加氧处理条件下运行。

6. 继续最优化处理

本步骤是第 3 步和第 4 步努力的继续。

7. 运行及继续监测

继续监测运行效果，在腐蚀产物迁移量最小（从而降低腐蚀产物在锅炉水冷壁上的沉积），并消除了 FAC 的一切可能性时，认为转换成功。

（二）混合材质系统给水处理的最优化

对于具有混合材质给水系统的装置，其方法应该包括：

（1）控制空气漏入量、还原剂添加量和氧含量，使除氧器入口处的 ORP 保持在最佳范围（$-350\sim-300$mV）；

（2）最优化给水 pH 值；

（3）监测跟踪给水中铜和铁的含量变化；

（4）最优化整个给水处理系统，按控制标准使铜和铁含量最小。

具体优化步骤可以根据图4-15并参考全铁系材质系统给水处理的最优化步骤。

四、全挥发处理向加氧处理的转换

锅炉水冷壁管中腐蚀产物量的多少，是水化学优劣的标志；也是锅炉爆管故障机理中主要的因素。从长远观点来看，水冷壁管上聚集的沉积物应该通过及时的化学清洗除去，以避免进一步的腐蚀与爆管事故。这是AVT优化的基础，也是考虑将机组转换到氧化处理的原因之一。

加氧处理转换能否成功取决于在磁性铁垢氧化物层表面和孔隙内的水合氧化铁（FeOOH）的存在，如前文图4-8中所示。在这种情况下，FeOOH在给水中的溶解度比Fe_3O_4要低得多，故水冷壁管内表面氧化物层溶解量小，测得的铁腐蚀产物也低。在水冷壁管内表面存在红色FeOOH外层时，FAC也将会消除。还应该注意到，使用AVT（O）也能在整个给水系统中形成FeOOH红色表面层，不过，由水汽系统中漏入空气而维持的氧含量较低，通常不足以钝化100%的给水系统（尤其是除氧器）表面，因此，不能期望达到铁迁移量最低。

将一台机组转换到加氧处理的完全过程包括以下三个阶段：

（1）加氧处理转换的评估；

（2）加氧处理转换的改造；

（3）加氧处理转换的实施。

（一）转换前的评估

执行"转换评估"的目的是确定这台机组是否适宜采用加氧处理；此外，也能确定正确实施加氧处理时都需要进行哪些改造。评估以后就能作出是否将这台机组转换到加氧处理的决定。评估的一般范围包括：①水汽系统材料评估；②水汽系统设计评估；③火电厂化学运行评估；④化学加药评估；⑤仪表测量与分析能力评估。

1. 水汽系统材料评估

水汽系统材料的评估是必要的，它能鉴定要求替换的材料或改造的组件。在氧化性环境中性能受到质疑的材料包括铜合金、钨铬钴硬合金、某些硬碳环和碳化钨密封件。过热器、再热器和汽轮机部件的材料也要进行认真考察、评估。

当铜合金材料处于凝结水精处理系统的下游时，一般不适合采用加氧处理；故在转换到加氧处理之前，位于凝结水精处理器下游的所有铜合金部件都必须替换；对于给水加热器管，选用不锈钢代替铜合金材料是可行的，国外的高压给水加热器管一直在成功使用碳钢材料。对于钨铬钴硬合金及硬碳环和碳化钨密封件，应将所有包含这些材料的部件标记下来，以便能对它们进行检查；并要在转换到加氧处理之后，按照例行维护的时间间隔检查这些部件，掌握这些材料的最新情况，确定是否有必要用其他材料替代它们。

在转换到加氧处理之前，对汽轮机和锅炉材料都应仔细、定期地进行详细检查。汽轮机检查包括外观检查、着色探伤、磁粉检验和超声波检验；锅炉要定期进行水冷壁管取样检查，分析水冷壁管表面的沉积组分，同时进行密度及金相分析，以便确定水冷壁管的状况和是否需要化学清洗。

2. 水汽系统设计评估

认真评估凝结水和给水部件（包括加热器疏水管、加热器排空管和除氧器排空管）的设计、运行状况。加氧处理可以促使加热器壳体和加热器疏水管道系统的钝化，从而减少加热器疏水管中铁的迁移量。除氧器在加氧处理过程中基本上是作为一级加热器使用的，但在某些时候还是利用其除氧功能的，如水质恶化、氢电导率超标后，重新回到 AVT（R）时就是如此。

3. 火电厂化学运行评估

在转换到加氧处理之前的全挥发处理中，必须保证凝结水精处理系统的正常运行和再生。需要对凝结水精处理系统的运行、凝汽器泄漏、补给水的质量、化学加药控制、取样、监测、水质检测仪表和凝汽器空气内漏等进行评估，以便加氧处理工况顺利进行。

4. 化学加药评估

经验表明，在转换为加氧处理前的一个月，就应该彻底停止向系统中添加联胺，且时间越长越好。另外，加氧设备安装、调试后处于备用状态。

5. 仪表测量与分析能力评估

在每个加氧点下游，都应该对氧含量进行例行的常规监测。因此，在凝结水精处理出口和省煤器入口要有两个在线溶解氧分析仪。对电导率表（含氢电导率表）、pH 分析仪的量程、精度要重新校正。

在转化为加氧处理过程中，水汽系统中铁的含量必须准确测定，以便确定系统中铁的迁移情况，从而评估转换为加氧处理后的功效。在转换初期，应加大铁含量测定的频率。

（二）为转换加氧处理所做的改造

1. 增加加氧设备

增加加氧设备是每个电厂都必不可少的一个步骤，包括：①通过计算，确定预计的耗氧量；②确定储氧位置；③确定加氧控制设备的位置；④确定通向凝结水和给水系统的管道接头位置；⑤水汽系统与加氧系统互相连接管道。

加氧设备控制系统包括调压器、转子流量计、单管线截止阀和流量控制阀。

2. 材料更换

更换凝结水精处理器下游的铜合金部件（低压加热器管），并对钨铬钴硬合金材料、碳和碳化钨材质密封件进行评估与更换。

（三）加氧处理的实施

做好转换前的工作，如水冷壁管和省煤器管的化学清洗，及在开始转换前一个月停止加入除氧剂等，同时对仪表、加氧系统进行相关检查。

1. 化学清洗工作

如果水冷壁管垢量超过规定值，就应该对其进行化学清洗后再转化为加氧处理，不过，转换到加氧处理时一般不清洗过热器。对于那些在服役期内使用了铜合金低压加热器的机组，应该进行锅炉本体和炉前系统的化学清洗，以除去铜沉积物。

在转换之前都进行化学清洗是一种稳妥的做法，但如果证实水冷壁管内沉积物的含量较低，或一年内进行过化学清洗，就没有必要在转换之前再进行化学清洗。经验表明，直流锅炉炉管上的波纹形沉积物，在转换到加氧处理后将会逐渐减少。

2. 试运行

转换前一个月停止向给水系统中加入联胺，经验表明，这个时间越早则转换过程越容易。还应在"无除氧剂"期间，监测省煤器入口处氧和铁的含量。经验表明：此时铁含量将实质性下降，氧化还原电位将提高，氧含量将增加 $1 \sim 2 \mu g/L$。

当氧气被第一次加入到水汽系统中时，试运行就开始了。加氧导致给水中铁质材料的钝化，实际的转换过程一般会持续一周以上。初期的氧浓度也许会高达 $400\sim500\mu g/L$。实际氧含量取决于两个因素：一是加氧初期，其电导率会增加，但只要凝结水精处理器出口的氢电导率不超过 $0.15\mu S/cm$，就可以继续进行加氧；二是涉及转换前不使用联胺的运行时间。

在整个试运行的过程中，都要密切监测省煤器入口处的铁含量，一般在加氧初期铁含量会升高。一旦在省煤器入口处记录到了氧，说明主要的转换过程就基本上完成了，此时，氧气剂量就应减小到 $30\sim150\mu g/L$ 的正常运行范围内。然后就可以按照加氧处理水质控制指标进行化学控制，施行加氧处理水化学工况了。

（四）AVT 向 CWT 转换的一个例子

对于长期 AVT 运行的机组，为了尽快从 AVT 转换成 CWT，加氧前一个半月开始停止向给水中加联胺。系统稳定后，按理论计算量开始向给水泵入口加入 $150\mu g/L$ 的纯氧，进行 CWT 方式的初期运行；同时对低压加热器入口给水溶解氧、氢电导率进行监测。调整给水加氧浓度，控制给水的氢电导率（DD_H）小于 $0.20\mu S/cm$。为了加快转换过程，先将给水溶解氧（DO）浓度设在 $200\sim250\mu g/L$，当主蒸汽中 DO 达到 $100\sim150\mu g/L$ 时，将给水 DO 降低到 $100\sim150\mu g/L$，直至主蒸汽中 DO 浓度达到稳定。之后，在二级凝结水泵入口同时开始加氧，控制 DO 浓度为 $50\sim150\mu g/L$。在此期间，除氧器排汽门处于微开状态。整个转换过程历时 168h。

在 CWT 处理方式下，再热器管材内表面形成的产物主要是 Fe_2O_3，其含量为 83.8%；Fe_3O_4 含量仅为 8.94%。可见，加氧 1.5 个月之后，再热器管材内表面的 Fe_3O_4 已经大多数被转化为 Fe_2O_3。这说明在加氧 1.5 个月后，AVT 向 CWT 转换已基本完成。

（五）转换过程及转换成功后运行中注意事项

在加氧处理条件下，应该密切监测下列各指标：

1. 给水氢电导率

美国电力研究院（EPRI）认为，在加氧的转换过程中，给水的氢电导率（DD_H）必须小于 $0.2\mu S/cm$。如给水 DD_H 在 $0.2\sim0.3\mu S/cm$ 之间，应增加加氨量，将给水 pH 提高到 9.0 以上。当给水 DD_H 超过 $0.3\mu S/cm$ 时，应该切断加氧，恢复 AVT 工况运行；因为当 DD_H 超过 $0.3\mu S/cm$ 时，给水系统设备的腐蚀速率会显著增加。

实际运行中，300MW 机组均设置有不同组合的凝结水精处理系统，出水的 DD_H 均可小于 $0.15\mu S/cm$，并经常小于 $0.10\mu S/cm$。因此，给水 DD_H 指标应定在小于 $0.15\mu S/cm$，实际运行控制值可以定在小于 $0.10\mu S/cm$。

2. 给水氧含量

加氧调节，主要是使铁和铜合金表面能保持钝化状态，在蒸汽中维持氧含量在 $50\mu g/L$ 能达到此目的。因此，除氧器维持排汽时，给水含氧量的运行控制值可以定在 $80\sim120\mu g/L$；在机组持续运行时，可控制在低限值；而在除氧器关闭排汽条件下运行时，给水含氧量可控制在 $60\sim100\mu g/L$。

在运行方式首次由 AVT 切换为 CWT 的初期，可以适当增加给水加氧量，以加快 CWT 条件下形成保护层的过程；尤其对保护高压加热器的汽侧金属材质免受腐蚀，降低疏水含铁量是非常有利的。同时应注意运行中给水含氧量不得超过 $400\mu g/L$，以免在少量氯化物的交互作用下使钢铁的氧化还原电位降到钝化膜的生成电位以下，引发点蚀。

3. 给水 pH 值

德国的运行经验指出，在联合水处理运行工况中，给水 pH 值的控制范围可以相当的宽，达到一个 pH 值大小。但对有铜系统机组，给水 pH 值的稳定控制是极其重要的，特别应避免低 pH 值范围的波动。国内有关运行试验指出，对有铜系统的机组在加氧的情况下，合适的给水 pH 值控制范围比较窄，其 pH 值应控制在 8.7～8.9 范围。运行经验还指出，经多次调整后确定合适的给水加氧量和 pH 值，在除氧器维持排汽或关闭排汽的工况下，均可使给水铜含量小于 5μg/L，平均在 2～4μg/L。

此外，在监测给水指标的同时，还要监测并对比转换前后汽水系统中的含铁量、水相节流调节阀和锅炉炉管的结垢情况、锅炉的运行压差及凝结水精处理混床的运行周期等指标，以明确转换的可行性及所带来的经济效益。

锅炉水化学工况优化研究

第一节　锅炉水 pH 值的通用计算模型及其应用

锅炉水化学工况优化的具体体现就是锅炉水的 pH 值是否稳定、可靠。火电厂化学岛中的许多自动设施（如化学专家诊断系统、锅炉自动加药系统等）都是为确保锅炉水 pH 值的稳定而设计的，因为它直接关系到锅炉炉管的腐蚀、积盐和结垢等一系列问题，与机组的安全、经济运行水平及设备的服役年限密切相关。

锅炉水 pH 值是锅炉水工况变化的最显著特征，是判断锅炉水工况优劣的关键指标。因此，了解锅炉水 pH 值的变化特性，对于优化锅炉水工况具有重要意义。

一、锅炉常见水化学工况的比较

锅炉水化学工况的主要任务是调节锅炉水水质，尽量减少或防止炉管的结垢与腐蚀。第三章中表 3 - 1 已给出了锅炉常见水化学工况的比较情况，从表 3 - 1 中可以看出，要调节锅炉水（给水）pH 值，主要是加入碱化剂，如 Na_3PO_4、$NaOH$、$NH_3 \cdot H_2O$ 等，因此，锅炉水 pH 值也就取决于碱化剂的浓度。

在表 3 - 1 所列的水化学工况中，有些是这三种碱化剂同时存在〔如平衡磷酸盐处理（EPT）、低氢氧化钠—低磷酸盐处理〕，有些是其中两种碱化剂存在〔如磷酸盐处理（PT）、低磷酸盐处理、苛性处理（即氢氧化钠处理，CT）〕；而挥发性处理（AVT）、联合水处理（CWT）和中性水处理（NWT）则通常只认为是氨在起调节作用。值得特别指出的是，因给水加氨是火电厂必不可少的程序，且氨在热力系统中有循环使用的特性，因此，一般要考虑氨的存在。

二、锅炉常见水化学工况中锅炉水 pH 值的计算

根据上述讨论，锅炉水 pH 值决定于锅炉水中的三种碱化剂。因此，锅炉水 pH 值以锅炉水中同时存在磷酸盐、氨和氢氧化钠为例来进行推导、计算。

设锅炉水中含有 a mg/L 的磷酸盐（以 PO_4^{3-} 计，且在检测、标准、配药中皆如此，下同），b mg/L 的氨和 c mg/L 的氢氧化钠，则锅炉水中存在的物种有：H^+、Na^+、NH_4^+、PO_4^{3-}、HPO_4^{2-}、$H_2PO_4^-$、H_3PO_4、OH^-、$NH_3 \cdot H_2O$。

根据电荷平衡原理，其电中性方程为

$$[H^+] + [NH_4^+] + [Na^+] = 3[PO_4^{3-}] + 2[HPO_4^{2-}] + [H_2PO_4^-] + [OH^-] \qquad (5-1)$$

根据物料平衡原理

$$[PO_4] = [H_3PO_4] + [H_2PO_4^-] + [HPO_4^{2-}] + [PO_4^{3-}] = a/95\,000 \ (\text{mol/L}) \qquad (5-2)$$

$$[Na^+] = 3a/95\,000 + c/40\,000 \ (\text{mol/L}) \qquad (5-3)$$

$$[NH_3] = [NH_3 \cdot H_2O] + [NH_4^+] = b/17\,000 \ (\text{mol/L}) \qquad (5-4)$$

其中，$[NH_4^+]=b/17\ 000\times K_b[H^+]/(K_b[H^+]+K_w)$ (mol/L)   (5-5)

式（5-5）中的 K_b、K_w 分别为 $NH_3\cdot H_2O$ 和 H_2O 的电离平衡常数。

设 H_3PO_4 的三级电离平衡常数为 K_{a1}、K_{a2}、K_{a3}，PO_4^{3-}、HPO_4^{2-}、$H_2PO_4^-$ 的分配系数分别为 α_3、α_2、α_1；则 PO_4^{3-}、HPO_4^{2-}、$H_2PO_4^-$ 的浓度分别等于 $\alpha_3[PO_4]$、$\alpha_2[PO_4]$、$\alpha_1[PO_4]$，代入分配系数值有

$$3[PO_4^{3-}]+2[HPO_4^{2-}]+[H_2PO_4^-]=(3\alpha_3+2\alpha_2+\alpha_1)\times[PO_4]=a/95\ 000\times(3K_{a1}K_{a2}K_{a3}$$
$$+2K_{a1}K_{a2}[H^+]+K_{a1}[H^+]^2)/([H^+]^3+K_{a1}[H^+]^2$$
$$+K_{a1}K_{a2}[H^+]+K_{a1}K_{a2}K_{a3})   (5-6)$$

将 25℃时的平衡常数 $K_{a1}=10^{-2.12}$、$K_{a2}=10^{-7.20}$、$K_{a3}=10^{-12.36}$、$K_w=10^{-14}$、$K_b=1.8\times10^{-5}$ 及式（5-3）、式（5-5）和式（5-6）代入式（5-1），就得到计算锅炉水 pH 值的精确方程式（$x=[H^+]$）

$$-674.843-1.547\ 19\times10^{15}x+1.687\ 11\times10^{12}cx-2.807\ 26\times10^{24}x^2+1.627\ 34\times10^{24}ax^2$$
$$+7.145\ 39\times10^{21}bx^2+3.867\ 97\times10^{24}cx^2-4.3949\times10^{31}x^3+2.9808\times10^{33}ax^3+1.636\ 91\times10^{34}bx^3$$
$$+7.018\ 14\times10^{33}cx^3+2.8072\times10^{38}x^4+9.284\ 99\times10^{40}ax^4+2.594\ 34\times10^{41}bx^4+1.102\ 59\times10^{41}cx^4$$
$$+4.410\ 37\times10^{45}x^5+1.836\times10^{43}ax^5+3.42\times10^{43}bx^5+1.4535\times10^{43}cx^5+5.814\times10^{47}x^6=0$$

$$(5-7)$$

将不同的 a、b、c 值代入式（5-7），即可求得对应条件下方程的解，也就是 $[H^+]$ [式（5-7）] 有 6 个解，但只有一个正解，即 $[H^+]$，则 $pH=-\lg[H^+]$，由此便得到一个与 a、b、c 值相对应的 pH 值。a、b、c 值不同时（即磷酸盐、氨、氢氧化钠浓度不同时），所对应锅炉水化学工况就不同，故式（5-7）可以计算出不同水化学工况下的锅炉水 pH 值。表 5-1 给出了这种对应关系。

对于锅炉水（对直流锅炉而言为给水）中单独存在 a mg/L 磷酸盐、b mg/L 氨或 c mg/L 氢氧化钠时，根据电荷平衡原理及物料平衡原理，同样可以推导出类似式（5-7）的方程。式（5-8）、式（5-9）和式（5-10）分别给出了对应三种碱化剂单独存在时 pH 值的精确计算方程式（$x=[H^+]$）。

$$-39.6966-9.093\ 97\times10^{13}x-1.441\ 29\times10^{21}x^2+9.5726\times10^{22}ax^2+9.093\ 78\times10^{27}x^3$$
$$+3.034\ 31\times10^{30}ax^3+1.4413\times10^{35}x^4+6\times10^{32}ax^4+1.9\times10^{37}x^5=0   (5-8)$$

$$-1\times10^{-28}-1.8197\times10^{-19}x+1\times10^{-14}x^2+1.070\ 41\times10^{-9}bx^2+0.000\ 018\ 197x^3=0$$

$$(5-9)$$

$$x=(\sqrt{10^{-9.204}c^2+4\times10^{-14}}-c/40\ 000)/2   (5-10)$$

将 a、b、c 具体值分别代入式（5-8）、式（5-9）和式（5-10），就可以求出三种碱化剂单独存在时的锅炉水 pH 值。

计算结果表明，在 $a\neq0$、$b=0$、$c=0$ 时，式（5-7）与式（5-8）的计算结果精确相等；同样，在 $a=0$、$b\neq0$、$c=0$ 时，式（5-7）与式（5-9）的计算结果精确相等；在 $a=0$、$b=0$、$c\neq0$ 时，式（5-7）与式（5-10）的计算结果精确相等。这说明式（5-7）是锅炉常见水化学工况锅炉水 pH 值的计算通式。

表 5-1　　　　　　　　　　　不同 a、b、c 值相对应的锅炉水化学工况

水化学工况	a、b、c 取值情况	备注
磷酸盐处理（PT）	（1）$a\neq0$、$b=0$、$c=0$ 时，为纯磷酸盐处理（如中低压锅炉的磷酸盐处理）	见图 3-1、图 3-2、图 3-3
	（2）$a\neq0$、$b\neq0$、$c=0$ 时，为给水加氨处理时磷酸盐处理水工况	见图 3-4
低磷酸盐处理	（1）$a\neq0$、$b=0$、$c=0$ 时，为纯磷酸盐处理（如中低压锅炉的磷酸盐处理）	见图 3-3
	（2）$a\neq0$、$b\neq0$、$c=0$ 时，为给水加氨处理时磷酸盐处理水工况	见图 3-4
平衡磷酸盐处理（EPT）	（1）$a\neq0$、$b=0$、$c\neq0$ 时，为平衡磷酸盐处理水工况	见图 3-10
	（2）$a\neq0$、$b\neq0$、$c\neq0$ 时，为给水加氨处理时平衡磷酸盐处理水工况	见图 3-11
低氢氧化钠—低磷酸盐处理	$a\neq0$、$b\neq0$、$c\neq0$	见图 3-16
协调 pH—磷酸盐处理（CPT）	过渡性水工况，另外列出计算公式	见图 3-6、图 3-7
氢氧化钠处理（CT）	（1）$a=0$、$b=0$、$c\neq0$ 时，为纯氢氧化钠处理水工况	见图 3-8
	（2）$a=0$、$b\neq0$、$c\neq0$ 时，为给水加氨处理时氢氧化钠处理水工况	见图 3-8
全挥发处理（AVT）	$a=0$、$b\neq0$、$c=0$	
中性水处理（NWT）	$a=0$、$b=0$、$c=0$	
联合水处理（CWT）	$a=0$、$b\neq0$、$c=0$	

第二节　给水中杂质对锅炉水 pH 值的影响

一、锅炉给水中杂质的来源

随着大容量、高参数机组的逐渐普及，锅炉给水要求也逐步提高，如给水中的金属离子（Fe、Cu 等）、强酸阴离子（Cl^-、SO_4^{2-} 等）都控制在几个 $\mu g/L$ 以内，凝结水精处理已经成为机组的必备设施之一，这对于提高机组水汽品质，减少腐蚀与结垢量，延长机组服役年限起到了积极作用。

但是，在目前通行的水处理技术出现根本性变革之前，有几个问题总是存在的，如除盐水溶解吸收空气中的 CO_2、随给水带入的有机物在锅炉内分解产生低分子有机酸（离子交换树脂不能有效去除有机物）、树脂机械磨损产物随给水进入锅炉水分解出无机酸（H_2SO_4、HCl）和有机酸等。另外，给水加氨处理时，氨与溶解的 CO_2 形成 $(NH_4)_2CO_3$，$(NH_4)_2CO_3$ 在除氧器中不完全分解，残余的 $(NH_4)_2CO_3$ 会在锅炉水中分解产生 NH_3 和 CO_2，并由此将 CO_2 转移到锅炉水中；汽轮机真空系统（低压缸、凝汽器等）也会因空气泄漏而带入 CO_2 等。

这些杂质都会随给水带入锅炉水中，它们会对锅炉水 pH 值产生怎样的影响呢？下面将对此问题进行讨论。

二、锅炉给水中杂质对锅炉水 pH 值的影响研究

在 $a$mg/L Na_3PO_4＋$b$mg/L NH_3＋$c$mg/L NaOH 的锅炉水处理体系中（$b=0$、$c=0$ 时为 PT；$a=0$、$b=0$ 时为 CT；$a=0$、$c=0$ 时为 CWT；$b=0$ 时为 EPT 或低氢氧化钠—低磷酸

盐处理；但氨作为加入到给水中的碱化剂，它在锅炉水中总是有残余的，即 $b \neq 0$），设有 d mg/L 的 H_2SO_4（以 SO_4^{2-} 计，下同）、e mg/L 的 CH_3COOH、f mg/L 的 CO_2、g mg/L 的 SiO_2 存在，则存在物种有：H_2CO_3、HCO_3^-、CO_3^{2-}、H_2SO_4、HSO_4^-、SO_4^{2-}、H_2SiO_3、$HSiO_3^-$、SiO_3^{2-}、H_3PO_4、$H_2PO_4^-$、HPO_4^{2-}、PO_4^{3-}、$NH_3 \cdot H_2O$、NH_4^+、Na^+、CH_3COO^-、CH_3COOH、OH^-、H^+。其电中性方程为

$$[NH_4^+]+[H^+]+[Na^+]=2[CO_3^{2-}]+[HCO_3^-]+2[SO_4^{2-}]+[HSO_4^-]+2[SiO_3^{2-}]$$
$$+[HSiO_3^-]+3[PO_4^{3-}]+2[HPO_4^{2-}]+[H_2PO_4^-]$$
$$+[CH_3COO^-]+[OH^-] \tag{5-11}$$

其物料平衡方程为

$$[PO_4]=[H_3PO_4]+[H_2PO_4^-]+[HPO_4^{2-}]+[PO_4^{3-}]=a/95\,000 \ (mol/L) \tag{5-12}$$
$$[NH_3]=[NH_3 \cdot H_2O]+[NH_4^+]=b/17\,000 \ (mol/L) \tag{5-13}$$
$$[SO_4]=[H_2SO_4]+[HSO_4^-]+[SO_4^{2-}]=d/96\,000 \ (mol/L) \tag{5-14}$$
$$[乙酸]=[CH_3COOH]+[CH_3COO^-]=e/60\,000 \ (mol/L) \tag{5-15}$$
$$[CO_2]=[H_2CO_3]+[HCO_3^-]+[CO_3^{2-}]=f/44\,000 \ (mol/L) \tag{5-16}$$
$$[SiO_2]=[H_2SiO_3]+[HSiO_3^-]+[SiO_3^{2-}]=g/60\,000 \ (mol/L) \tag{5-17}$$
$$[Na^+]=3a/95\,000+c/40\,000 \ (mol/L) \tag{5-18}$$
$$[NH_4^+]=b/17\,000 \times K_b[H^+]/(K_b[H^+]+K_w) \tag{5-19}$$
$$[CH_3COO^-]=e/60\,000 \times K_a/(K_a+[H^+]) \tag{5-20}$$
$$[H^+][OH^-]=K_w \tag{5-21}$$

设 H_2CO_3 的二级电离平衡常数为 K_{a1}、K_{a1}，CO_3^{2-}、HCO_3^- 的分配系数为 α_2、α_1；则 CO_3^{2-}、HCO_3^- 的浓度分别等于 $\alpha_2[CO_2]$、$\alpha_1[CO_2]$，代入分配系数值有

$$2[CO_3^{2-}]+[HCO_3^-]=(2\alpha_2+\alpha_1) \times [CO_2]=f/44\,000 \times (2K_{a1}K_{a2}+K_{a1}[H^+])/$$
$$([H^+]^2+K_{a1}[H^+]+K_{a1}K_{a2}) \tag{5-22}$$

同理，设 H_2SO_4 的二级电离平衡常数为 K_{a3}、K_{a4}，H_2SiO_3 的二级平衡电离常数为 K_{a5}、K_{a6}，H_3PO_4 的三级电离平衡常数为 K_{a7}、K_{a8}、K_{a9}，可得到 $2[SO_4^{2-}]+[HSO_4^-]$，$2[SiO_3^{2-}]+[HSiO_3^-]$ 及 $3[PO_4^{3-}]+2[HPO_4^{2-}]+[H_2PO_4^-]$ 的类似表达式，即

$$2[SO_4^{2-}]+[HSO_4^-]=(2\alpha_2+\alpha_1) \times [SO_4]=d/96\,000 \times (2K_{a3}K_{a4}+K_{a3}[H^+])/([H^+]^2$$
$$+K_{a3}[H^+]+K_{a3}K_{a4}) \tag{5-23}$$
$$2[SiO_3^{2-}]+[HSiO_3^-]=(2\alpha_2+\alpha_1) \times [SiO_2]=g/60\,000 \times (2K_{a5}K_{a6}+K_{a5}[H^+])/([H^+]^2$$
$$+K_{a5}[H^+]+K_{a5}K_{a6}) \tag{5-24}$$
$$3[PO_4^{3-}]+2[HPO_4^{2-}]+[H_2PO_4^-]=(3\alpha_3+2\alpha_2+\alpha_1) \times [PO_4]=a/95\,000 \times (3K_{a7}K_{a8}K_{a9}$$
$$+2K_{a7}K_{a8}[H^+]+K_{a7}[H^+]^2)/([H^+]^3+K_{a7}[H^+]^2$$
$$+K_{a7}K_{a8}[H^+]+K_{a7}K_{a8}K_{a9}) \tag{5-25}$$

将式（5-18）～式（5-25）及 $K_b=10^{-4.744}$、$K_w=10^{-14}$、$K_a=10^{-4.70}$、$K_{a1}=10^{-6.30}$、$K_{a2}=10^{-10.30}$、$K_{a3}=1000$、$K_{a4}=10^{-2.00}$、$K_{a5}=10^{-6.30}$、$K_{a6}=10^{-10.30}$、$K_{a7}=10^{-2.12}$、$K_{a8}=10^{-7.20}$、$K_{a9}=10^{-12.36}$ 代入式（5-11）得式（5-26），式中 $x=[H^+]$。

$$-5.888\,06 \times 10^{-82}-1.733\,2 \times 10^{-69}x+1.472\,02 \times 10^{-72}cx-1.201\,65 \times 10^{-72}dx-9.813\,44 \times 10^{-73}ex$$
$$-2.676\,39 \times 10^{-72}fx-1.962\,69 \times 10^{-72}gx-8.907\,37 \times 10^{-58}x^2+1.419\,87 \times 10^{-60}ax^2$$
$$+6.234\,42 \times 10^{-63}bx^2+4.332\,99 \times 10^{-60}cx^2-3.537\,14 \times 10^{-60}dx^2-2.888\,66 \times 10^{-60}ex^2$$

$$-7.851\ 47\times10^{-60}fx^2-5.158\ 14\times10^{-60}gx^2-2.364\ 83\times10^{-47}x^3+9.268\ 09\times10^{-49}ax^3$$
$$+1.834\ 03\times10^{-50}bx^3+2.226\ 84\times10^{-48}cx^3-1.817\ 83\times10^{-48}dx^3-1.484\ 56\times10^{-48}ex^3$$
$$-3.970\ 74\times10^{-48}fx^3-1.529\ 89\times10^{48}gx^3-1.400\ 68\times10^{-37}x^4+2.484\ 35\times10^{-38}ax^4$$
$$+9.398\ 33\times10^{-39}bx^4+5.912\ 08\times10^{-38}cx^4-4.826\ 19\times10^{-38}dx^4-3.941\ 38\times10^{-38}ex^4$$
$$-6.865\ 74\times10^{-38}fx^4-3.106\ 36\times10^{-38}gx^4-1.824\ 67\times10^{-28}x^5+1.477\ 51\times10^{-28}ax^5$$
$$+2.334\ 77\times10^{-28}bx^5+3.501\ 71\times10^{-28}cx^5-2.858\ 54\times10^{-28}dx^5-2.334\ 45\times10^{-28}ex^5$$
$$-3.389\ 98\times10^{-28}fx^5-5.149\ 41\times10^{-29}gx^5-3.211\ 04\times10^{-21}x^6+1.944\ 02\times10^{-19}ax^6$$
$$+1.062\ 82\times10^{-18}bx^6+4.561\ 73\times10^{-19}cx^6-3.723\ 86\times10^{-19}dx^6-3.041\ 03\times10^{-19}ex^6$$
$$-4.144\ 35\times10^{-19}fx^6-9.125\ 42\times10^{-22}gx^6+1.239\ 33\times10^{-14}x^7+6.402\ 01\times10^{-12}ax^7$$
$$+1.895\ 17\times10^{-11}bx^7+8.062\ 61\times10^{-12}cx^7-6.5817\times10^{-12}dx^7-5.359\ 83\times10^{-12}ex^7$$
$$-6.504\ 06\times10^{-12}fx^7-1.6568\times10^{-15}gx^7+3.222\ 18\times10^{-7}x^8+0.000\ 012\ 304\ 8ax^8$$
$$+0.000\ 034\ 432\ 1bx^8+0.000\ 014\ 634cx^8-0.000\ 011\ 945\ 8dx^8-9.4874\times10^{-6}ex^8$$
$$-3.264\ 37\times10^{-7}fx^8-8.112\ 43\times10^{-11}gx^8+0.585\ 361x^9+0.604\ 213ax^9+1.685\ 98bx^9$$
$$+0.716\ 543cx^9-0.584\ 336dx^9-0.002\ 199\ 22ex^9-0.000\ 075\ 413fx^9-1.873\ 96\times10^{-8}gx^9$$
$$+28\ 661.7x^{10}+179.051ax^{10}+389.46bx^{10}+165.52cx^{10}-105.932dx^{10}-0.125\ 054ex^{10}$$
$$-0.004\ 283\ 47fx^{10}-1.064\ 38\times10^{-6}gx^{10}+6.620\ 81\times10^6x^{11}+11\ 875.3ax^{11}+22\ 120.7bx^{11}$$
$$+9401.31cx^{11}-3837.24dx^{11}-0.000\ 125\ 053ex^{11}-4.283\ 44\times10^{-6}fx^{11}-1.064\ 37\times10^{-9}gx^{11}$$
$$+3.760\ 52\times10^8x^{12}+11.8752ax^{12}+22.1206bx^{12}+9.401\ 24cx^{12}+376\ 050x^{13}=0 \qquad (5-26)$$

式（5-26）即为 a mg/L Na_3PO_4 ＋ b mg/L NH_3 ＋ c mg/L $NaOH$ ＋ d mg/L H_2SO_4 ＋ e mg/L CH_3COOH ＋ f mg/L CO_2 ＋ g mg/L SiO_2 共存时计算其 pH 值的精确方程式，在 a、b、c、d、e、f、g 值确定后就可求解得到对应的具体 pH 值，即将实际数据代入式（5-26），求解此高次方程即可。

1. 锅炉水中物质单独存在时对锅炉水 pH 值的影响

图 5-1 表示 a、b、c 各为 0～1mg/L（其他 6 个值为 0）时的锅炉水 pH 值。即 a、b、c 各在 0～1mg/L 范围内，分别解方程式（5-26）得到唯一的正解 X（其余为负数或复数解），则 pH＝$-\log X$，再根据变量 a、b、c 分别作图（以 0.01mg/L 为变化单位，即有 101 个解）。图 5-1 中曲线 1、2、3 分别表示 Na_3PO_4、$NaOH$ 和 NH_3 各自在质量浓度等于 0～1mg/L 时对应的锅炉水 pH 值。

图 5-2 表示 d、e、f、g 各为 0～1mg/L（其他 6 个值为 0）时的锅炉水 pH 值变化情况（方法同上），图 5-2 中曲线 1～4 分别表示 H_2SO_4、CH_3COOH、CO_2 和 SiO_2 各自在质量浓度等于 0～1mg/L 时对应的锅炉水 pH 值。从图 5-2 中可以看出，SiO_2 对锅炉水 pH 值影响不大。

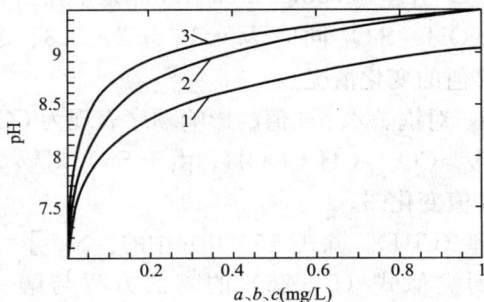

图 5-1　a、b、c 各为 0～1mg/L 时 pH 值

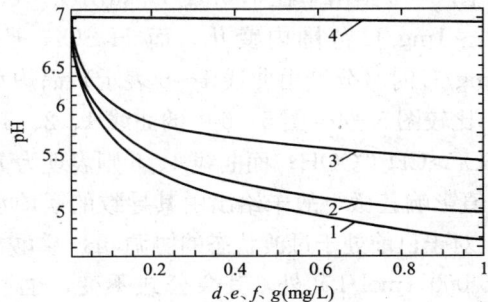

图 5-2　d、e、f、g 各为 0～1mg/L 时 pH 值

图 5-1 和图 5-2 中的 7 条曲线实际上是 Na_3PO_4、$NaOH$、NH_3、H_2SO_4、CH_3COOH、CO_2、SiO_2 各自单独存在时锅炉水的 pH 值变化情况。

另外，也可以分别推导这 7 种物质的 pH 值精确计算方程式，再求解得到其 pH 值，与式 (5-26) 的计算结果比较，它们完全一致（小数点后 6 位数相同）。由此可知，式 (5-26) 虽然复杂，但它是锅炉水共存物质计算 pH 值的通用表达式。

2. 锅炉水中物质联合作用时对锅炉水 pH 值的影响

在 1.0mg/L Na_3PO_4＋0.2mg/L NH_3＋0.2mg/L $NaOH$ 体系中（可以认为是平衡磷酸盐处理体系，此时，锅炉水 pH＝9.32，它是图 5-3 中曲线 1～4 的起点），当 H_2SO_4、CH_3COOH、CO_2、SiO_2 分别在 0～1mg/L 范围内变化时（相应地其他 3 种物质仍为 0），锅炉水的 pH 值变化情况见图 5-3。图 5-3 中，曲线 1～4 分别表示 CO_2、H_2SO_4、CH_3COOH 和 SiO_2 各自在质量浓度等于 0～1mg/L 时对应的锅炉水 pH 值。与图 5-2 比较，CO_2 的影响比 H_2SO_4、CH_3COOH 更大一些，而 SiO_2 对锅炉水 pH 值影响仍然不大。不过，在 H_2SO_4、CH_3COOH、CO_2 质量浓度分别不大于 0.5mg/L 时，锅炉水的 pH 值在给定条件下仍不小于 9.0。

图 5-4 给出了在 1.0mg/L Na_3PO_4＋0.2mg/L NH_3＋0.2mg/L $NaOH$ 体系中，当 H_2SO_4 在 0～1mg/L 范围内变化，而 CH_3COOH、CO_2、SiO_2 同时为 0.1、0.2、0.3、0.4、0.5mg/L 时（分别由曲线 1～5 表示）锅炉水 pH 值的变化情况。

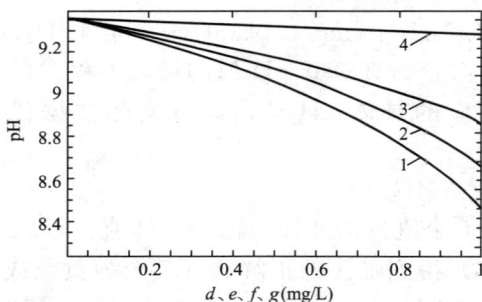 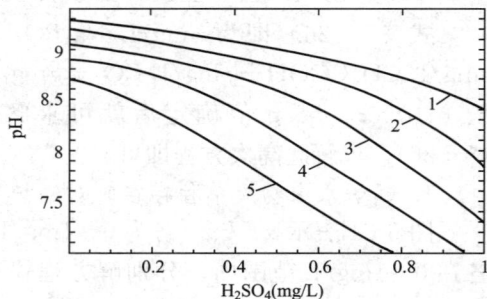

图 5-3　EPT 时 d、e、f、g 各为 0～1mg/L 时 pH 值　　　图 5-4　EPT 时 d 为 0～1mg/L 时 pH 值

图 5-5 给出了在 1.0mg/L Na_3PO_4＋0.2mg/L NH_3＋0.2mg/L $NaOH$ 体系中，当 CH_3COOH 在 0～1mg/L 范围内变化，而 H_2SO_4、CO_2、SiO_2 同时为 0.1、0.2、0.3、0.4、0.5mg/L 时（分别由曲线 1～5 表示）锅炉水 pH 值的变化情况。

图 5-6 给出了在 1.0mg/L Na_3PO_4＋0.2mg/L NH_3＋0.2mg/L $NaOH$ 体系中，当 CO_2 在 0～1mg/L 范围内变化，而 H_2SO_4、CH_3COOH、SiO_2 同时为 0.1、0.2、0.3、0.4、0.5mg/L 时（分别由曲线 1～5 表示）锅炉水 pH 值的变化情况。

比较图 5-4～图 5-6 中的曲线 1、2、3 可知，对锅炉水 pH 值的影响顺序表现为 CO_2＞H_2SO_4＞CH_3COOH；而曲线 4、5 则表现为 H_2SO_4＞CO_2＞CH_3COOH。由于 SiO_2 对锅炉水 pH 值影响甚微，故未给出由其导致的锅炉水 pH 值变化图。

对于目前处于过渡状态的协调 pH-磷酸盐处理（CPT），除式 (5-18) 中的 $[Na^+]=R\times a/95\,000$ (mol/L) 外，其余公式不变，也可得到类似式 (5-26) 的高次方程与解（计算略）。

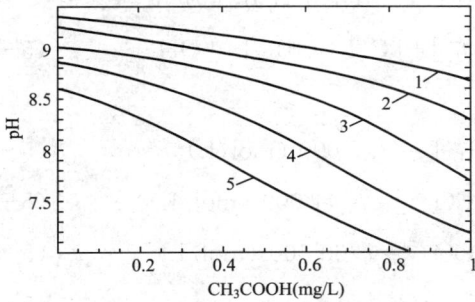

图 5-5 EPT 时 e 为 0~1mg/L 时 pH 值

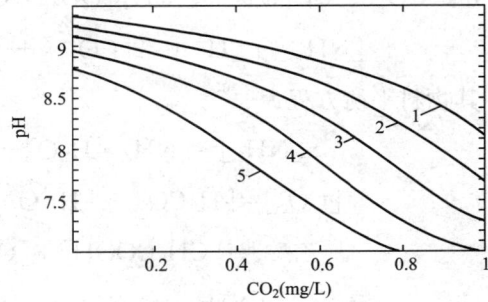

图 5-6 EPT 时 f 为 0~1mg/L 时 pH 值

三、锅炉给水中杂质对锅炉水 pH 值影响结果

(1) 式（5-26）是锅炉水工况与杂质共存时计算锅炉水 pH 值的通用表达式。在确定水工况控制水平（a、b、c 值）及测定或预测锅炉水中杂质水平（d、e、f、g 值）后，可由式（5-26）准确计算出锅炉水 pH 值，也可判断由于杂质带来的锅炉水 pH 值波动水平；而这种判断一般是进行大量模拟试验才能得到的，这对于提高锅炉水 pH 值的控制水平有着具体的指导作用。

(2) 锅炉水中单一杂质对 pH 值的影响程度比预想的要小一些，图 5-3 的结果表明，在它们的质量浓度不大于 0.5mg/L 时，锅炉水的 pH 值在给定条件下仍不小于 9.0；但一旦锅炉水杂质同时存在，它们对锅炉水 pH 值的影响要大得多。

(3) 锅炉水中的 Fe、Cu 腐蚀产物一般以氧化态形式存在，离子态的 Fe^{2+}、Cu^{2+} 含量一般在 0 至几个 $\mu g/L$，故忽略了金属离子的影响。

(4) 在锅炉正常水工况下，锅炉水电导率一般不大于 $10\mu S/cm$（相应的离子强度 μ 小于 0.000 16），因此，可以忽略离子强度的影响。

(5) 锅炉水 pH 值及其他物质的取样、分析都是在 25℃下进行的，故上述讨论是以 25℃ 的平衡常数为标准的，可以通过范得荷夫公式（$d\ln K/dT = \Delta H^{\ominus}/RT^2$）或经验公式得到高温下的计算结果。

第三节 锅炉给水系统腐蚀原因分析

在现代大型火力发电机组中，凝结水占有重要地位，锅炉给水量的 95% 以上为凝结水，且锅炉补给水（含有 CO_2、O_2）一般也补充在凝汽器的热井中，这样，锅炉给水都来自凝汽器。但汽轮机低压缸与凝汽器真空系统不可能绝对严密，总会有空气（含 CO_2）漏入。因此，通常在凝结水泵出口（或凝结水精处理装置出口）与除氧器下降管中加入碱化剂 $NH_3 \cdot H_2O$，调节给水 pH 值在 9.0 左右，以减缓 CO_2 腐蚀。但在机组大修时总会发现，低压加热器、高压加热器的腐蚀比较严重，而给水加氨量和给水 pH 值都是合格的。为此，本节从给水温度逐步升高时其 pH 值的变化特征来分析这一问题。

一、给水系统的 pH 值计算

设锅炉给水系统加入 $a$mg/L NH_3，凝结水中存在 $b$mg/L CO_2，补给水带入 $c$mg/L CH_3COOH（有机物中的代表物），则给水中存在物种有：$NH_3 \cdot H_2O$、NH_4^+、H_2CO_3、

HCO_3^-、CO_3^{2-}、CH_3COO^-、CH_3COOH、OH^-、H^+。其电中性方程为

$$[NH_4^+]+[H^+]=2[CO_3^{2-}]+[HCO_3^-]+[CH_3COO^-]+[OH^-] \qquad (5-27)$$

其物料平衡方程为

$$[NH_3]=[NH_3 \cdot H_2O]+[NH_4^+]=a/17\,000 \text{ (mol/L)} \qquad (5-28)$$

$$[CO_2]=[H_2CO_3]+[HCO_3^-]+[CO_3^{2-}]=b/44\,000 \text{ (mol/L)} \qquad (5-29)$$

$$[乙酸]=[CH_3COOH]+[CH_3COO^-]=c/60\,000 \text{ (mol/L)} \qquad (5-30)$$

$$[NH_4^+]=a/17\,000 \times K_b[H^+]/(K_b[H^+]+K_w) \qquad (5-31)$$

$$[CH_3COO^-]=c/60\,000 \times K_a/(K_a+[H^+]) \qquad (5-32)$$

$$[H^+][OH^-]=K_w \qquad (5-33)$$

设 H_2CO_3 的二级电离平衡常数为 K_{a1}、K_{a1}，CO_3^{2-}、HCO_3^- 的分配系数为 α_2、α_1；则 CO_3^{2-}、HCO_3^- 的浓度分别等于 $\alpha_2[CO_2]$、$\alpha_1[CO_2]$，代入分配系数值为

$$2[CO_3^{2-}]+[HCO_3^-]=(2\alpha_2+\alpha_1) \times [CO_2]=b/44\,000 \times (2K_{a1}K_{a2}+K_{a1}[H^+])/([H^+]^2$$
$$+K_{a1}[H^+]+K_{a1}K_{a2}) \qquad (5-34)$$

将式（5-31）～式（5-34）代入式（5-27），得到式（5-35），式中 $x=[H^+]$。

$$-1.122 \times 10^7 K_a K_{a1} K_{a2} K_w^2 - 510b K_a K_{a1} K_{a2} K_w - 187c K_a K_{a1} K_{a2} K_w - 1.122 \times 10^7 K_a K_{a1} K_{a2} K_b K_w x$$

$$-1.122 \times 10^7 K_a K_{a1} K_w^2 x - 1.122 \times 10^7 K_a K_{a2} K_w^2 x + 660a K_a K_{a1} K_{a2} K_b x^2 - 510b K_a K_{a1} K_{a2} K_b x^2$$

$$-187c K_a K_{a1} K_{a2} K_b x^2 - 255b K_a K_{a1} K_w x^2 - 187c K_a K_{a1} K_w x^2 - 510b K_a K_{a2} K_w x^2$$

$$+1.122 \times 10^7 K_a K_{a1} K_{a2} K_w x^2 - 1.122 \times 10^7 K_a K_{a1} K_b K_w x^2 - 1.122 \times 10^7 K_a K_{a2} K_b K_w x^2$$

$$-1.122 \times 10^7 K_a K_w^2 x^2 - 1.122 \times 10^7 K_{a1} K_w^2 x^2 + 660a K_a K_{a1} K_b x^3 - 255b K_a K_{a1} K_b x^3$$

$$-187c K_a K_{a1} K_b x^3 + 660a K_a K_{a2} K_b x^3 - 510b K_a K_{a2} K_b x^3 + 1.122 \times 10^7 K_a K_{a1} K_{a2} K_b x^3$$

$$-187c K_a K_w x^3 - 255b K_{a1} K_w x^3 + 1.122 \times 10^7 K_a K_{a1} K_w x^3 + 1.122 \times 10^7 K_a K_{a2} K_w x^3$$

$$-1.122 \times 10^7 K_a K_b K_w x^3 - 1.122 \times 10^7 K_{a1} K_b K_w x^3 - 1.122 \times 10^7 K_w^2 x^3 + 660a K_a K_b x^4$$

$$-187c K_a K_b x^4 + 660a K_{a1} K_b x^4 - 255b K_a K_b x^4 + 1.122 \times 10^7 K_a K_{a1} K_b x^4 + 1.122 \times 10^7 K_{a1} K_{a2} K_b x^4$$

$$+1.122 \times 10^7 K_a K_w x^4 + 1.122 \times 10^7 K_{a1} K_w x^4 - 1.122 \times 10^7 K_b K_w x^4 + 660a K_b x^5$$

$$+1.122 \times 10^7 K_a K_b x^5 + 1.122 \times 10^7 K_{a1} K_b x^5 + 1.122 \times 10^7 K_w x^5 + 1.122 \times 10^7 K_b x^6 = 0$$

$$(5-35)$$

式（5-35）即为 $a$mg/L NH_3＋$b$mg/L CO_2＋$c$mg/L CH_3COOH 共存时计算给水 pH 值的精确方程式，在 a、b、c 值及平衡常数 K_{a1}、K_{a2}、K_a、K_b、K_w 确定后，即可求解方程得到其具体 pH 值。

二、温度升高时有关物质的平衡常数

表 5-2 给出了 H_2O、H_2CO_3、CH_3COOH 及 NH_3 在温度升高时平衡常数的变化情况。

表 5-2　　　　　　　　　　　　　　温度变化时的平衡常数

温度（℃）	pK_w	pK_{a1}	pK_{a2}	pK_a	pK_b
25	13.993	6.366	10.327	4.76	4.752
50	13.272	6.311	10.177	4.79	4.732
75	12.709	6.343	10.129	4.86	4.772
100	12.264	6.433	10.151	4.95	4.856
125	11.914	6.569	10.230	5.06	4.976
150	11.642	6.742	10.353	5.18	5.128
175	11.441	6.948	10.518	5.33	5.311
200	11.302	7.188	10.720	5.49	5.525
225	11.222	7.460	10.959	5.67	5.770
250	11.196	7.763	11.233	5.87	6.047
275	11.224	8.098	11.543	6.10	6.355
300	11.301	8.465	11.887	6.36	6.694

注　1. pK 为电解质电离平衡常数的负对数。
　　2. K_w 为水的电离平衡常数；K_{a1}、K_{a2} 为碳酸的二级电离平衡常数；K_a 为乙酸的电离平衡常数；K_b 为氨的电离平衡常数。

三、温度升高时给水 pH 值的计算

图 5-7 和图 5-8 分别给出了纯水、纯 NH_3 溶液的 pH 值随温度变化情况。从图 5-7 和图 5-8 中可以看出，随着温度的升高，纯水由中性变为酸性，纯 NH_3 溶液也由碱性变为酸性，且与 NH_3 的浓度关系不大（图 5-8 中曲线 1、2 分别表示 $[NH_3]$ 为 0.5、1.0mg/L）。

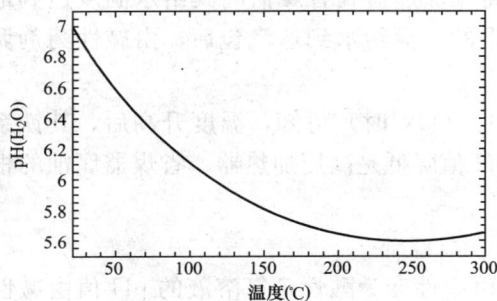

图 5-7　纯水 pH 值随温度变化情况

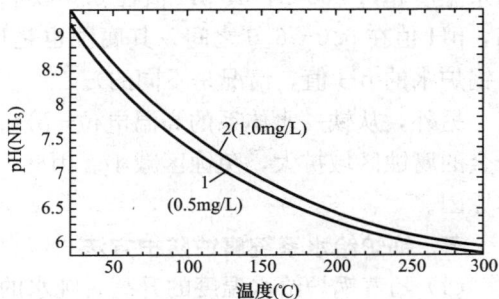

图 5-8　纯 NH_3 溶液 pH 值随温度变化情况

图 5-9 给出了 $[NH_3]=0\sim1.20$mg/L，$[CO_2]=0.1$mg/L，$[CH_3COOH]=0.1$mg/L 条件下给水 pH 值随温度变化情况。其中，CO_2、CH_3COOH 的浓度可以是测定值，也可是设定值，将其值代入式（5-35）求解即可。图 5-9 中曲线 1～12 分别表示温度为 25～300℃时计算结果。

由图 5-9 可知：随着温度的升高，给水 pH 值逐步降低，在温度大于 100℃后，给水 pH 值呈酸性，温度大于 200℃后，给水 pH 值在 6.0 左右。另外，给水中 NH_3 的浓度在大于 0.15mg/L 后，对给水 pH 值的贡献甚微（25℃时除外），尤其随着温度的升高，其影响程度递减，在给水温度大于 200℃后，图 5-9 中的曲线几乎变成了直线，即 pH 值几乎与 NH_3 浓度无关。

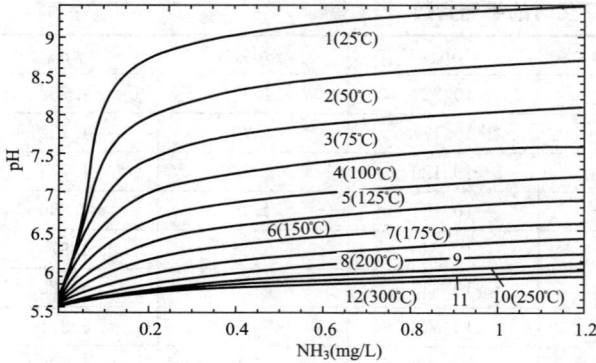

图 5-9　$a=0\sim1.2mg/L$、$b=0.1mg/L$、$c=0.1mg/L$ 时给水 pH 值随温度变化情况

四、锅炉给水系统腐蚀过程分析

对于目前 300MW 和 600MW 的主力机组，其给水回热过程中温度的变化过程如下：

（1）300MW 机组（SG1025/18.2-M 锅炉，N300-16.7/537/537 汽轮机）有 4 级低压加热器、1 级除氧器、3 级高压加热器，这 8 级回热加热系统的出口温度分别为：33.3℃（1 号低压加热器）→86.8℃（2 号低压加热器）→103.6℃（3 号低压加热器）→134.2℃（4 号低压加热器）→169.9℃（除氧器）→202℃（1 号高压加热器）→242.5℃（2 号高压加热器）→274.9℃（3 号高压加热器）。

（2）600MW 机组（HG2008/18.2-M 锅炉，N600-16.7/537/537 汽轮机）也有 4 级低压加热器、1 级除氧器、3 级高压加热器，其回热加热系统的出口温度分别为：60.9℃（1 号低压加热器）→86.1℃（2 号低压加热器）→102.7℃（3 号低压加热器）→130.3℃（4 号低压加热器）→167.7℃（除氧器）→198℃（1 号高压加热器）→239.3℃（2 号高压加热器）→271.2℃（3 号高压加热器）。

将 300MW 和 600MW 机组的给水升温过程与图 5-7、图 5-8 和图 5-9 比较可知：给水温度升高的同时，即使给水加氨量合格，其 pH 值也是降低的；尤其到高压加热器以后，给水温度超过 200℃，其 pH 值在 6.0 以下；3 号高压加热器到省煤器间其给水温度达到最高，pH 值在 5.0～6.0 之间，其腐蚀也是比较严重的（但给水到达汽包后，由碱性药剂调节锅炉水的 pH 值，情况是不同的）。

另外，从铁—水体系的高温电位-pH 图（200、300℃时）可知，温度升高后，其铁系合金的腐蚀区域扩大，免蚀区减小。因此，给水 pH 值降低是高压加热器、省煤器腐蚀的根本原因。

五、锅炉给水系统腐蚀防护方法

（1）随着锅炉给水温度的升高，纯水的 pH 值由中性变为酸性，氨溶液的 pH 值由碱性变为酸性，氨失去了碱化剂的功效。

（2）从高压加热器到省煤器，给水温度在 200℃以上，是给水 pH 值最低的回热加热段，因此也是腐蚀最严重的部分。

（3）既然高温下氨没有调节给水 pH 值的作用，对汽包锅炉建议将锅炉水碱性调节剂（如 NaOH）提前加到除氧器下降管，这样锅炉水加药量基本不变，但对于减缓高压加热器和省煤器管的腐蚀却大有好处；而对于直流锅炉，建议采用氧化性水工况，即通过加入适量的 O_2，使铁系合金进入二次钝化区而防蚀，这样，就主要是氧而不是氨起到了防腐作用。

第四节　高温状态下水化学工况研究

平衡磷酸盐处理（EPT）及低氢氧化钠—低磷酸盐处理正逐步成为汽包锅炉主导的锅炉

水工况控制方式，在加药量减少、汽水品质提高的情况下，锅炉水 pH 值的有效控制更引人关注。通常而言，锅炉水 pH 值的测量及控制是以常温（25℃）为标准的，但锅炉水的实际工况是高温状态。那么，在高温下锅炉水的 pH 值会怎样变化呢？下面将对此问题进行有关探讨。

一、各种温度下的有关平衡常数

表 5-3 给出了温度在 25～300℃之间时 H_3PO_4 的平衡常数随温度升高的变化情况（由 pK 值表现），H_2O、H_2CO_3、CH_3COOH 和 NH_3 的平衡常数变化情况见表 5-2。由表 5-2 和表 5-3 可知：随着温度的升高，H_2O 的离解平衡常数逐步增大（250℃时达到最大，随后又有所减小），其离解出来的 H^+ 也逐步增加，H_2O 由中性变为酸性；而 NH_3 的离解平衡常数则逐步减小，这意味着它的碱性与调节 pH 值的能力逐步减弱；H_3PO_4、H_2CO_3、CH_3COOH 的离解平衡常数在温度升高时总的变化趋势也是逐步减小，只有 H_3PO_4 的第三级电离平衡常数先增大，后减小。

表 5-3 温度变化时 H_3PO_4 的平衡常数

温度（℃）	25	50	75	100	125	150
pK_{a1}	2.15	2.29	2.45	2.62	2.79	2.96
pK_{a2}	7.20	7.19	7.25	7.33	7.44	7.57
pK_{a3}	12.34	12.18	12.09	12.05	12.05	12.07
温度（℃）	175	200	225	250	275	300
pK_{a1}	3.15	3.35	3.57	3.82	4.09	4.40
pK_{a2}	7.73	7.91	8.12	8.36	8.64	8.95
pK_{a3}	12.15	12.24	12.37	12.59	12.89	13.10

注　1. pK 为电解质电离平衡常数的负对数。
　　2. K_{a1}、K_{a2}、K_{a3} 为磷酸的三级电离平衡常数。

二、温度升高时锅炉水 pH 值变化情况

设锅炉水中含有 a mg/L 的磷酸盐，b mg/L 的氨和 c mg/L 的氢氧化钠，则锅炉水中存在的物种有：H^+、Na^+、NH_4^+、PO_4^{3-}、HPO_4^{2-}、$H_2PO_4^-$、H_3PO_4、OH^-、$NH_3 \cdot H_2O$。

根据电荷平衡原理，其电中性方程为

$$[H^+]+[NH_4^+]+[Na^+]=3[PO_4^{3-}]+2[HPO_4^{2-}]+[H_2PO_4^-]+[OH^-] \quad (5-36)$$

其根据物料平衡原理，方程式为

$$[PO_4]=[H_3PO_4]+[H_2PO_4^-]+[HPO_4^{2-}]+[PO_4^{3-}]=a/95\,000 \text{（mol/L）} \quad (5-37)$$

$$[Na^+]=3a/95\,000+c/40\,000 \text{（mol/L）} \quad (5-38)$$

$$[NH_3]=[NH_3 \cdot H_2O]+[NH_4^+]=b/17\,000 \text{（mol/L）} \quad (5-39)$$

$$[NH_4^+]=b/17\,000 \times K_b[H^+]/(K_b[H^+]+K_w) \text{（mol/L）} \quad (5-40)$$

式（5-40）中的 K_b、K_w 分别为 $NH_3 \cdot H_2O$ 和 H_2O 的电离平衡常数。

设 H_3PO_4 的三级电离平衡常数为 K_{a1}、K_{a2}、K_{a3}，PO_4^{3-}、HPO_4^{2-}、$H_2PO_4^-$ 的分配系数分别为 α_3、α_2、α_1；则 PO_4^{3-}、HPO_4^{2-}、$H_2PO_4^-$ 的浓度分别等于 $\alpha_3[PO_4]$、$\alpha_2[PO_4]$、$\alpha_1[PO_4]$，代入分配系数值为

$$3[PO_4^{3-}]+2[HPO_4^{2-}]+[H_2PO_4^-]=(3\alpha_3+2\alpha_2+\alpha_1) \times [PO_4]=a/95\,000 \times (3K_{a1}K_{a2}K_{a3}$$

$+2K_{a1}K_{a2}[H^+]+K_{a1}[H^+]^2)/([H^+]^3+K_{a1}[H^+]^2+K_{a1}K_{a2}[H^+]+K_{a1}K_{a2}K_{a3})$ (5-41)

将式（5-38）、式（5-40）和式（5-41）代入式（5-36），就得到计算锅炉水 pH 值的精确方程式（$x=[H^+]$）。

$$-1.292\times10^7K_{a1}K_{a2}K_{a3}K_w^2+323cK_{a1}K_{a2}K_{a3}K_wx-1.292\times10^7K_{a1}K_{a2}K_{a3}K_bK_wx$$
$$-1.292\times10^7K_{a1}K_{a2}K_w^2x+760bK_{a1}K_{a2}K_{a3}K_bx^2+323cK_{a1}K_{a2}K_{a3}K_bx^2+136aK_{a1}K_{a2}K_wx^2$$
$$+323cK_{a1}K_{a2}K_wx^2+1.292\times10^7K_{a1}K_{a2}K_{a3}K_wx^2-1.292\times10^7K_{a1}K_{a2}K_bK_wx^2$$
$$-1.292\times10^7K_{a1}K_w^2x^2+136aK_{a1}K_{a2}K_bx^3+760bK_{a1}K_{a2}K_bx^3+323cK_{a1}K_{a2}K_bx^3$$
$$+1.292\times10^7K_{a1}K_{a2}K_{a3}K_bx^3+272aK_{a1}K_wx^3+323cK_{a1}K_wx^3+1.292\times10^7K_{a1}K_{a2}K_wx^3$$
$$-1.292\times10^7K_{a1}K_bK_wx^3-1.292\times10^7K_w^2x^3+272aK_{a1}K_bx^4+760bK_{a1}K_bx^4+323cK_{a1}K_bx^4$$
$$+1.292\times10^7K_{a1}K_{a2}K_bx^4+408aK_wx^4+323cK_wx^4+1.292\times10^7K_{a1}K_wx^4-1.292\times10^7K_bK_wx^4$$
$$+408aK_bx^5+760bK_bx^5+323cK_bx^5+1.292\times10^7K_{a1}K_bx^5+1.292\times10^7K_wx^5+1.292\times10^7K_bx^6=0$$

(5-42)

在 a、b、c 及 K_{a1}、K_{a2}、K_{a3}、K_w、K_b 的数值确定后，即可求解式（5-42），得到该条件下的锅炉水 pH 值。

将表 5-2 中的 K_w、K_b 及表 5-3 中的 K_{a1}、K_{a2}、K_{a3} 的数值，及给定的 a mg/L Na_3PO_4，b mg/L NH_3 和 c mg/L NaOH 数值，代入式（5-42）即可求得对应 pH 值。表 5-4 给出了 H_2O 及给定浓度的 Na_3PO_4、NH_3、NaOH 在温度升高时各自 pH 值的变化情况。

图 5-7 和图 5-8 已经给出了纯水和纯 NH_3 溶液随温度升高时 pH 值的变化情况，图 5-10 和图 5-11 又分别给出了 Na_3PO_4 和 NaOH 在不同浓度下随温度升高时 pH 值的变化情况。图 5-10 中的曲线 1、2、3 分别对应 Na_3PO_4 质量浓度为 1.0、1.5、2.0mg/L 时的变化情况，图 5-11 中的曲线 1、2 分别对应 NaOH 质量浓度为 0.5、1.0mg/L 时的变化情况。

表 5-4　　　　 H_2O、Na_3PO_4、NH_3、NaOH 各种浓度下的 pH 值随温度变化情况

温度（℃）	纯水离解 pH	$a=1.0$ $b=0$ $c=0$	$a=1.5$ $b=0$ $c=0$	$a=2.0$ $b=0$ $c=0$	$a=0$ $b=0.5$ $c=0$	$a=0$ $b=1.0$ $c=0$	$a=0$ $b=0$ $c=0.5$	$a=0$ $b=0$ $c=1.0$
25	6.9965	9.0215	9.1954	9.3192	9.1868	9.3841	9.0899	9.3910
50	6.6360	8.3232	8.4906	8.6108	8.4722	8.6705	8.3691	8.6700
75	6.3545	7.8159	7.9719	8.0846	7.8966	8.0928	7.8065	8.1071
100	6.1320	7.4441	7.5940	7.7011	7.4244	7.6164	7.3624	7.6623
125	5.9570	7.1574	7.3103	7.4176	7.0339	7.2202	7.0143	7.3128
150	5.8210	6.9259	7.0855	7.1971	6.7087	6.8878	6.7451	7.0415
175	5.7205	6.7473	6.9126	7.0288	6.4414	6.6120	6.5477	6.8414
200	5.6510	6.6198	6.7883	6.9076	6.2235	6.3839	6.4122	6.7034
225	5.6110	6.5458	6.7159	6.8371	6.0531	6.2010	6.3347	6.6241
250	5.5980	6.5228	6.6939	6.8161	5.9271	6.0597	6.3096	6.5983
275	5.6120	6.5521	6.7239	6.8467	5.8483	5.9626	6.3366	6.6260
300	5.6505	6.6294	6.8019	6.9252	5.8137	5.9075	6.4112	6.7024

表 5-4 及图 5-7、图 5-8 和图 5-10、图 5-11 的计算结果表明：随着温度的升高，水与碱性调节剂的 pH 值均逐步降低，从常温下的中性与碱性降到了高温下酸性，这是一个有趣而值得考虑的问题。

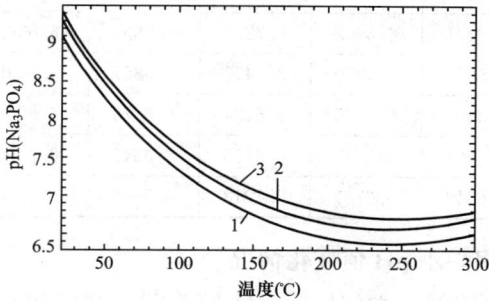

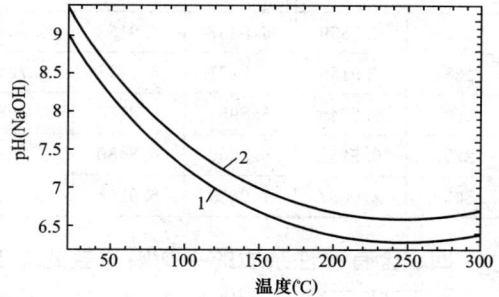

图 5-10　Na_3PO_4 的 pH 值在温度升高时的变化　　图 5-11　NaOH 的 pH 值在温度升高时的变化

在 200～600MW 机组热力系统中，凝结水温度在 40℃左右，通过低压加热器后达到 150℃左右，在高压除氧器中达到 158～178℃，然后经过高压加热器后达到 240～290℃，再经过省煤器升温后进入加有磷酸盐等药剂的汽包中。因此，表 5-4 的数据可以为分析给水、锅炉水的 pH 值变化情况提供参考。

三、平衡磷酸盐处理工况下锅炉水 pH 值变化情况

对于平衡磷酸盐处理（EPT）工况，在高温下其锅炉水 pH 值会怎样变化呢？只要将 a、b、c 值及不同温度下的平衡常数代入式（5-42）解方程，即可计算出任意 EPT 时的锅炉水 pH 值。表 5-5 给出了几个典型的 EPT 工况下锅炉水 pH 值的计算结果。表 5-5 中的数据是在两种情况下计算的，一种是 NaOH 质量浓度为 0，Na_3PO_4 质量浓度分别为 2.4、2.0、1.5、1.0mg/L 时锅炉水 pH 值的变化情况；另一种是 Na_3PO_4 质量浓度为 1.0mg/L，NaOH 质量浓度分别为 0.1、0.2、0.3、0.4mg/L 时锅炉水 pH 值的变化情况。计算中 NH_3 的含量基本固定在 0.2mg/L（为了对比，第二列给出了 $[NH_3]=0.1$mg/L 时的计算结果），因为加入到给水中的 0.8～1.2mg/L 的 NH_3 总会在锅炉水中有所表现。

表 5-5 的计算结果表明，虽然随着温度的升高锅炉水 pH 值是下降的，但同一条件下，随着 Na_3PO_4、NaOH 浓度的增加，锅炉水 pH 值还是上升的。

表 5-5　　　　　　　　　EPT 时锅炉水 pH 值随温度变化情况

温度（℃）	$a=2.4$ $b=0.1$ $c=0$	$a=2.4$ $b=0.2$ $c=0$	$a=2.0$ $b=0.2$ $c=0$	$a=1.5$ $b=0.2$ $c=0$	$a=1.0$ $b=0.2$ $c=0$	$a=1.0$ $b=0.2$ $c=0.1$	$a=1.0$ $b=0.2$ $c=0.2$	$a=1.0$ $b=0.2$ $c=0.3$	$a=1.0$ $b=0.2$ $c=0.4$
25	9.4351	9.4666	9.4068	9.3202	9.2151	9.2674	9.3148	9.3582	9.3980
50	8.7238	8.7546	8.6957	8.6100	8.5057	8.5561	8.6020	8.6442	8.6832
75	8.1862	8.2119	8.1537	8.0684	7.9631	8.0097	8.0528	8.0927	8.1299
100	7.7893	7.8074	7.7492	7.6625	7.5521	7.5944	7.6338	7.6706	7.7051
125	7.4978	7.5095	7.4490	7.3569	7.2362	7.2762	7.3134	7.3483	7.3810
150	7.2750	7.2824	7.2176	7.1175	6.9838	7.0239	7.0611	7.0958	7.1282
175	7.1067	7.1114	7.0420	6.9340	6.7884	6.8299	6.8681	6.9035	6.9365

温度（℃）	$a=2.4$ $b=0.1$ $c=0$	$a=2.4$ $b=0.2$ $c=0$	$a=2.0$ $b=0.2$ $c=0$	$a=1.5$ $b=0.2$ $c=0$	$a=1.0$ $b=0.2$ $c=0$	$a=1.0$ $b=0.2$ $c=0.1$	$a=1.0$ $b=0.2$ $c=0.2$	$a=1.0$ $b=0.2$ $c=0.3$	$a=1.0$ $b=0.2$ $c=0.4$
200	6.9859	6.9887	6.9158	6.8019	6.6471	6.6902	6.7297	6.7661	6.8000
225	6.9155	6.9171	6.8418	6.7240	6.5625	6.6070	6.6477	6.6851	6.7196
250	6.8945	6.8954	6.8186	6.6982	6.5321	6.5778	6.6194	6.6575	6.6926
275	6.9252	6.9256	6.8480	6.7261	6.5568	6.6033	6.6455	6.6841	6.7196
300	7.0037	7.0039	6.9258	6.8029	6.6316	6.6787	6.7213	6.7602	6.7960

四、含有酸性杂质的平衡磷酸盐处理工况下锅炉水 pH 值变化情况

在 EPT 工况下，设锅炉水中含有 d mg/L 的 CO_2，e mg/L 的 CH_3COOH，则锅炉水中存在的物种有：H_2CO_3、HCO_3^-、CO_3^{2-}、CH_3COOH、CH_3COO^-、H_3PO_4、$H_2PO_4^-$、HPO_4^{2-}、PO_4^{3-}、$NH_3 \cdot H_2O$、NH_4^+、Na^+、H^+、OH^-。其电中性方程为

$$[NH_4^+]+[H^+]+[Na^+]=2[CO_3^{2-}]+[HCO_3^-]+3[PO_4^{3-}]+2[HPO_4^{2-}]$$
$$+[H_2PO_4^-]+[CH_3COO^-]+[OH^-] \qquad (5-43)$$

由物料平衡原理，方程式为

$$[CO_2]=[H_2CO_3]+[HCO_3^-]+[CO_3^{2-}]=d/44\,000 \text{（mol/L）} \qquad (5-44)$$

$$[乙酸]=[CH_3COOH]+[CH_3COO^-]=e/60\,000 \text{（mol/L）} \qquad (5-45)$$

$$[CH_3COO^-]=e/60\,000 \times K_{a6}/(K_{a6}+[H^+]) \qquad (5-46)$$

$$2[CO_3^{2-}]+[HCO_3^-]=d/44\,000 \times (2K_{a4}K_{a5}+K_{a4}[H^+])/([H^+]^2+K_{a4}[H^+]+K_{a4}K_{a5})$$
$$(5-47)$$

将式（5-38）、式（5-40）、式（5-41）、式（5-46）和式（5-47）代入式（5-43），即可得到含有酸性杂质时计算锅炉水 pH 值的精确方程式（略）。

表 5-6 给出了由此方程式在 $a=0.5$ mg/L 及 1.0 mg/L，b、c、d、e 各等于 0.2 mg/L 时，不同温度下锅炉水 pH 值的计算结果。与表 5-5 的第八列比较可以发现酸性杂质的影响程度。

图 5-12 和图 5-13 给出了不同温度下 $a=0\sim1.0$ mg/L，b、c、d、e 各为 0.2 mg/L 时锅炉水 pH 值计算结果，图 5-12 和图 5-13 中曲线 $1\sim12$ 分别对应 $25\sim300$℃ 的结果。

表 5-6　　　　　　　　　含有酸性杂质时锅炉水 pH 值计算结果

温度（℃）	25	50	75	100	125	150
$a=0.5$	8.9861	8.2859	7.7489	7.3392	7.0220	6.7736
$a=1.0$	9.1407	8.4399	7.9063	7.5061	7.2020	6.9647

温度（℃）	175	200	225	250	275	300
$a=0.5$	6.5857	6.4501	6.3688	6.3420	6.3718	6.4669
$a=1.0$	6.7871	6.6619	6.5894	6.5681	6.6003	6.6900

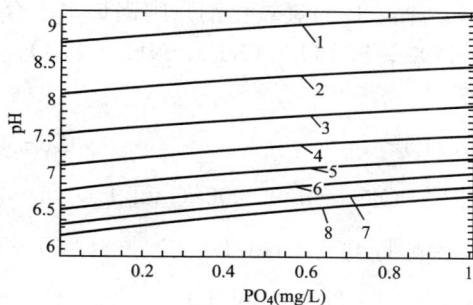

图 5-12　25~200℃时锅炉水 pH 值

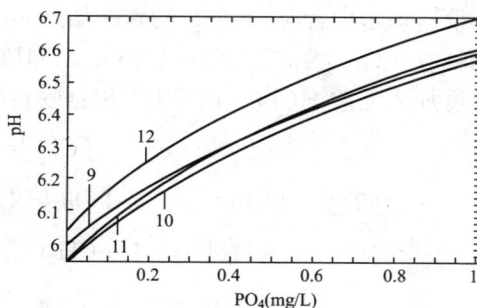

图 5-13　225~300℃时锅炉水 pH 值

五、高温状态下水化学工况基本结果

（1）由表 5-3 及上节表 5-2 可知：当水温从 25℃升高到 300℃时，水、氨的 pH 值分别从中性与碱性降低到酸性，且分别在 250℃和 300℃左右降到最低点。由表 5-4 的计算结果可知：在正常运行的锅炉炉前水系统中，从低压加热器出口开始，即使在加氨量合格的前提下，给水的 pH 值仍呈酸性，并在高压加热器出口前后达到最小值，随后略有上升，这意味着在此区间它们的腐蚀是比较严重的（事实上，省煤器管也确实在相对温度不高的情况下腐蚀较严重）。

（2）锅炉水的 pH 值比想象的低许多，虽然从 250℃开始，水的离解常数是上升的（在 350℃时达到 $pK_w = 12.3$，对应纯水的 pH 值为 6.15），但碱性物质（磷酸盐、氢氧化钠、氨）的离解常数仍是随温度升高而减小的，因此，锅炉水 pH 值在上述计算中呈中性或偏弱酸性。由表 5-4 可知：氢氧化钠在高温下对锅炉水 pH 值的调节能力相对强一些。

（3）利用本节方程式可以精确计算任意 EPT 工况（包括含酸性杂质）在任意温度下（根据表 5-2 和表 5-3 的平衡常数）锅炉给水、锅炉水的 pH 值。

第五节　锅炉水缓冲强度的计算

一、锅炉水缓冲强度的含义

调节锅炉给水与锅炉水的水质状况，保证热力系统中与水接触的金属面处于最佳防蚀状态，及获得合格的水汽品质是锅炉水化学工况的基本任务。锅炉水的缓冲容量表征在外来酸碱冲击下（如加药量突变、凝汽器泄漏等），锅炉水 pH 值的波动程度。因为锅炉水 pH 值稳定与否是评价锅炉水化学工况优劣的关键指标，因此，锅炉水的缓冲容量也成为评价锅炉水化学工况的重要参数。

下面探讨锅炉常见水化学工况如磷酸盐处理（PT）、低磷酸盐处理、平衡磷酸盐处理（EPT）、低氢氧化钠—低磷酸盐处理、氢氧化钠处理（CT）、挥发性处理（AVT），及氧化性水工况的中性水处理（NWT）与联合水处理（CWT）的缓冲容量比较计算结果。

二、锅炉水化学工况的缓冲容量公式推导

缓冲容量（用 α 表示）是指使 pH 值变化 1 个单位所需要加入的强酸或强碱量（mol/L），$\alpha = \int_{pH_1}^{pH_2} \beta dpH$。其中，$\beta$ 为溶液的缓冲指数。因此，要求出溶液的缓冲容量 α，必须先求出溶液的缓冲指数 β。

设锅炉水中含有 a mg/L 的磷酸盐，b mg/L 的氨，c mg/L 的氢氧化钠，则锅炉水中存在的物种有：H^+、Na^+、NH_4^+、PO_4^{3-}、HPO_4^{2-}、$H_2PO_4^-$、H_3PO_4、OH^-、$NH_3 \cdot H_2O$。

设加入强酸 HCl C_A mol/L，根据物料平衡原理

$$[Cl^-]=C_A \ (mol/L) \tag{5-48}$$

$$[PO_4]=[H_3PO_4]+[H_2PO_4^-]+[HPO_4^{2-}]+[PO_4^{3-}]=a/95\ 000 \ (mol/L) \tag{5-49}$$

$$[NH_3]=[NH_3 \cdot H_2O]+[NH_4^+]=b/17\ 000 \ (mol/L) \tag{5-50}$$

$$[NH_4^+]=b/17\ 000 \times K_b[H^+]/(K_b[H^+]+K_w) \ (mol/L) \tag{5-51}$$

根据电荷平衡原理，其电中性方程为

$$[H^+]+[NH_4^+]+[Na^+]=3[PO_4^{3-}]+2[HPO_4^{2-}]+[H_2PO_4^-]+[OH^-]+[Cl^-] \tag{5-52}$$

则 $C_A=[H^+]+[NH_4^+]+[Na^+]-3[PO_4^{3-}]-2[HPO_4^{2-}]-[H_2PO_4^-]-[OH^-]$ $\tag{5-53}$

其缓冲指数 β 为

$$\beta=-\frac{dC_A}{dpH}=-\frac{dC_A}{d[H^+]} \cdot \frac{d[H^+]}{dpH}=2.3[H^+]\frac{dC_A}{d[H^+]} \tag{5-54}$$

将式（5-53）代入式（5-54），得

$$\beta=2.3[H^+]\left(\frac{d[H^+]}{d[H^+]}+\frac{d[NH_4^+]}{d[H^+]}+\frac{d[Na^+]}{d[H^+]}-3\frac{d[PO_4^{3-}]}{d[H^+]}-2\frac{d[HPO_4^{2-}]}{d[H^+]}\right.$$
$$\left.-\frac{d[H_2PO_4^-]}{d[H^+]}-\frac{d[OH^-]}{d[H^+]}\right) \tag{5-55}$$

设 H_3PO_4 的三级电离平衡常数为 K_{a1}、K_{a2}、K_{a3}，$H_2PO_4^-$、HPO_4^{2-}、PO_4^{3-} 的分配系数为 δ_1、δ_2、δ_3，则 PO_4^{3-}、HPO_4^{2-}、$H_2PO_4^-$ 浓度分别等于 $\delta_3[PO_4]$、$\delta_2[PO_4]$、$\delta_1[PO_4]$。其中，δ_1、δ_2、δ_3 的表达式为

$$\delta_1=\frac{K_{a1}[H^+]^2}{[H^+]^3+K_{a1}[H^+]^2+K_{a1}K_{a2}[H^+]+K_{a1}K_{a2}K_{a3}} \tag{5-56}$$

$$\delta_2=\frac{K_{a1}K_{a2}[H^+]^2}{[H^+]^3+K_{a1}[H^+]^2+K_{a1}K_{a2}[H^+]+K_{a1}K_{a2}K_{a3}} \tag{5-57}$$

$$\delta_3=\frac{K_{a1}K_{a2}K_{a3}}{[H^+]^3+K_{a1}[H^+]^2+K_{a1}K_{a2}[H^+]+K_{a1}K_{a2}K_{a3}} \tag{5-58}$$

又 $\frac{d[H^+]}{d[H^+]}=1$，$\frac{d[Na^+]}{d[H^+]}=0$，$\frac{d[OH^-]}{d[H^+]}=-\frac{K_w}{[H^+]^2}$

将此结果及式（5-51）、式（5-56）～式（5-58）代入式（5-55）中，得

$$\beta=2.3\left\{[H^+]+\frac{K_w}{[H^+]}+\frac{bK_wK_b[H^+]}{17\ 000(K_b[H^-]+K_w)^2}\right.$$

$$\left.+\frac{a(K_{a1}[H^+]^5+4K_{a1}K_{a2}[H^+]^4+K_{a1}^2K_{a2}[H^+]^3+9K_{a1}K_{a2}K_{a3}[H^+]^3+4K_{a1}^2K_{a2}K_{a3}[H^+]^2+K_{a1}^2K_{a2}^2K_{a3}[H^+])}{95\ 000([H^+]^3+K_{a1}[H^+]^2+K_{a1}K_{a2}[H^+]+K_{a1}K_{a2}K_{a3})^2}\right\}$$

$$=2.3\left\{[H^+]+\frac{K_w}{[H^+]}+\frac{b}{17\ 000}\delta_4\delta_5+\frac{a}{95\ 000}(\delta_0\delta_1+\delta_1\delta_2+\delta_2\delta_3+4\delta_0\delta_2+9\delta_0\delta_3+4\delta_1\delta_3)\right\}$$

$$\tag{5-59}$$

式（5-59）即为磷酸盐、氨、氢氧化钠三种碱化剂共存时的缓冲指数计算公式。

$$\delta_4 = \frac{K_w}{K_b[H^+] + K_w} \tag{5-60}$$

$$\delta_5 = \frac{K_b[H^+]}{K_b[H^+] + K_w} \tag{5-61}$$

$$\delta_0 = \frac{[H^+]^3}{[H^+]^3 + K_{a1}[H^+]^2 + K_{a1}K_{a2}[H^+] + K_{a1}K_{a2}K_{a3}} \tag{5-62}$$

式（5-59）表明，三种碱化剂共存时的缓冲指数与碱化剂浓度（a、b、c 值）及与此浓度相对应的 pH 值相关。因此，要计算某一浓度下碱化剂溶液的缓冲指数，首先要计算出其 pH 值，再将碱化剂浓度和 pH 值代入式（5-59）得到缓冲指数值 β。三种碱化剂共存时的 pH 值计算通式见式（5-7），式（5-7）中代入了 25℃时的平衡常数，式（5-59）中平衡常数值与此相同。

三、锅炉水化学工况的缓冲指数计算结果

1. 纯磷酸盐处理时的缓冲指数计算结果

表 5-7 给出了不同磷酸盐浓度对应的 pH 值及其缓冲指数计算结果；而 $a=0\sim3$mg/L 时所对应的锅炉水缓冲指数计算结果如图 5-14 所示。

表 5-7　　　　　　　　　　不同磷酸盐浓度相对应的 pH 值及其缓冲指数

$[PO_4]$ (mg/L)	0.5	1.0	2.0	3.0	9.5 (10^{-4}M)	95 (10^{-3}M)	950 (0.01M)	9500 (0.1M)
pH	8.733	9.028	9.326	9.501	9.999	10.982	11.877	12.577
β ($\times10^{-5}$)	1.281	2.495	4.920	7.345	23.103	230.004	2162.24	14 108.8

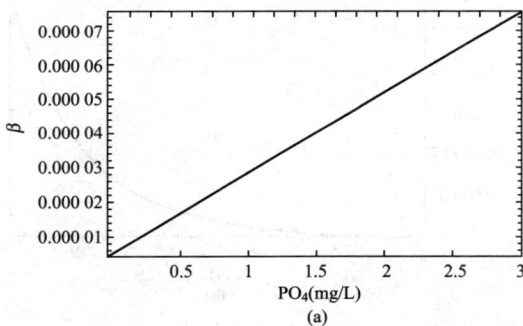

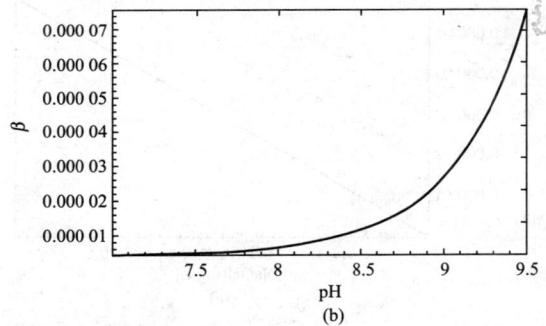

图 5-14　$a=0\sim3$mg/L 时所对应的锅炉水缓冲指数计算结果

（a）锅炉水缓冲指数 β 与 $[PO_4^{3-}]$ 关系曲线；（b）锅炉水缓冲指数 β 与 pH 值关系曲线

2. 纯氨处理时的缓冲指数计算结果

表 5-8 给出了不同氨浓度对应的 pH 值及其缓冲指数计算结果；而 $b=0\sim1$mg/L 时所对应的锅炉水缓冲指数计算结果如图 5-15 所示。

表 5-8　　　　　　　　　　不同氨浓度相对应的 pH 值及其缓冲指数

$[NH_3]$ (mg/L)	0.1	0.3	0.5	1.0	1.7 (10^{-4}M)	17 (10^{-3}M)	170 (0.01M)	1700 (0.1M)
pH	8.670	9.040	9.196	9.393	9.536	10.099	10.618	11.125
β ($\times10^{-5}$)	1.298	3.482	5.303	9.006	13.113	54.196	187.482	610.232

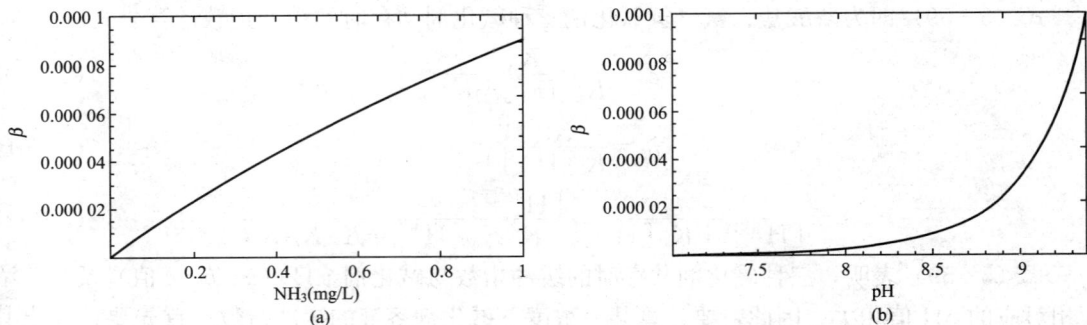

图 5-15 $b=0\sim1mg/L$ 时所对应的锅炉水缓冲指数计算结果

(a) 锅炉水缓冲指数 β 与 [NH₃] 关系曲线;(b) 锅炉水缓冲指数 β 与 pH 值关系曲线

3. 纯氢氧化钠处理时的缓冲指数计算结果

表 5-9 给出了不同 NaOH 浓度对应的 pH 值及其缓冲指数计算结果;而 $c=0\sim1mg/L$ 时所对应的锅炉水缓冲指数计算结果如图 5-16 所示。

表 5-9 不同氢氧化钠浓度相对应的 pH 值及其缓冲指数

[NaOH] (mg/L)	0.1	0.3	0.5	1.0	4.0 (10^{-4}M)	40 (10^{-3}M)	400 (0.01M)	4000 (0.1M)
pH	8.399	8.875	9.097	9.398	10.000	11.000	12.000	13.000
β（$\times10^{-5}$）	0.578	1.728	2.879	5.758	23.030	230.30	2303.0	23030.0

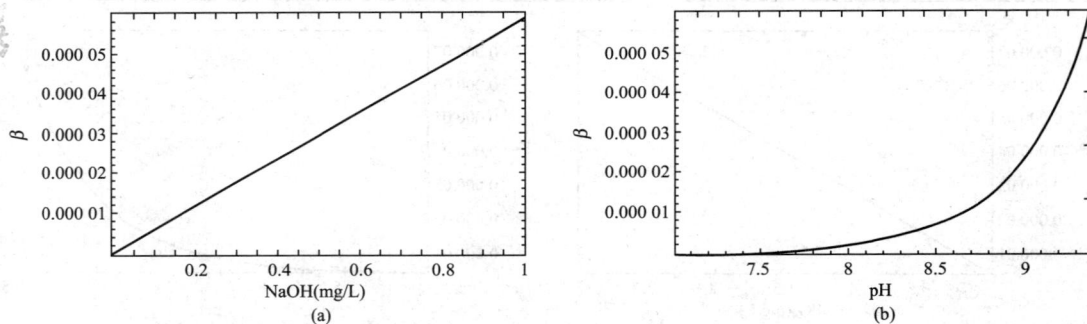

图 5-16 $c=0\sim1mg/L$ 时所对应的锅炉水缓冲指数计算结果

(a) 锅炉水缓冲指数 β 与 [NaOH] 关系曲线;(b) 锅炉水缓冲指数 β 与 pH 值关系曲线

4. 磷酸盐+氨处理时的缓冲指数计算结果

图 5-17 给出了 $a=0\sim3mg/L$,$b=0\sim0.4mg/L$ 时所对应的锅炉水缓冲指数计算结果,图 5-17 中曲线 0~4 分别表示 $b=0$、0.1、0.2、0.3、0.4mg/L 时的情况。

5. 氢氧化钠+氨处理时的缓冲指数计算结果

图 5-18 给出了 $c=0\sim1mg/L$,$b=0\sim0.4mg/L$ 时所对应的锅炉水缓冲指数计算结果,图 5-18 中曲线 0~4 分别表示 $b=0$、0.1、0.2、0.3、0.4mg/L 时的情况。

6. 磷酸盐+氢氧化钠+氨处理时的缓冲指数计算结果

图 5-19 给出了 $a=0\sim3mg/L$,$b=0\sim0.4mg/L$,$c=0\sim0.4mg/L$ 时所对应的锅炉水

缓冲指数计算结果，图 5-19 中曲线 0～4 分别表示 b、c＝0、0.1、0.2、0.3、0.4mg/L 时的情况。

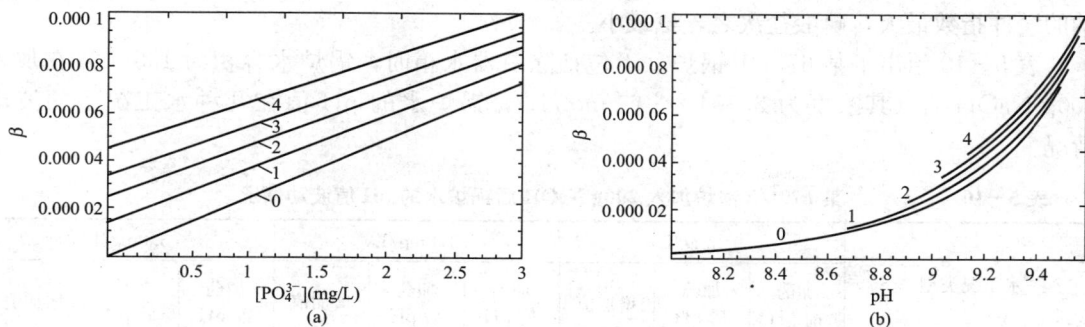

图 5-17　a＝0～3mg/L，b＝0～0.4mg/L 时所对应的锅炉水缓冲指数计算结果
（a）锅炉水缓冲指数 β 与 $[PO_4^{3-}]$ 关系曲线；（b）锅炉水缓冲指数 β 与 pH 值关系曲线

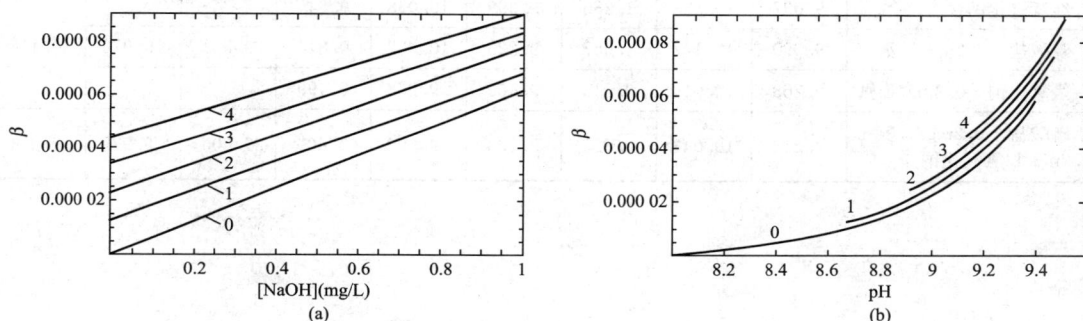

图 5-18　c＝0～1mg/L，b＝0～0.4mg/L 时所对应的锅炉水缓冲指数计算结果
（a）锅炉水缓冲指数 β 与 $[NaOH]$ 关系曲线；（b）锅炉水缓冲指数 β 与 pH 值关系曲线

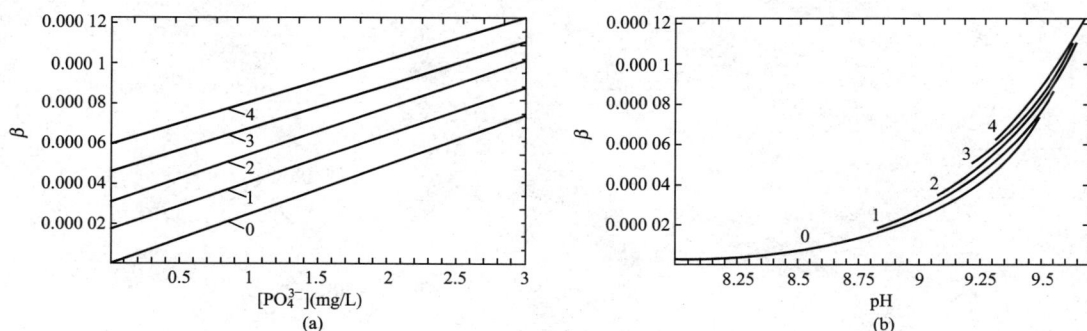

图 5-19　a＝0～3mg/L，b、c＝0～0.4mg/L 时所对应的锅炉水缓冲指数计算结果
（a）锅炉水缓冲指数 β 与 $[PO_4^{3-}]$ 关系曲线；（b）锅炉水缓冲指数 β 与 pH 值关系曲线

四、计算结果

（1）锅炉水的 pH 值随碱化剂浓度的增加而升高，因此，其缓冲指数也随碱化剂浓度的增加而升高，尤其是在碱化剂浓度大于 0.001mol/L 以后，缓冲指数急剧升高。

（2）比较表 5-7～表 5-9 可知，在低碱化剂浓度下（如小于 1mg/L），氨的缓冲指数最大，氢氧化钠次之，磷酸盐最小；这是锅炉水工况中常用的碱化剂浓度范围，其结果与通常认为磷酸盐缓冲指数最大的结论相反。但在高碱化剂浓度下（如大于 0.001mol/L），氢氧化钠的缓冲指数最大，磷酸盐次之，氨最小。

表 5-10 给出了某 670t/h 锅炉（不包括除氧器水箱时，锅炉水容积为 135m³）在加入 200g NaOH 后（其浓度为 3.704×10^{-5} mol/L），锅炉水的 pH 值在几种水工况下的波动情况。

表 5-10　　　　　某 670t/h 锅炉加入 200g NaOH 后锅炉水的 pH 值波动情况

水工况类型	0.5mg/L			1.0mg/L			3.0mg/L		
	加药前 pH	加药后 pH	增加值	加药前 pH	加药后 pH	增加值	加药前 pH	加药后 pH	增加值
纯磷酸盐	8.733	11.624	2.891	9.028	10.512	1.484	9.501	10.005	0.504
纯氨	9.196	9.894	0.698	9.393	9.804	0.411			
纯氢氧化钠	9.097	10.383	1.286	9.398	10.038	0.64			
磷酸盐＋0.2mg/L 氨	9.090	10.147	1.057	9.223	10.037	0.814	9.552	9.970	0.418
氢氧化钠＋0.2mg/L 氨	9.263	10.019	0.756	9.469	9.968	0.499			
磷酸盐＋0.2mg/L 氨＋0.2mg/L 氢氧化钠	9.216	10.043	0.827	9.323	9.992	0.669	9.605	9.979	0.374

蒸汽污染及防止措施

污染蒸汽的因素一般包括锅炉水水滴的机械携带、盐类的溶解携带和减温水的污染，其中溶解携带除与汽包的压力有关外，还与锅炉的给水处理方式和锅炉水处理方式有关。对于亚临界汽包锅炉，蒸汽的污染以溶解携带为主。本章主要介绍影响汽包锅炉蒸汽品质的各种因素。

第一节 污染蒸汽的因素

一、给水处理方式对蒸汽品质的影响

给水处理方式对蒸汽品质的影响是人为因素，可通过选用不同的处理方式改善蒸汽的品质。

对于直流锅炉，无论采用哪种给水处理方式，大部分杂质在给水中的浓度与在蒸汽中的浓度相当，但对于少数个别物质，尤其是腐蚀产物，水处理方式有一定的影响。例如，对于有铜系统，如果给水采用 AVT（R）方式，蒸汽的铜含量要低些；如果给水采用 AVT（O）方式，蒸汽的含铜量会增高；若采用 OT 方式，蒸汽的含铜量会更高，有时甚至可将已经沉积的铜垢溶出，并向汽轮机转移。对于无铜系统，各种水处理方式对蒸汽的品质影响不大，因为各种形态的铁的腐蚀产物都不容易被蒸汽携带。

对于汽包锅炉，由于给水中的杂质在汽包内进行分离，所以无论采用何种给水处理方式，对蒸汽品质的影响都比直流锅炉小，主要以杂质的溶解携带为主。如果给水、锅炉水的处理方式改变了锅炉水中杂质的氧化还原状态，通常会产生较大的影响。如采用加氧处理时，将给水中的铜腐蚀产物氧化成高价状态，溶解携带就明显增加。

二、影响过热器积盐的因素

除给水处理方式外，影响蒸汽品质，造成过热器积盐的另一类因素是水质和设备因素，它与给水水质、锅炉水水质和汽包的汽水分离效果以及运行压力有关。

1. 给水水质

现代大型锅炉都是通过喷水减温（喷锅炉给水）来控制过热蒸汽的温度。在正常设计中，最大喷水量为给水流量的 $3\% \sim 5\%$。如果给水水质较差，给水在过热蒸汽中被完全蒸干的过程中，盐类就可能析出。盐类在蒸汽中的溶解度与蒸汽压力有关，压力越高溶解度越大。由于所有蒸汽都要在过热器和汽轮机中相继降压，并最终降到负压，所以随着蒸汽压力的下降，盐类的溶解度也会逐渐降低。在蒸汽循环系统中以钠盐为主，综合各类钠盐的溶解度，其极限溶解度为 $10\mu g/kg$。所以，在电力行业中，亚临界压力以下的锅炉，蒸汽含钠量标准均规定为 $10\mu g/kg$。

通常规定，锅炉给水水质与蒸汽相当，主要是防止因喷水减温影响蒸汽质量。所以，当凝汽器泄漏而又没有进行凝结水处理时，就会影响给水质量，进而影响蒸汽质量。例如，某

海滨火电厂，由于凝汽器钛管被高温疏水冲刷而泄漏，该机组又没有配置凝结水精处理设备，导致蒸汽含钠量严重超标，使过热器、汽轮机严重积盐。凝汽器泄漏3.25h，过热器、汽轮机积盐的厚度高达2mm以上。

2. 机械携带

汽包的汽水分离效果差，产生机械携带，无疑会引起过热器的积盐。为了减少机械携带，汽包内设有旋风分离器、波纹板和百叶窗等汽水分离装置。汽水分离装置的一次分离元件是旋风分离器，一般沿汽包长度方向分前后两排布置。汽水分离过程如下：从汽包上升管来的汽水混合物，经引入管沿着汽包壁与弧形衬板所形成的狭窄环形通道流下，轴向进入旋风分离器的内套筒，内套筒装有固定螺旋形叶片，使汽水混合物产生旋转运动，靠离心力的作用将水滴抛向内壁，并沿壁流下，蒸汽则在内套筒中部向上流动。在螺旋叶片上部装有波纹板状环形导向圈，挡住蒸汽中夹杂的细小水滴，并将其引向内外套筒之间的环形通道，返回汽包的水空间，这是第一次分离。被分离的蒸汽进入波形板分离器后，蒸汽在波形板间经过多次改变方向，依靠惯性力将水滴再次分离，水滴沿板面流下，这是第二次分离。再次被分离的蒸汽以比较低的流速通过与汽包长度方向垂直的波纹板干燥器，使已经形成雾状的残余水滴能在波形板滴下，这是第三次分离。蒸汽经过三次分离后，由汽包顶部的饱和蒸汽引出管引至顶棚过热器。通过三次汽水分离后，300MW及以上机组的饱和蒸汽机械携带率通常小于0.2%，汽水分离效果最好的锅炉可以达到0.01%以下。如果汽水分离装置不正常，机械携带就会增加。例如，锅炉运行过程中，有的旋风分离器倾斜、倒塌或波纹板脱落，汽水分离就失去了应有的功能。这种现象有时不能被觉察到，例如，蒸汽分甲、乙侧取样，在检测过程中只检测某一侧，或检测甲、乙蒸汽的混合样，或分离效果不好的一侧，蒸汽流量所占比例太小，这都可能导致过热器的积盐。

对于超高压及以下等级的锅炉，汽包内一般装有给水洗汽装置。通常用于洗汽的给水占总给水量的50%。这样即使蒸汽含有水滴，通过给水洗汽后，未被分离的水滴会溶入给水中，而这时也可能带有更多的水滴，但是该水滴已经不是锅炉水而是给水，所以蒸汽的含盐量要低得多。

3. 溶解携带

蒸汽有溶解携带各种杂质的能力。超高压及以下等级的锅炉，对于钠盐，以机械携带为主；对于SiO_2，溶解携带和机械携带有一定比例，随着压力的增高，溶解携带的比例增大。而亚临界汽包锅炉，几乎所有杂质都以溶解携带为主。杂质溶解携带量与锅炉水中该杂质的浓度成正比。在同一压力下，蒸汽中某种物质的浓度与其锅炉水中的浓度之比，称为该物质的汽水分配系数，通常用K表示。水汽系统中常见物质在不同压力下的K值如图6-1所示。

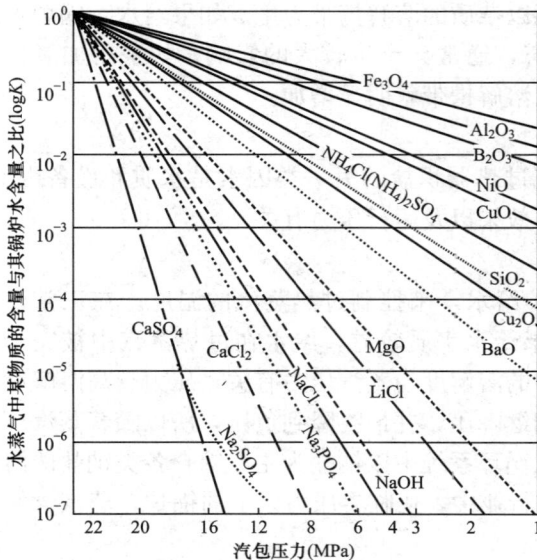

图6-1 汽包压力与汽水分配系数的关系

为了提高锅炉的热效率，现代大型锅炉大都是变压运行，即锅炉压力随着负荷的升高而增高，如 300MW 及以上容量的机组在正常运行时，汽包压力的变化范围一般在 11.0～19.5MPa。也就是说，与低负荷相比，锅炉在高负荷运行时杂质的溶解携带更加严重。

三、防止过热蒸汽系统积盐的措施

（1）保证给水质量。对于采用喷水减温的锅炉，应保证给水质量与蒸汽标准所规定的各项化学指标相当，这对于亚临界锅炉非常重要。

（2）使锅炉处于最佳运行工况，尽量减少杂质的机械携带。这里所说最佳运行工况是指合适的汽包水位、合适的锅炉水含盐量及合理的锅炉水排污量，且锅炉在最高允许负荷以下运行。杂质的机械携带除了与汽包水位有关外，还与汽水分离装置有关。一般通过锅炉热化学试验来获得最佳运行工况的各项指标，并可检验汽水分离效果。通过对全国几十台不同参数的锅炉热化学试验的结果汇总，得出图 6-2 和图 6-3 所示的锅炉水含钠量、含硅量与汽包压力的关系。这些试验的化学控制方式为给水采用 AVT（R），锅炉水采用 PT 或 AVT，试验包括了汽包高（＋100mm）、中（－15～＋15mm）、低水位（－100mm）及水位变化速率（10～20mm/min）；高负荷（额定负荷的 100％～105％）、低负荷（额定负荷的 50％～60％）以及负荷变化速率（额定电负荷的1％～3％/min 时的变化情况）。在同一压力下，杂质的溶解携带是一定的，而机械携带则取决于汽包的汽水分离效果的优劣。所检测的蒸汽的杂质含量是机械携带和溶解携带之和。

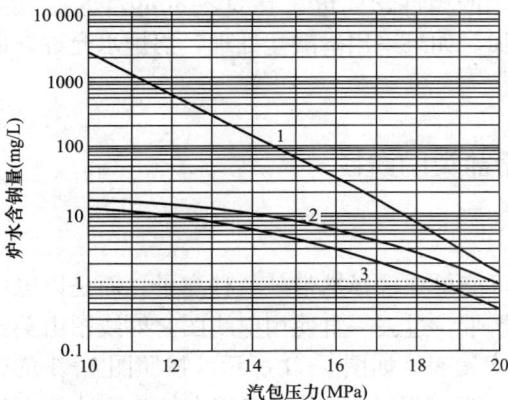

图 6-2　蒸汽含钠量为 $10\mu g/kg$ 时，锅炉水
　　　　含钠量与汽包压力的关系

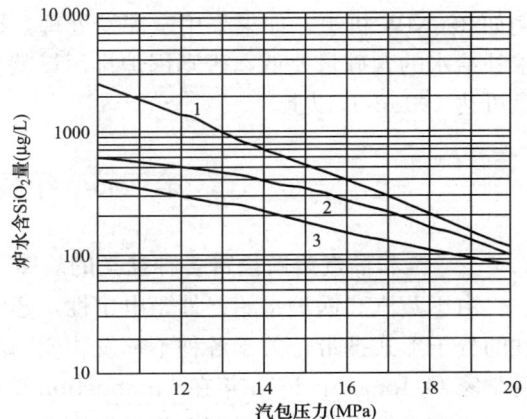

图 6-3　蒸汽含硅量为 $20\mu g/kg$ 时，锅炉水
　　　　含硅量与汽包压力的关系

图 6-2 和图 6-3 中的曲线 1 是溶解携带，曲线 2 是汽水分离效果较好的锅炉水最高允许含钠量和含硅量，曲线 3 是汽水分离效果稍差的锅炉水最高允许含钠量和含硅量。实际上运行在第 3 条曲线上的锅炉，排污率应有所加大，稍有不慎，过热器和汽轮机就会发生积盐现象。而在曲线 3 以下运行的锅炉，过热器和汽轮机也都有不同程度的积盐现象。

（3）适当的锅炉排污。由于锅炉在一定的负荷下运行时，其汽包的运行压力通常不能改变，而在该压力下的汽水分配系数又是一个定值，所以减少锅炉水中盐类的浓度，就可以减少蒸汽的含盐量。对于高参数机组，大多都采用二级除盐水作为锅炉补给水，所以当凝汽器无泄漏或凝结水进行 100％精处理时，锅炉排污量非常小。但是很多火电厂由于没有做热化学试验，无法确定最佳运行参数，为了安全起见，锅炉连续排污控制在 $1\%\sim2\%$。某台进行过热化学试验的锅炉，由于确定了锅炉的最佳运行参数，在确认汽水分离效果达到要求时，锅炉的排污率定为 0.3%，即原水电部 1994 年规定的最小排污率，这一规定主要是为了防止锅炉水中的氧化铁形成二次水垢。有定期排污的锅炉，一般每周排 $1\sim2$ 次即可。定期排污应在低负荷下进行，这不但可最大限度地节水、节能，而且由于盐类隐藏的特殊性，在低负荷下排污还可起到事半功倍的效果。

（4）根据锅炉运行特性和给水水质选用合理的锅炉水处理方式。锅炉在相同的运行工况下，不同的锅炉水处理方式对蒸汽品质的影响很大。例如，如果锅炉水采用磷酸盐处理，蒸汽总要按锅炉水中的磷酸根浓度，以一定比例携带盐类杂质。在凝汽器无泄漏的情况下，应尽量减少向锅炉中加磷酸盐。当锅炉汽包压力特别高时，磷酸盐的溶解携带更严重。研究发现，凡是采用磷酸盐处理的锅炉，蒸汽中都可检测出 PO_4^{3-}，汽水分离效果差或汽包运行压力特别高的锅炉，汽轮机往往结磷酸盐垢，严重时磷酸盐含量高达 50% 以上。按 DL/T 805.2—2004《火电厂汽水化学导则　第 2 部分：锅炉炉水磷酸盐处理》的规定，汽包运行压力超过 19.3MPa 时不应采用磷酸盐处理，这时最好改为全挥发处理。

对于高参数机组，如果锅炉给水的含硅量较大，二氧化硅可能是污染蒸汽的主要杂质。如果锅炉水采用全挥发处理，由于氨在高温锅炉水中的碱性降低，使锅炉水中的硅酸钠转化二氧化硅，即 $SiO_3^{2-}+H_2O\longrightarrow SiO_2+2OH^-$，由于分子态 SiO_2 的汽水分配系数要比离子态的 Na_2SiO_3 大很多，为了保证蒸汽含硅量合格，不得不加大锅炉排污，降低锅炉水含硅量。例如 350MW 机组，如果采用全挥发处理，锅炉水的允许含硅量只有 $60\sim80\mu g/L$，这就要求补给水的含硅量要低，否则锅炉排污量就会增加。如果采用磷酸盐处理，锅炉水允许含硅量可达 $100\mu g/L$ 以上。

第二节　蒸汽携带盐类的途径

一、饱和蒸汽溶解携带各种盐类的规律

由于蒸汽和锅炉水始终处于电中性，蒸汽不可能单独选择携带某一种离子，而是以电中性的分子形式携带。关于各种不挥发物质的溶解携带，过去一直使用射线图，射线图由美国科学家 O. Jonas 于 1978 年在 Combustion 期刊首次发表，如图 6-1 所示。按照图 6-1 的解释，所有不挥发物质，只有在临界温度 374.15℃（22.12MPa）时，汽相中的浓度才等于液相中的浓度。后来研究发现，射线图在接近临界压力时误差较大，有时可能差 2 个数量级。近代大型汽包锅炉的运行压力都接近于亚临界，所以，射线图已跟不上时代的发展。因此，世界各国科学家联合研究，得出比较切合实际的汽水分配系数，如图 6-4 所示。

按一般规则，盐、酸和碱在锅炉水中都倾向于离子化，且离子化程度总是随温度的升高而降低。由于不带电的非离子化物质更容易进入蒸汽中，因此，只要可形成不带电的物质，它们总是成为从锅炉水向蒸汽中溶解携带的主要路径。

最新研究结果表明，锅炉水采用磷酸盐处理时，蒸汽主要以磷酸分子溶解携带；采用氢氧化钠处理时，蒸汽主要以钠与氢氧根 1∶1 的比例溶解携带；采用全挥发处理时，蒸汽主要以氨分子溶解携带。

二、饱和蒸汽溶解携带氯离子的途径

由于给水含有微量氯离子并采用加氨处理，所以锅炉水中存在 NH_4Cl、NH_3 和 HCl 的

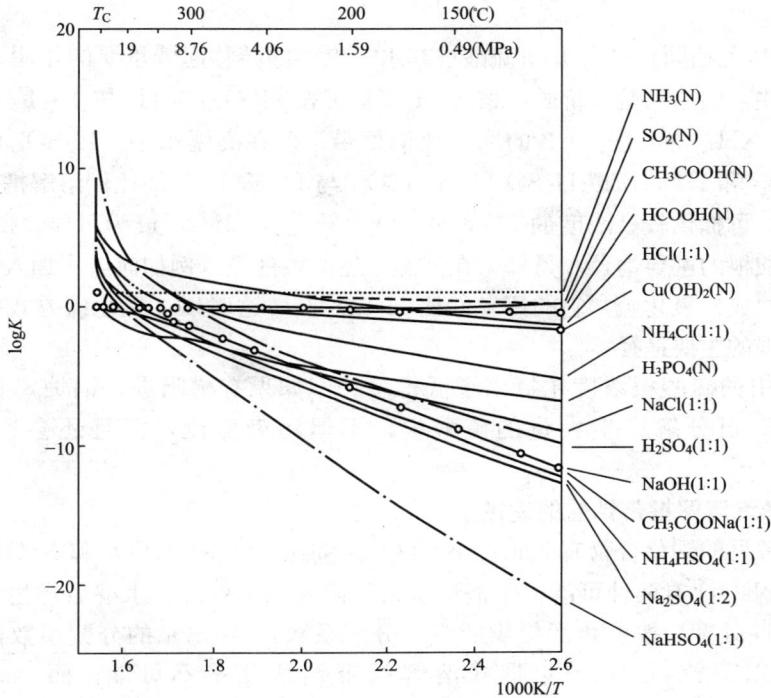

图 6-4 常见物质汽水分配系数

K—蒸汽中某杂质的浓度与锅炉水中该杂质浓度之比，即汽水分配系数；K/T—T 表示温度，用绝对温度
K 表示，以 $1/T$ 表示的横坐标为等间距；T_C—锅炉水温度，以℃表示，坐标为不等间距；
N—以分子状态携带；1∶1—以离子状态携带，阴阳离子电荷比为 1∶1

混合物。NH_4Cl 的汽水分配系数取决于锅炉水中氨的分布状态、HCl 和 NH_3 的浓度以及水
合氨的离子化程度。通常氯离子是以 HCl 和 NH_4Cl 的形式同时被溶解携带到蒸汽中去，两
者的比例取决于锅炉水的 pH 值和温度。在低氨浓度时，以 HCl 形式为主。在高温锅炉水
中，水解离出的氢离子为氯离子以 HCl 的形式溶解携带提供了主要的途径。在 AVT 工况
下，高挥发性的氨可以导致锅炉水 pH 值比预测的低很多，例如，在 25℃时测得锅炉水 pH
值为 9.3，而在 300℃相同含氨量条件下，锅炉水 pH 值仅为 5.9（这时水的中性点 pH＝
5.7），这就增加了以 HCl 为主要形式的溶解携带。如果锅炉水采用磷酸盐或氢氧化钠处理，
由于这两种物质在高温锅炉水中仍然有较强的碱性，所以锅炉水中 HCl 浓度减少，NH_4Cl
浓度增加，氯离子的携带就以 NH_4Cl 形式为主。

三、饱和蒸汽溶解携带硫酸根的途径

对于有凝结水精除盐的机组，锅炉水中的硫酸根离子通常很低。只有在凝汽器泄漏而凝
结水又没有配备精除盐设备或其设备运行不正常时，锅炉水中才有 Na_2SO_4、$(NH_4)_2SO_4$、
$NaHSO_4$、NH_4HSO_4 等与硫酸根有关的盐类。在 AVT 工况下，硫酸氢铵是存在于蒸汽中
的一种主要形式；而在含钠量较高的锅炉水中，硫酸氢钠是一种主要存在形式。尽管硫酸
钠在锅炉水中占优势，但是在任何运行条件下硫酸钠和硫酸铵在蒸汽中都很少存在。相
对挥发性排列顺序为 $H_2SO_4 \gg NaHSO_4 \approx NaOH > Na_2SO_4$。它们汽水分配系数的大小取决
于酸和盐阴阳离子电荷比是 1∶1 还是 1∶2，一般 1∶2 的电解质的挥发性比 1∶1 的低

很多。

与 HCl 的角色相同，H_2SO_4 对硫酸根在水—汽中的转移起着重要的作用。但是 H_2SO_4 的情况要复杂些，因为它是 2 价酸。按理 H_2SO_4 可按 HSO_4^- 与 H^+ 按 1∶1，或以 SO_4^{2-} 与 H^+（或 Na^+、NH_4^+ 等）按 1∶2 的摩尔比例携带。但在高温水中，H_2SO_4 只发生一级电离，生成 HSO_4^- 和 H^+，所以 H_2SO_4 是以 HSO_4^- 与 H^+ 按 1∶1 的比例溶解携带。高温锅炉水本身的电离，可提供较高浓度的 H^+，使 SO_4^{2-} 转化为 HSO_4^- 成为可能，所以 H_2SO_4 是向蒸汽传送硫酸根的主要途径。另外，在高温、还原条件下（例如向给水加入大量的联氨），硫酸根可被还原成二氧化硫，它的挥发性比 H_2SO_4 高，这时以二氧化硫方式携带将成为向蒸汽传送硫酸根的主要途径。

通常蒸汽中的硫酸根浓度比氯离子低得多。但如果有树脂进入锅炉，它在高温、高压的锅炉水中，可分解产生大量的硫酸根，不但污染蒸汽，而且还会造成汽轮机的腐蚀。

四、饱和蒸汽溶解携带钠盐的途径

锅炉水中常见的钠化合物有 $NaCl$、Na_2SO_4、Na_3PO_4、Na_2HPO_4 和 $NaOH$ 等。锅炉水中之所以存在 $NaOH$ 有两种可能：①锅炉水采用磷酸三钠处理，水解后产生 $NaOH$；②锅炉水采用 $NaOH$ 处理。按射线图提供的汽水分配系数，Na_2SO_4 的分配系数比 $NaOH$ 低 2 个数量级，所以蒸汽以 Na_2SO_4 形式溶解携带钠盐几乎不可能；而 $NaCl$、Na_3PO_4、Na_2HPO_4 的分配系数比 $NaOH$ 低不足 1 个数量级，故这几种钠化合物都有可能被溶解携带。用离子色谱对饱和蒸汽分析的结果表明，在亚临界汽包锅炉的蒸汽中，酸根离子浓度与钠离子浓度的摩尔比远小于 1，说明锅炉水中有相当多 $NaOH$ 被蒸汽溶解携带。虽然 $NaCl$ 的挥发性仅次于 $NaOH$，但是为了保持锅炉水的碱性，通常锅炉水中的 $NaOH$ 浓度比 $NaCl$ 高得多，所以，饱和蒸汽溶解携带钠往往以 $NaOH$ 为主。蒸汽中的 $NaOH$ 和 $NaCl$ 都可能使过热器奥氏体不锈钢和汽轮机材料发生应力腐蚀。

五、饱和蒸汽溶解携带磷酸根的途径

当锅炉水采用磷酸盐处理时，通常含有 PO_4^{3-}、HPO_4^{2-}、$H_2PO_4^-$ 与 Na^+、NH_4^+ 组成的盐类物质以及 H_3PO_4 分子。H_3PO_4 是由磷酸盐水解产生的。高温锅炉水本身的电离，可提供较高浓度的 H^+，使 HPO_4^{2-}、$H_2PO_4^-$ 部分转化为 H_3PO_4。H_3PO_4 是分子状态，它的挥发性要比磷酸根离子状态的物质高很多，但比其他中性物质要低得多。即使蒸汽以 H_3PO_4 或 NaH_2PO_4 的形式携带，携带量也非常小。用常规方法，在蒸汽中检测不到磷酸根，使用离子交换树脂富集法可检测到 $0.1\mu g/kg$ PO_4^{3-} 含量。通过对几台采用磷酸盐处理的亚临界锅炉进行试验，当汽包压力为 18MPa（锅炉水的温度为 357℃）时，磷酸根的溶解携带系数为 3.2×10^{-4}；汽包压力为 19MPa（锅炉水的温度为 361℃）时，溶解携带系数为 5.2×10^{-4}；汽包压力为 19.7MPa（锅炉水的温度为 364℃）时可达到 0.5% 以上。

六、有机酸及其化合物进入到蒸汽的途径

如果锅炉的补给水源为地表水或凝汽器发生泄漏时，往往会使给水含有一定量的有机物。一般从给水水质分析难以发现。随着给水温度的逐渐升高，一部分有机物开始分解，表现为给水氢电导率逐渐升高。在锅炉水中几乎所有的有机物都要被分解，刚开始分解为碳链较长的有机酸，最终分解为碳链较短的甲酸、乙酸。由于锅炉水的氧化性不足，这些低分子酸进一步被氧化成 CO_2 的可能性较小。在碱性锅炉水中，甲酸、乙酸都是以钠盐或铵盐的形式存在，而这些盐类又是不易挥发的物质。所以，以钠盐或铵盐的形式溶解携带的可能性非常小。但是，高温锅炉水本身的电离，可提供较高浓度的 H^+，使一部分甲酸根和乙酸根转换成甲酸、乙酸分子。它们的挥发性要比相应的盐类高几个数量级，是有机物由锅炉水向蒸汽中转移的主要形式。与此相反，低挥发性的甲酸钠、乙酸钠提供了另一个转换路径，即使蒸汽中的甲酸、乙酸转换成相应的钠盐，早早进入汽轮机的初凝水中。

通过对哈尔滨锅炉厂生产的 4 台 HG－1021/18.2－HM5 汽包锅炉进行试验，发现实际锅炉水中的有机物大多被分解成乙酸后就不再进一步分解，锅炉水和蒸汽中只有乙酸，没有甲酸和二氧化碳。当给水只加氨、锅炉水加氢氧化钠处理并维持锅炉水的 pH 值为 9.0～9.2 时，乙酸的汽水分配系数在 18MPa 时为 0.25～0.36，在 19MPa 时为 0.7～1.1。由此可见，乙酸是非常容易被携带到蒸汽中的。

七、影响蒸汽含硅量的因素

1. 饱和蒸汽中硅酸的溶解特性

饱和蒸汽中的硅化合物来源于锅炉水，但饱和蒸汽中硅化合物的形态与锅炉水中硅化合物的形态不一致。由于锅炉水温度很高，而且 pH 值也较高，所以给水中的胶态硅进入锅炉后都转化为溶解态。故锅炉水中有一部分是溶解态的硅酸盐，另一部分是溶解态的硅酸（如 H_2SiO_3、$H_2Si_2O_5$、H_4SiO_4 等）。水汽标准中所提的含硅量是指硅化合物的总含量，通常以 SiO_2 表示。

饱和蒸汽对上述不同形态硅化合物的溶解性是不一样的，蒸汽主要溶解携带溶解态的硅酸，对硅酸盐的溶解携带能力很小。因此，饱和蒸汽中的硅化合物，几乎都是硅酸（如 H_2SiO_3、$H_2Si_2O_5$、H_4SiO_4 等）。当饱和蒸汽变成过热蒸汽时，它们会因失去水而成为 SiO_2。对于高压及以上锅炉，饱和蒸汽的含硅量主要来源于溶解携带。

硅化合物的溶解携带系数与蒸汽压力和锅炉水中硅化合物的形态有关。前一个因素反映了饱和蒸汽溶解携带的共同规律，即饱和蒸汽压力越高，对硅酸的溶解携带能力也就越大；后一个因素反映了硅酸溶解的特殊规律，即饱和蒸汽溶解携带的主要是硅酸，对硅酸盐的溶解携带能力很小。所以，蒸汽中硅酸的携带量有以下关系

$$C_{zq}^{SiO_2} = K^{SiO_2} \times K_F^{SiO_2} \times \delta \times C_{LS}^{SiO_2}$$

式中　$C_{zq}^{SiO_2}$——蒸汽中硅化合物的总量，以 SiO_2 计，$\mu g/kg$；

$C_{LS}^{SiO_2}$——锅炉水中硅化合物的总量，以 SiO_2 计，$\mu g/L$；

K^{SiO_2}——汽水分配系数，汽相与液相浓度之比；

$K_F^{SiO_2}$——硅酸的分布系数；

δ——锅炉水中分子形态的硅酸含量与硅化合物总量之比，称之为硅酸盐的水解度。

2. 锅炉水 pH 值对硅酸溶解携带系数的影响

锅炉水 pH 值影响锅炉水中硅化合物的形态。在锅炉水中，硅酸与硅酸盐存在以下水解平衡

$$SiO_3^{2-} + H_2O \rightleftharpoons HSiO_3^- + OH^-$$

$$HSiO_3^- + H_2O \rightleftharpoons H_2SiO_3 + OH^-$$

从以上水解平衡可以看出，当锅炉水 pH 值降低时，因为水中 OH^- 浓度降低，平衡向

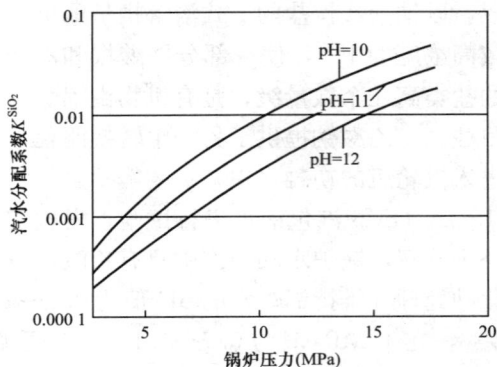

图 6-5 硅酸的溶解携带系数与炉水 pH 的关系

生成 H_2SiO_3 的方向移动，使 δ 增大，因此，蒸汽携带硅化合物的总量就增加。也就是说，硅酸的溶解携带系数随锅炉水 pH 的降低而增大，如图 6-5 所示。当锅炉水采用全挥发处理时，高温锅炉水实际的 pH 值要比锅炉水采用磷酸盐处理或氢氧化钠处理时低得多，所以在蒸汽同等含硅量的情况下，就要求锅炉水的含硅总量低得多。以亚临界锅炉为例，通常锅炉水采用全挥发处理时其允许含硅量只有磷酸盐处理（或氢氧化钠处理）的 1/3～1/2。

八、加氧处理和还原性全挥发处理对蒸汽溶解携带杂质的差别

锅炉给水分别采用 OT 和 AVT（R）时，主要差别是对硫化物和铜的氧化物的溶解携带相差较大，具体表现如下：

（1）对硫化物溶解携带的影响。首先，锅炉给水采用 OT 方式时，抑制了 SO_4^{2-} 转化成 SO_2 的反应。如果此时锅炉水采用 NaOH 处理，由于 NaOH 在高温锅炉水中仍然表现出较强的碱性，从而抑制了锅炉水中 SO_4^{2-} 转化为 HSO_4^-，因此降低了硫化物向蒸汽中携带转移的可能性。但与 AVT（R）（DL/T 805.4—2004 中规定，全钢系统给水 pH＝9.0～9.6）相比，由于 OT 方式允许给水 pH 值较低（一般不超过 9.0），故如果锅炉水采用全挥发处理（AVT），给水采用 OT 方式就会导致 HCl 和 H_2SO_4 的溶解携带增加。因此，我国在给水采用 OT 时，锅炉水一般都采用 NaOH 处理。

（2）对铜氧化物溶解携带的影响。在氧化性工况下对锅炉水中铜的携带影响较大，因为它能将金属铜和低价 Cu_2O 氧化成 Cu^{2+} 的化合物。$Cu(OH)_2$ 是铜化合物中挥发性最大的，这就增加了铜向蒸汽中的转移。因此，除凝汽器外，有铜合金材料的机组给水不宜采用 OT，否则会使蒸汽含铜量增高，并会使汽轮机发生铜垢的沉积，影响汽轮机的安全和出力。

此外，锅炉水采用不同处理方式时，则主要对硅酸的溶解携带产生影响，基体现为：

（1）硅酸的溶解携带系数与压力的关系。硅酸的溶解携带系数与汽包压力有关。采用不同的锅炉水处理方式时，汽包压力与溶解携带系数的关系如图 6-6 所示。

图 6-6 是由来自现场的试验数据经归纳整理后得出的。试验条件为：当锅炉水采用磷酸盐处理（PT）时，锅炉水 pH 值为 9.2～9.6；当锅炉水采用全挥发处理（AVT）时，锅炉水 pH 值

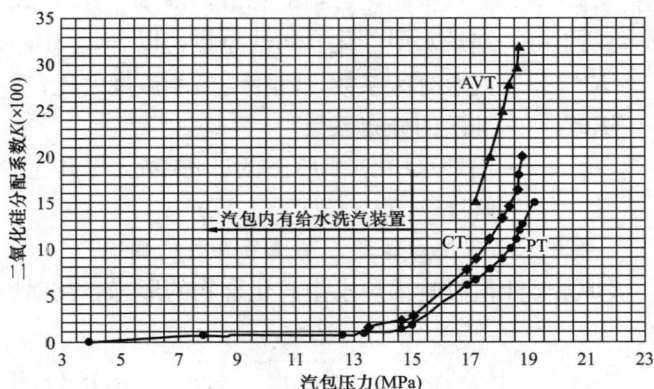

图 6-6 不同的锅炉水处理方式时压力对二氧化硅分配系数的影响

为 9.2~9.4；当锅炉水采用氢氧化钠处理（CT）时，锅炉水 pH 值为 9.6~9.8。

试验研究表明，当锅炉水 pH 值一定时，随着汽包压力的提高，硅酸的溶解携带系数迅速增大。所以高压以上的锅炉，必须考虑二氧化硅的溶解携带。一般来说，锅炉的运行压力越高，对给水含硅量的要求就越严格，必须对补给水进行彻底除硅，并且还要严格要求防止凝汽器泄漏。对于中压锅炉，虽然 K^{SiO_2} 数值较低（小于 0.05%），但是如果补给水未进行除硅或凝汽器严重泄漏时，也会造成锅炉水的含硅量很高，并有可能使蒸汽的含硅量超标，进而引起过热器和汽轮机沉积 SiO_2。

（2）不同锅炉水处理方式的影响。试验还表明，不同的锅炉水处理方式对二氧化硅溶解携带系数的影响非常大。例如，当汽包压力为 18.34MPa 时，锅炉水分别采用 PT、CT 和 AVT 时，K^{SiO_2} 分别为 10%、14.6% 和 27.8%。也就是说，当蒸汽的含硅量为 $20\mu g/kg$ 时，对应的锅炉水临界含硅量分别为 200、137 和 $72\mu g/L$。因此，采用不同的锅炉水处理方式，对控制锅炉水的含硅量影响很大，其中采用 PT 时对控制蒸汽的含硅量效果最佳。

第三节 盐类在蒸汽系统的沉积

一、过热器内 SiO_2 的沉积

高压及以上等级的锅炉，蒸汽溶解携带硅化物的能力非常强，往往比机械携带量高得多。例如，锅炉水采用磷酸盐处理，汽包压力为 14.6MPa 的锅炉，机械携带通常在 0.1% 以下，而蒸汽溶解携带二氧化硅可达到 1.3%；汽包压力为 19.2MPa 的锅炉，溶解携带可达到 15%。但是，其他含硅的钠盐却因分配系数比二氧化硅低得多（低 2 个数量级以上），它们的溶解携带量可忽略不计。所以，高压及以上等级的锅炉，蒸汽中的硅化物主要来源于溶解携带，并且以硅酸为主。硅酸在过热蒸汽中脱去水分成为二氧化硅。二氧化硅在过热器中被加热升温后，其溶解度会继续增大，如图 6-7 所示。即使二氧化硅在饱和蒸汽中处于饱和状态，进入过热器后也会成为非饱和状态。所以，过热器一般不会发生二氧化硅的沉积。

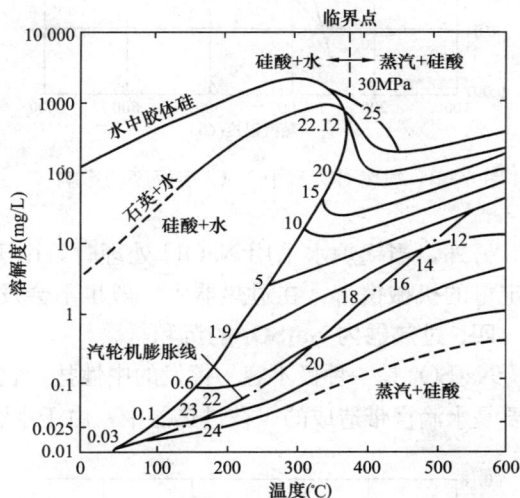

图 6-7 二氧化硅的溶解度与压力的关系

但是，如果饱和蒸汽带水滴过多，当它被加热成为过热蒸汽时，水滴中的二氧化硅会因超过其溶解度而发生沉积。这种现象很少发生。在过热器中如果发生了二氧化硅的沉积，当蒸汽品质变好时，沉积的二氧化硅会重新溶出，出现过热蒸汽的含硅量大于饱和蒸汽的现象。

二、过热器内 NaCl 的沉积

对于高压等级以下的锅炉，NaCl 在蒸汽中的溶解度随温度升高而增大，如图 6-8 所示。所以，NaCl 以溶解携带的方式进入饱和蒸汽后，一般不会在过热器内沉积。对于超高压等级及以上的锅炉，虽然 NaCl 在蒸汽中的溶解度随温度升高而有所减小，但是在过热蒸汽中的溶解度远远超过饱和蒸汽的携带量，所以过热器内一般也不会发生 NaCl 的沉积。

另外，如果发生凝汽器泄漏而又没有凝结水精盐设备时，短时间内就会使过热器发生严重的 NaCl 沉积。

三、过热器内 NaOH 的沉积

对于中、低压锅炉，如果汽水分离效果特别差（如旋风分离器倾斜、倒塌）或用于喷水减温的给水水质很差，NaOH 会在过热器内被浓缩成液滴，并部分黏附在过热器管上；还可能会与蒸汽中的 CO_2 发生反应，生成 Na_2CO_3 并沉积在过热器中。当过热器内 Fe_2O_3 较多时，会与 NaOH 发生反应，生成 $NaFeO_2$ 并沉积在过热器中。

对于高压及以上等级的锅炉，由于 NaOH 在过热蒸汽中的溶解度远远超过饱和蒸汽的携带量，如图 6-9 所示，所以不会沉积在过热器内。

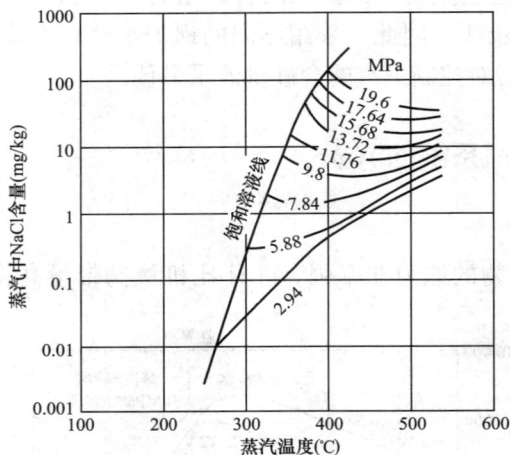

图 6-8 温度对蒸汽中 NaCl 溶解度的影响

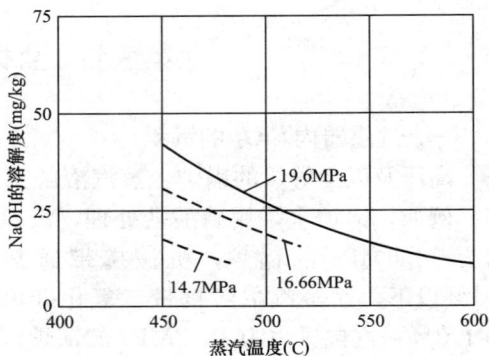

图 6-9 温度对蒸汽中 NaOH 溶解度的影响

另外，当锅炉水采用 NaOH 处理时，由于要求 NaOH 浓度小于 1mg/L，所以，即使有一定量的机械携带，在过热器中一般也不会发生 NaOH 的沉积。

四、过热器内 Na_2SO_4 的沉积

Na_2SO_4 是一种极不容易挥发的中性盐，它的溶解携带系数非常小，所以蒸汽中的 Na_2SO_4 主要是水滴携带造成的。在过热器中，由于水滴的蒸发，硫酸盐类容易变成饱和溶液。因为其饱和溶液的沸点比过热蒸汽的温度低得多，所以它会因水滴被蒸干而结晶析出。对于压力超过 18.5MPa 的锅炉，除了以上情况外，硫酸盐开始被蒸汽溶解携带，压力越高溶解携带越严重。当蒸汽流经过热器发生降压后，由于它的溶解度都非常小，有可能因超过其溶解度而析出，但这种现象极为罕见。

一般锅炉水中硫酸根离子的浓度都很低，相应在蒸汽中的浓度就更低，而它在蒸汽中的溶解度相对还比较高，并且随着温度的升高，溶解度变大，如图 6-10 所示。所

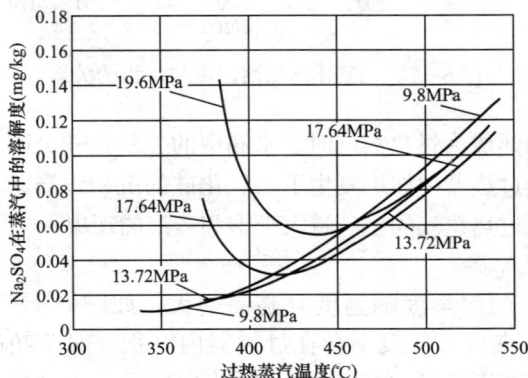

图 6-10 温度对蒸汽中 Na_2SO_4 溶解度的影响

以，在过热器中一般不会发生 Na_2SO_4 的沉积。

五、过热器内 Na_3PO_4 的沉积

锅炉汽包的运行压力在 18.5MPa 以下时，Na_3PO_4 的溶解携带系数非常小，所以蒸汽中的 Na_3PO_4 主要是水滴携带造成的。在过热器中，由于水滴的蒸发，磷酸盐类容易变成饱和溶液。其饱和溶液的沸点比过热蒸汽低得多，所以它会因水滴被蒸干而结晶析出。对于压力超过 18.5MPa 的锅炉，除了以上情况外，Na_3PO_4 开始被蒸汽溶解携带，压力越高溶解携带越严重。当蒸汽流经过热器发生降压（通常要降低 2MPa 左右）后，因为 Na_3PO_4 的溶解度非常小，有可能因超过其溶解度而析出。例如，广东某火电厂 2 号锅炉是哈尔滨锅炉厂生产的强制循环汽包锅炉，由于过热器设计的流通面积过小，使汽包的运行压力长期超过 18.8MPa，升负荷时瞬间可达到 19.5MPa，尽管锅炉水中的磷酸根浓度维持在低限（约 0.5mg/L），但还是发生了由于蒸汽溶解携带磷酸盐过多而造成过热器爆管的事故。

第七章

电站锅炉水化学工况及优化

盐类在汽轮机中的沉积及腐蚀损坏

蒸汽在汽轮机的做功过程中，其压力温度逐渐降低，杂质在蒸汽中的溶解度也随之降低。当蒸汽中某杂质的含量高于其溶解度时就会发生沉积，不同的杂质依据其溶解特性沉积在汽轮机的不同部位。另外，蒸汽在汽轮机的做功过程中还经历相变过程，在汽轮机低压缸有一部分凝结成水滴，在最初凝结成的水滴中，往往含盐量很高，具有较强的腐蚀性。

第一节　蒸汽中的杂质在汽轮机中的沉积与分布规律

蒸汽中的杂质，一类是蒸汽中的可溶物质，包括盐类、酸或碱；另一类是不可溶物质，主要是以氧化铁为主的固体颗粒。蒸汽在汽轮机中做功的过程中，随着温度和压力的逐渐下降，如果这些可溶物质的浓度超过了它在蒸汽中的溶解度，便会在汽轮机的不同部位沉积下来，其分布如图7-1所示。

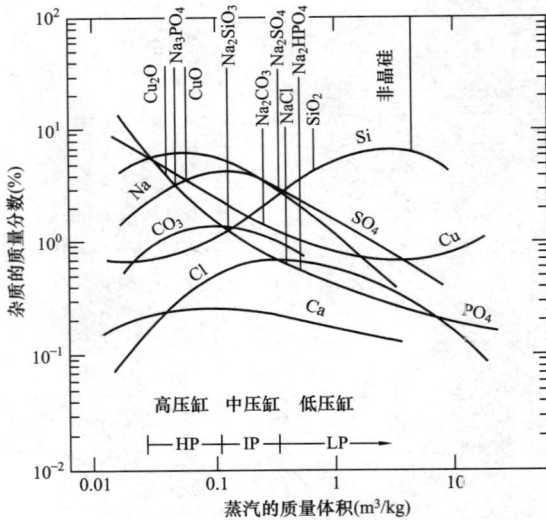

图7-1　汽轮机中沉积物的分布特性

对于不可溶物质，随时都有沉积的可能，如在蒸汽流速较低的部位、叶片的背面等都容易发生沉积。在汽轮机的高压缸部分最容易沉积的化合物是氧化铁、氧化铜和磷酸三钠，只有锅炉水水质非常差（如凝汽器泄漏、树脂进入锅炉等）的锅炉，才会在高压缸发生硫酸钠的沉积。中压缸的主要沉积物是二氧化硅和氧化铁，如果发生凝汽器泄漏而又没有凝结水精处理设备时，会发生氯化物的沉积；另外，低压加热器管为铜合金的机组还会发生单质铜以及铜的氧化物的沉积。低压缸主要沉积物是二氧化硅和氧化铁，并且在初凝区几乎聚集了蒸汽中所有还未沉积的杂质，如各种钠盐、无机酸和有机酸等。

第二节　汽轮机高压缸中垢的沉积与腐蚀

一、铜垢的沉积

给水的水处理方式对铜垢的沉积影响很大。对于有铜材料的机组，铜常常会发生氨腐蚀和氧腐蚀，腐蚀下来的铜随给水进入锅炉。由于蒸汽主要是以2价铜，即 $Cu(OH)_2$ 的形式溶解携带，当给水采用 AVT（R）时，锅炉水中还保持微量的还原剂（如联氨等），使得铜处于低价甚至单质铜的形态，溶解携带的铜就比较少；但如果给水采用 AVT（O）或 OT 处理，锅炉水中的铜几乎全都以 2 价铜的形态存在，蒸汽溶解携带的铜量就会增加。是否发生铜垢的沉积，与蒸汽中的铜含量有关。由于蒸汽在汽轮机的做功过程中，压力不断降低，而氧化铜或铜的溶解度随压力的降低急剧下降，当铜的含量超过其溶解度时，就容易发生铜垢的沉积。沉积的部位几乎包括了高压缸的整个区域。

综上所述，对于有铜机组，通常给水采用 AVT（R）时，汽轮机沉积的铜垢也就比较少；而采用 AVT（O）或 OT 时，汽轮机沉积的铜垢就明显增多。有一点值得注意，如果将联氨换成丙酮肟或其他有机除氧剂，虽然这些物质究竟是氧化性还是还原性尚无定论，但实际的效果与 OT 相当，都会在汽轮机中沉积大量的铜垢。如华东某火电厂，由联氨改为丙酮肟后，汽轮机高压缸叶片的铜垢沉积速率就达 $11.7mg/(cm^2 \cdot a)$，运行 3 年后因汽轮机结铜垢使出力明显不足。

定性检查是否发生铜的沉积可采用以下方法：用沾有含 10% 过硫酸铵与 1:1 氨水的棉球按在需检查的表面，放置 1min 后，如果棉球呈蓝色，即为发生了铜的沉积。

二、铁垢的沉积

在汽轮机高、中压缸中，发生氧化铁沉积是普遍现象。因为，除了饱和蒸汽对锅炉水中的铁有极少的溶解携带外，主要是蒸汽还要经过多级过热器管和再热器管，高温蒸汽始终与含铁的材料接触，因此，蒸汽中含有一定量的氧化铁。由于它们在蒸汽中的溶解度都非常低，只要蒸汽的温度、压力下降，它就可能因超过其相应的溶解度而析出，其部位主要在叶片的背面，因为那里的流速相对较低。不同的给水处理方式，沉积的氧化铁的形式也不同。给水采用 OT 时为 Fe_2O_3，垢量极少，颜色为红色；给水采用 AVT（R）时以 Fe_3O_4 为主，有时 Fe_3O_4 中的 Fe 可被 Ca、Mg、Cr 等金属元素取代，垢量较多，颜色为灰黑色；给水采用 AVT（O）时，Fe_2O_3 和 Fe_3O_4 均有，垢量介于前两者之间，颜色为暗红色或钢灰色。

三、磷酸盐的沉积

在汽轮机高压缸中最容易沉积的盐类是磷酸三钠。我国的汽包锅炉大多采用磷酸盐处理，但是在汽轮机中磷酸盐的沉积却非常少见，其原因是磷酸盐的挥发性很小。但是，如果汽水分离效果差，产生机械携带，即使机械携带系数只有 0.2%，汽轮机也可能产生磷酸盐的沉积。

对于超高压以下参数的锅炉，汽包内大多有给水洗汽装置，无论是机械携带还是溶解携带的杂质都会重新溶解于水中。所以，汽轮机一般不会有磷酸盐的沉积。对于亚临界参数的锅炉，汽包内通常没有给水洗汽装置。而且随着锅炉压力的增高，蒸汽溶解携带磷酸盐的能力逐渐增强，这时在汽轮机高压缸中容易发生磷酸盐的沉积。实际上只要汽包运行压力超过 19.0MPa，锅炉水采用磷酸盐处理后，汽轮机高压缸或多或少总会发生沉积。例如，江苏某火电厂锅炉汽包的运行压力在 18.9～19.3MPa，汽轮机高压缸中的垢样分析结果发现，总垢量的 75% 以上为磷酸盐垢。磷酸盐垢为水溶性垢，频繁启动的机组常常被湿蒸汽冲洗掉。又如，因磷酸盐的溶解携带，广东某火电厂 300MW 汽轮机的高压缸结磷酸盐垢厚度达 2mm，使汽轮机的效率明显下降，每小时多消耗蒸汽 40t。

所以，磷酸盐在汽轮机中的沉积只与锅炉的运行压力和汽水分离效果有关，与给水的处理方式无关。

四、硫酸盐的沉积

由于蒸汽溶解硫酸盐的能力较弱，只要蒸汽压力有所下降，就可能从蒸汽中析出，通常沉积在高压缸部位。给水采用 OT 时，由于 OT 对水质要求严格，高压缸中一般不会发生硫酸盐的沉积。给水采用 AVT（R）或 AVT（O）时，只要给水水质不出现异常，也不会发生硫酸盐的沉积。高压缸中沉积硫酸盐与以下因素有关：

（1）凝汽器泄漏，硫酸盐经减温水进入蒸汽。

（2）锅炉汽水分离效果差，蒸汽带水。

五、沉积物腐蚀

在汽轮机的高压缸中，蒸汽没有发生相变，始终是干蒸汽。铁、铜、磷酸盐和硫酸盐等杂质即使发生了沉积，这些杂质在高温干燥的蒸汽中也不会对金属材料产生电化学腐蚀问题。相对高压缸材料而言，这些杂质腐蚀性很弱，又不会对金属产生一般化学腐蚀问题。所以高压缸部件在运行中通常不会引起腐蚀问题。但是机组在停运期间，由于高压缸附着的垢的吸潮性，将会发生电化学腐蚀，其腐蚀的严重程度与垢的成分有关。

例如，北京某火电厂 200MW 直流机组停运时，因垢的吸潮性，发生的电化学腐蚀如图 7-2 所示，其垢的成分分析见表 7-1。由于此垢吸潮后，pH 值为 8 左右，所以腐蚀不是很严重。如果垢吸潮后，pH 值低于 7，将会发生严重的锈蚀。

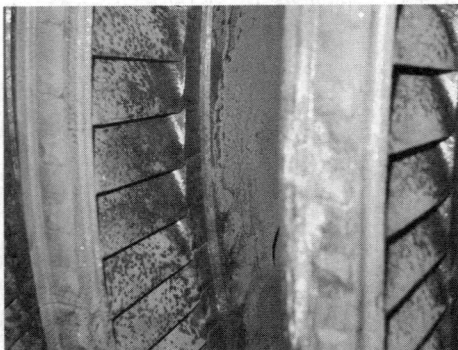

图 7-2　高压转子第 5 级叶片因停运吸潮发生的腐蚀

表 7-1　　　　　　　　高压转子叶片上垢样的化学成分及物相分析

化学成分分析（能谱法）									
垢样部位	元　素	Fe	Cu	Al	Na	Si	P	S	Cr
高压转子第 5 级叶片	质量百分比（%）	24.10	28.87	13.96	14.78	9.52	3.21	3.61	1.94
	原子百分比（%）	16.35	17.22	19.61	24.37	12.84	3.92	4.27	1.42

物相分析（X 射线衍射法）					
垢样部位	结　构	$Na_8Al_6Si_6O_{24}SO_4$	Na_2SO_4	$CuFeO_2$	Fe_2O_3	Cu_2O
高压转子第 5 级叶片	质量百分比（%）	36	23	26	13	

注　1. 能谱法元素分析不包括氧及原子量低于氧的元素。
　　2. X 射线衍射法分析物相，不能检测非晶体物质，属半定量分析。

第三节　汽轮机中压缸中垢的沉积与腐蚀

一、硅化物的沉积

在汽轮机的中压缸部分最容易沉积的化合物是二氧化硅和硅酸钠。如果锅炉水采用

AVT 方式时，高温锅炉水的实际 pH 值较低，二氧化硅分子化倾向较大，因而蒸汽溶解携带的能力就强，硅酸盐的沉积明显，非常严重时沉积物（水玻璃）呈蓝色。如果锅炉水采用磷酸盐或氢氧化钠处理，二氧化硅离子化倾向较大，蒸汽溶解携带的能力就弱，一般不会发生硅垢的沉积。

二、铁、铜垢的沉积规律

铁、铜垢在汽轮机高、中压缸中都有沉积，相比之下，铁垢更倾向于沉积在高压缸中，而铜垢倾向于沉积在中压缸中。铜垢易沉积的部位通常在蒸汽压力为 3～6MPa 的部位。铜垢中氧化铜的含量通常在 20%～80%。严重时，铜垢的厚度达到 1mm 以上。

三、沉积物的腐蚀

在汽轮机的中压缸中，蒸汽也没有发生相变，始终是干蒸汽，故容易在中压缸沉积的硅、铁和铜垢等在高温干燥的蒸汽中也不会对金属材料产生腐蚀。但机组在停运期间，由于垢的吸潮性，可能发生电化学腐蚀，其腐蚀的严重程度与垢的成分有关。在大多数汽轮机的停用期间，中压缸的腐蚀都比较轻。

第四节　汽轮机低压缸中垢的沉积与腐蚀

一、垢的沉积规律

在汽轮机低压缸中通常不发生垢的沉积，偶有沉积时，由于机组负荷的波动，也容易被湿蒸汽冲洗掉。但是，由于凝汽器泄漏，凝结水处理不正常，低压缸也可能结钙、镁水垢。这些水垢通常结在低压缸倒数第 4 级叶片以前，因为倒数第 4 级叶片以后，蒸汽的湿度较大，有时湿分的 pH 值较低，所以常被水洗或"酸洗"除去。

二、杂质在初凝区的浓缩与腐蚀

蒸汽在流经汽轮机低压缸的过程中，部分蒸汽发生了相变，开始凝结成小水滴，最后有 8%～12% 的蒸汽在汽轮机低压缸中凝结，其余的蒸汽排到凝汽器中凝结。

一般来说，锅炉蒸汽中的杂质含量是很低的，主要有害离子是 Cl^-。如果按蒸汽的氢电导率小于 $0.2\mu S/cm$ 计算，折合成 Cl^- 浓度，不足 $15.7\mu g/kg$。蒸汽中通常含有氨 200～2000$\mu g/kg$，这种蒸汽全部凝结成水后的 pH 值通常在 9.0～9.6 之间。如果低压缸通流部件接触这样的水，一般不会产生腐蚀问题。但是，蒸汽凝结成水不是瞬间完成，而是在低于临界温度下逐渐完成的。在汽轮机低压缸，蒸汽以音速流动并迅速膨胀。在蒸汽凝结成水的过程中，首先蒸汽凝结成晶核，继而形成水滴，其速度较慢。因此，汽轮机在做功时，蒸汽的凝结不是在饱和温度和压力下进行的，而是在相当于湿蒸汽区的理论湿度为 4% 附近的区域进行的，这个区域称为威尔逊线区。再热式汽轮机最初产生凝结水的区域是在低压缸总级数的中间附近，无再热的汽轮机，这个区域略向前移，即在中压缸最后一级或低压缸的第一级。但实际运行中，由于机组负荷的变化，这个区域也会发生相应的变化。

由于蒸汽中的各种盐类和无机酸等的汽水分配系数都非常低，通常都在 10^{-4} 数量级以下，也就是说，这些盐类和无机酸更倾向溶解于液相中。从以上的分析可知，汽轮机的初凝水不再是一般意义的凝结水，而是名副其实的盐水，如图 7-3 所示。

这样，初凝水中浓缩的盐类和酸性物质如果没有被碱性物质中和，则初凝水会呈酸性，甚至成为较高浓度的酸液，只有在初凝水被带到温度更低的区域才被稀释。在火电厂普遍采用除盐水作为锅炉的补给水以后，通常使用氨水来调节介质的 pH 值。在低温时，氨的汽液分配系数很大，通常大于 10 以上，因此，在汽轮机尾部的湿蒸汽区域，氨大部分存在于气相中，即使给水中加入的氨量是足够的，初凝水中的氨量也明显不足。实际上，氨主要富集在凝汽器空抽区的凝结水中，所以该区域的铜管应使用耐氨腐蚀的镍铜管。从机组实际检测证实，汽轮机初凝水的 pH 值可能降到中性或酸性，并含有 Cl^-、SO_4^{2-}、CO_3^{2-}、HCO_3^-、CH_3COO^-、CuO 和 O_2 等，可发生各种类型的腐蚀。常见的腐蚀类型如下。

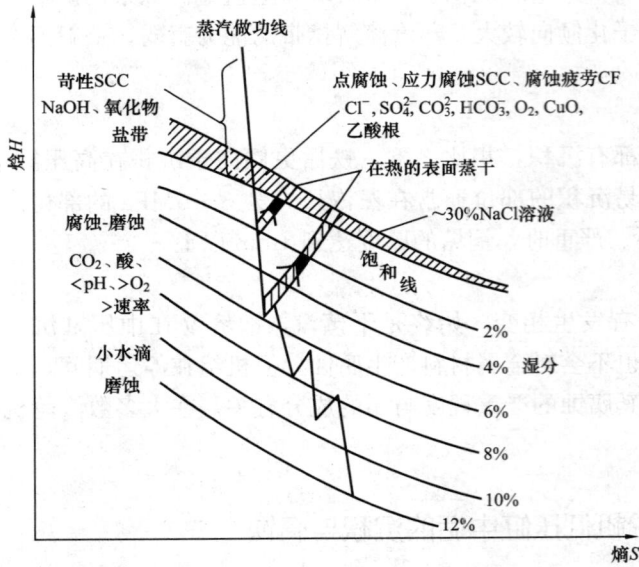

图 7-3 汽轮机初凝水中杂质的浓度及引起的有关腐蚀

1. 点腐蚀

初凝区最容易发生点腐蚀。点腐蚀可以发生在汽轮机的运行过程中，也可发生在停运过程中。初凝水中的盐类，特别是含 Cl^- 和 SO_4^{2-} 的盐是产生点腐蚀的腐蚀介质。在汽轮机的运行过程中，由于负荷的变化，初凝水区域会发生变化，部分初凝水可能被蒸干，形成含盐量很高的盐水。如果该区域有黏附性的垢附着，点腐蚀就会加剧。在停运期间，由于真空破坏，空气中的氧和二氧化碳进入，加之汽轮机在潮湿的气氛中，点腐蚀也会加剧。

2. 酸性腐蚀

酸性腐蚀主要以盐酸腐蚀为代表。Cl^- 进入水汽循环系统主要有两个途径，一是 Cl^- 是一价阴离子，最容易穿过凝结水精处理进入水汽循环系统；二是凝汽器泄漏，无论向锅炉里漏入何种氯化物（$CaCl_2$、$MgCl_2$、NH_4Cl），在初凝水中都表现为 HCl。所以，欧、美等国家都规定，蒸汽中的 Cl^- 的极限含量为 $3\mu g/kg$，其目的之一就是防止初凝区发生酸性腐蚀和点腐蚀等。

如广东某火电厂 300MW 机组，虽然有凝结水精处理设备，但由于未对凝结水进行 100% 的处理，有时只有在凝汽器漏入海水时才投运精处理设备。一般情况下发现有海水漏入 30min 后才能投运，这时海水已经进入锅炉，海水中的 $MgCl_2$、$CaCl_2$ 在锅炉水中受热分解

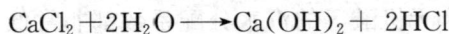

$$MgCl_2 + 2H_2O \longrightarrow Mg(OH)_2 \downarrow + 2HCl$$
$$CaCl_2 + 2H_2O \longrightarrow Ca(OH)_2 + 2HCl$$
$$Ca(OH)_2 + CO_2 \longrightarrow CaCO_3 \downarrow + H_2O$$

由于 HCl 是挥发性较强的酸，在汽包压力超过 19MPa 以后，很容易被蒸汽溶解携带。该汽轮机低压转子共有 17 级，第 8、9 级叶片上开始有白色盐垢，并有酸蚀现象，第 10 级

锈蚀最严重，如图 7-4 所示。腐蚀产物的 pH 值仅为 3～4，并含有大量氯离子，是典型的盐酸腐蚀。低压转子的第 11、12 级锈蚀程度递减。

又如山西某火电厂 500MW 直流机组，配有凝结水精处理设备，并对凝结水进行 100％ 的处理。但由于凝结水混床的运行终点控制不当，混床阴树脂在失效前有漏 Cl^- 现象，按照电中性原理，通常阳离子会漏 NH_4^+，这样 NH_4Cl 进入高温锅炉水后会发生分解：$NH_4Cl \xrightarrow{\triangle} NH_3 + HCl$。$NH_3$ 和 HCl 进入蒸汽后，由于分配系数不同，所以凝结的区域也就不同。HCl 往往在初凝水中就开始溶入，而 NH_3 往往在蒸汽排入凝汽器后才溶入水中，所以造成初凝水中，有大量的 Cl^- 和较低的 pH 值，是典型的盐酸腐蚀。如图 7-5 所示。

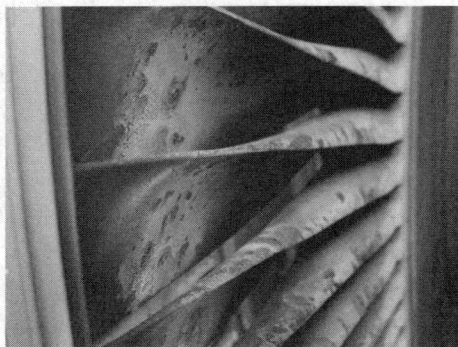

图 7-4　因海水泄漏造成汽轮机酸性腐蚀　　　　图 7-5　因混床失效终点控制不当造成汽轮机酸性腐蚀

汽轮机的酸性腐蚀，主要以盐酸腐蚀为主。研究表明，有机酸一般不会使汽轮机发生酸性腐蚀。腐蚀部位主要发生在低压缸初凝区的动、静叶片、隔板以及排气室缸壁等部位。受腐蚀部件的保护膜被全面的或局部的破坏，金属晶粒裸露，表现为银灰色，类似酸洗后的表面。如果这些部位已经有垢的附着，则会使垢呈酸性。在机组停运后，由于有空气的进入，而这些垢类大都又吸潮性很强，通常仍然会发生酸性腐蚀，并使金属表面的颜色由银灰色变为铁锈红色。

3. 应力腐蚀和腐蚀疲劳

汽轮机在运行过程中，叶片受到很大的离心力，由于初凝区容易发生点腐蚀，其腐蚀点往往是应力腐蚀源。汽轮机在运行过程中是无法监测叶片腐蚀情况的，所以在机组检修时应对汽轮机叶片进行无损探伤检查，发现裂纹或点腐蚀超过一定的深度，应采取处理措施甚至更换。在干湿交替的初凝区，容易发生腐蚀疲劳。

三、末级叶片的水滴磨蚀

在汽轮机的低压缸中，有 8％～12％ 的蒸汽凝结成水。由于无机酸、无机酸盐的汽水分配系数非常小，故倾向于进入初凝水中，所以在蒸汽从汽轮机排出前，蒸汽中的这些杂质几乎完全溶入湿分中。而氨的汽水分配系数较大，几乎全留在蒸汽中。甲酸、乙酸虽然不像无机酸那样汽水分配系数非常小，但也小于 1，溶入湿分中的量也要比留在蒸汽中的量多。这样湿分中就有较高的杂质浓度和较低的 pH 值。由于蒸汽流过汽轮机的流速可达到 300m/s 以上，含有盐分、低 pH 值的水滴流过汽轮机的低压缸时，会对末级叶片产生严重的冲击、磨损腐蚀。

几乎所有的汽轮机低压缸都会发生水滴磨蚀，只是腐蚀程度不同而已。低压缸的腐蚀与水质关系非常大，图7-6、图7-7和图7-8分别是低压缸腐蚀轻微、中等和严重的实例。它们对应的凝结水处理方式分别为：有凝结水精处理并能正常稳定运行、有凝结水精处理但仅在启动或凝汽器泄漏时运行和无凝结水精处理。

防止末级叶片水滴磨蚀的方法有：

（1）减少蒸汽中杂质的含量，其中最主要的是降低氯离子的含量。蒸汽中氯离子的极限值为$3\mu g/kg$。

（2）在末级叶片边缘嵌镶耐磨蚀的合金，如哈氏合金，如图7-6所示。此合金如果磨损，可在机组检修期间更换。

图7-6　北京某热电厂1号机组低压缸末级叶片轻微腐蚀

图7-7　广东某火电厂2号机组低压缸末级叶片中等腐蚀

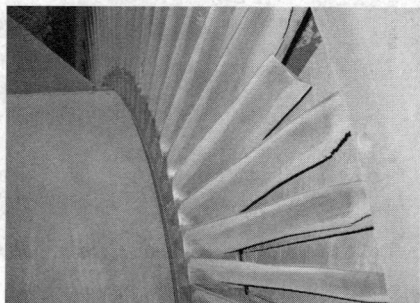

图7-8　陕西某火电厂5号机组低压缸末级叶片严重腐蚀

空冷机组水化学工况

第一节　空冷系统及其水化学工况

一、空冷机组及系统

在我国的东北、西北和华北地区，有丰富的煤炭资源，但水资源匮乏，严重地制约了该地区的工业发展。电力行业是工业用水大户，而冷却塔的蒸发损失水量约占火电厂用水量的3/4，采用电站空冷技术可以使全厂的冷却水量和总消耗水量都很小，建设一台水冷机组的用水量可建同等规模的空冷机组 4 台。因此，空冷机组可为缺水富煤地区提供足够的电力，以实现该地区的可持续发展。

空冷机组最大的优点是节水，但为此付出的代价不仅是初投资高，而且运行费用增加，每发电 1kWh 需要多消耗煤约 18g，厂用电也要增加 3% 左右。我国的空冷技术从 1982 年引进匈牙利海勒式空冷制造技术开始，经历了间接空冷技术（海勒式和哈蒙式）和直接空冷技术，现已有 30 余台空冷机组投入运行。

空冷机组，相对湿式冷却而言又称干冷机组，是利用空气冷却汽轮机做功后的乏汽。根据冷却方式可分为直接冷却和间接冷却，现代的大型空冷机组以直接冷却为主。根据通风的方式又可分为强制通风冷却和自然通风冷却，最近设计的机组以强制通风冷却为主。

二、空冷机组水化学工况的特点

1. 水质特点

由于空冷系统理论上不存在水的消耗，所以空冷机组的冷却水使用化学除盐水或凝结水，故不存在湿式冷却那样因凝汽器泄漏污染水质的情况。空冷系统庞大，且系统的严密性较差，如果冷却水和凝结水为同一水系，则凝结水的含氧量较高。另外，在空冷系统投运初期，系统内的杂质置换时间长，如空冷系统中的灰尘、砂粒等，通常要经过几个月的时间才能冲洗干净。

2. 空冷系统的腐蚀

冷却水与大面积的空冷金属部件接触，可能产生两方面的危害：

（1）金属的腐蚀产物成为凝结水精处理的严重负担。在机组投运的初期，如果使用粉末树脂过滤器，运行几个小时就失效，而更换粉末树脂的费用相当高。

（2）为了提高空冷效果，空冷管元件一般设计的比较薄，按主机和主要辅机的设计寿命为 30 年考虑，必须采用适当的运行防腐措施和停（备）用防腐措施，以保证空冷系统的使用寿命与主机相同。对于只有碳钢材料的空冷系统，防腐相对简单。但对于含有混合金属的空冷系统，如铝、铁系或铜、铁系，防腐就比较复杂，往往不能使两种金属同时处于最佳的防腐状态，在实际工作中往往采用折中的方法。因此，现代大型空冷系统多采用单一的金属材料——碳钢。

3. 必须设置以除去腐蚀产物为主的凝结水精处理

由于冷却水与大面积的空冷金属元件接触，故凝结水中的含铁量（或含铝量）远远超过了锅炉给水水质标准。凝结水精处理可设置串联固定阳、阴床或单独使用混床，也可使用粉末树脂过滤器，它们各有优缺点：

（1）使用固定阳床、阴床的优点是，系统可除去腐蚀产物和盐类，并有利于机组投运初期水质控制，耐温较差的阴树脂在夏季高温时可退出运行，但阳床继续运行，有利于除去凝结水中腐蚀产物；缺点是设备投资大，运行维护费用高。

（2）使用混床的优点是，可除去凝结水中的腐蚀产物和盐类，出水水质好；缺点是凝结水温度高时，混床因有不耐温度的阴树脂而不得不退出运行。

（3）粉末树脂过滤器的优点是使用温度相对较高，由于粉末树脂是一次性使用，树脂热分解需要温度和时间，一般运行一个周期（约 3 周）树脂尚未达到降解的程度；缺点是不能对凝结水进行除盐，投运初期水质难以保证，运行费用也较高。

第二节　间接空冷机组的水化学工况

我国研究并采用间接空冷技术比较早，但发展缓慢。20 世纪 80 年代大同第二发电厂就引进匈牙利空冷技术，建成 2 台 200MW 海勒式空冷机组。90 年代在消化吸收国外空冷技术的基础上，在内蒙丰镇电厂建成 3 台 200MW 海勒式空冷机组，并在太原第二热电厂建成 2 台 200MW 哈蒙式空冷供热机组。当时由于工业发展缓慢，工业用水的消耗量不是很大，建设空冷机组的迫切程度不像现在这样高。相对直接空冷技术而言，间接空冷的制造技术和控制技术都要简单些，所以空冷技术的研究就从最简单的开始。

一、海勒式间接空冷机组

1. 海勒式空冷系统

海勒式空冷系统是匈牙利海勒（Heller）教授在 20 世纪 50 年代为了解决因缺乏冷却水而提出的一种间接空冷系统。于 1961 年在鲁其利建成 120MW 的空冷机组，后经多次改进，使其空冷机组逐步完善。海勒式空冷系统示意如图 8 - 1 所示。

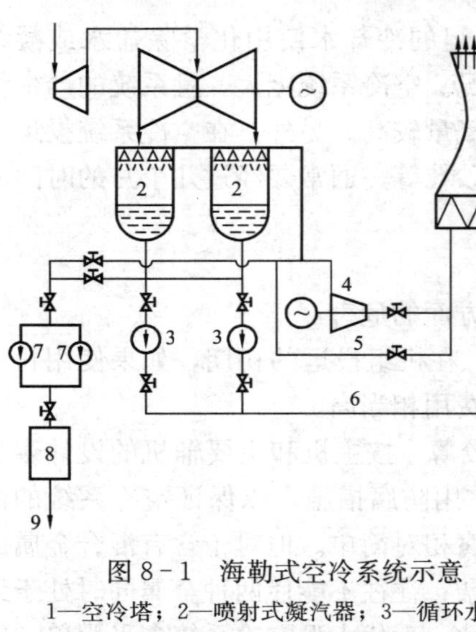

图 8 - 1　海勒式空冷系统示意

1—空冷塔；2—喷射式凝汽器；3—循环水泵；4—水轮发电机；5—回水管；6—循环水管；7—凝结水泵；8—凝结水精处理混床；9—至低压给水系统

空冷塔为水泥结构，内有多组空冷散热器，用自然通风的方式冷却管子里的水。凝结水和冷却水为同一水系。为了提高散热效果，散热器的材质选用铝材。空冷系统水的循环流程为：经过冷却塔冷却后的冷却水，通过水轮发电机进行能量回收后进入凝汽器，以喷射的方式冷凝汽轮机的排汽，凝结水通过循环水泵进入空冷塔进行冷却；冷却后的一部分水通过凝结水泵进入到凝结水精处理装置，主要是除去水中的腐蚀产物。

2. 海勒式空冷化学水工况

由于散热器采用了传热性能较好的铝制散

热器，而冷却水与凝结水又为同一水系，给空冷系统的防腐带来较大的难度。如果采用给水加氨处理，则蒸汽的 pH 值必然会增高，铝制散热器的腐蚀就相当严重。受铝材质的制约，锅炉给水处理只能采用中性。而碳钢在中性水中腐蚀速度很高，无法满足锅炉给水含铁量的要求，人们很自然就想到了加氧处理。因为加氧处理后水汽系统的含铁量较低，并且与 pH 值的关系不大。这是我国最早实行汽包锅炉加氧处理。其水质指标如下：

给水的氢电导率控制在 $0.3\mu S/cm$ 以下，pH 值控制在 $6.8\sim7.8$，溶解氧控制在 $50\sim500\mu g/L$。在实际运行中，给水的氢电导率为 $0.2\sim0.3\mu S/cm$，夏季高温时为 $0.35\mu S/cm$。给水不加氨、联氨，也不加氧，仅靠空冷系统漏入的空气和适当的除氧器排气门开度维持溶解氧量。空气漏入空冷系统后，经凝结水混床除去二氧化碳，经除氧器除去部分氮气和氧气。

此外，空冷机组锅炉水处理也同样不能使用挥发性的碱，可使用微量的氢氧化钠处理，也可以使用低磷酸盐处理。目前这两种方式在空冷机组都得到了应用。

二、哈蒙式间接空冷机组

1. 哈蒙式空冷系统

哈蒙式空冷系统与一般的湿式冷却系统相似，配备表面式凝汽器，凝结水与冷却水彼此独立，如图 8-2 所示。我国唯一的哈蒙式空冷机组于 1994 年在太原第二发电厂建成，为 $2\times200MW$ 的空冷供热机组。由于需要凝汽器铜管，初投资稍高；但不需要凝结水精处理，故运行费用低。我国随后建设的机组都在 300MW 及以上，按设计规程需要配制凝结水精处理，故在使用凝汽器铜管的情况下，投资费用和运行费用都要增加，所以，以后建设的空冷机组再也没有使用这种空冷方式。

2. 哈蒙式空冷化学水工况

哈蒙式空冷系统是单独的冷却系统，并且不需要补水，因此可采用除盐水，还可以单独加药进行防腐处理。冷却水接触的碳钢面

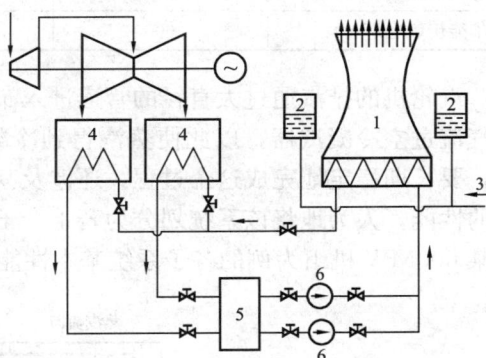

图 8-2　哈蒙式空冷系统示意
1—空冷塔；2—高位水箱；3—空冷补水；
4—喷射式凝汽器；5—塔底环形水箱；6—循环水泵

积为 $5000m^2$，接触的黄铜管的面积为 $10\ 000m^2$，冷却水的容积为 $2200m^3$。由于系统存在碳钢和黄铜两种材质，它们的电化学性能存在显著的差异，因此就需要研究同时适合这两种材质的化学水工况。按照空冷系统水容积大且停用期间不宜放水的特点，经过动态试验，研究出运行、停用为同一水质的化学水工况，具体水质指标及试验结果如下。

采用 HSn70-1A 黄铜管表面式凝汽器和碳钢散热器的空冷系统，在优先考虑碳钢耐腐蚀寿命的前提下，其化学水工况宜采用碱性除氧工况，碱化剂为氨，除氧剂为催化联氨。水质控制指标为 $pH=10\sim10.5$，催化联氨为 $40\sim100mg/L$，溶解氧浓度小于 $20\mu g/L$。

在此化学水工况下长期运行及检修停用，碳钢和黄铜均未出现局部腐蚀。腐蚀产物及长期运行的水质也未对金属的腐蚀速度有明显的影响，碳钢的腐蚀速度为 $4.2\times10^{-5}mm/a$，HSn70-1A 黄铜的腐蚀速度为 $8.9\times10^{-4}mm/a$，由此推算均能满足工程的需要。

第三节 直接空冷机组的水化学工况

一、直接空冷技术介绍

直接空冷系统以其投资小，适应性强以及冷却效率高等特点，正在被广泛使用。目前投产和在建的直接空冷机组见表 8-1。

表 8-1 全国直接空冷机组部分电厂

电厂名称	机组容量（MW）	台 数	投运日期	建设中
章泽电厂	300	2	2003	
华能山西榆社电厂	300	2	2004	
国电大同二电厂	600	2	2006	
内蒙古上都电厂	600	4	2006	其中2台
国华锦界电厂	600	4	2006	其中2台
内蒙古达拉特电厂	600	2	2007	
华能铜川电厂	600	4	2007	其中2台
华能伊敏电厂	600	2	2007	

汽轮机的排汽通过大直径的管道进入布置于主厂房前的空冷凝汽器，采用轴流风机使冷空气流过空冷凝汽器，以此使蒸汽得到冷凝，冷凝水经过处理后送回到锅炉给水系统。当然，要长期稳定地完成这个过程，还涉及其他诸多因素。为了便于清楚地说明系统所要求达到的性能，人为地将该系统划分为若干个子系统。直接空冷机组热力系统图如图 8-3 所示，以某 600MW 机组为例的各子系统基本性能要求叙述如下。

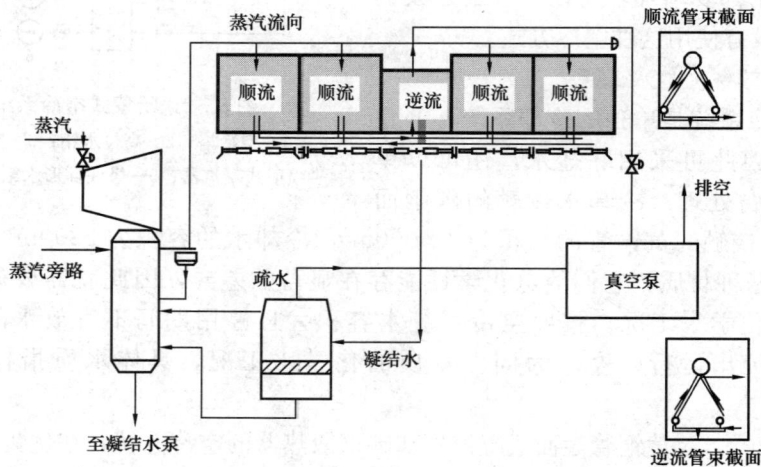

图 8-3 直接空冷机组热力系统图

1. 空冷凝汽器系统

空冷凝汽器系统是由担负散热任务的空冷凝汽器和提供冷却空气的轴流风机等设备组成。空冷凝汽器所需散热面积为 535 108m^2，管束尺寸为 11 700mm×2341mm×707mm，数量为 240 个；风机为 24 台，直径为 9.754m，转数为 66r/min，风量为 598m^3/s，电动机功率为 110/22kW。

2. 排气管道系统

排汽管道系统是指从汽轮机低压缸（排汽装置）出口到连接各空冷凝汽器的蒸汽分配管之间的管道，以及在排汽管道上设置的滑动和固定支座、膨胀补偿器、相关的隔断阀门等。

3. 凝结水收集系统

汽轮机排汽经空冷凝汽器凝结成水后，通过凝结水管道收集到凝结水箱，然后通过凝结水泵送入凝结水精处理系统。此过程中凝结水所经过的系统即为凝结水收集系统。排汽管道系统的疏水以及其他的疏水进入疏水箱后，通过疏水泵也送入凝结水箱。凝结水箱容积为 80m³，并设有凝结水放水口。

4. 抽真空系统

抽真空系统由三台同容量的水环式真空电动泵（正常运行时一运两备，机组启动时全部投运）以及所需的管道、阀门等组成。启动真空泵的排气通过消声器排入大气。汽轮机本体（含排汽装置）的真空容积为 1300m³。该系统用于将空冷凝汽器中不能凝结的气体抽出，以便保持系统的真空状态。该系统也同样要求严密不漏气，并且在运行过程中始终保证有一台抽气装置工作。

5. 空冷凝汽器清洗系统

为了防止落在空冷凝汽器表面的灰尘影响散热效果和腐蚀，需设置半自动的水力清洗系统，定期对空冷凝汽器进行清洗。清洗系统在机组运行中也应能对空冷凝汽器进行冲洗。

6. 控制系统

直接空冷系统在机组集中控制室进行控制。在集中控制室内的分散控制系统（DCS）中，设独立的控制器对直接空冷系统进行监控。控制系统以计算机控制系统的 CRT 及键盘为中心，实现直接空冷系统的正常启停，并实现正常运行工况的监视和调整，以及异常工况的报警和紧急事故的处理。

二、直接空冷方式和湿冷方式费用对比

2×300MW 机组直接空冷方式与湿冷方式费用对比见表 8-2。湿冷方式循环冷却所用新鲜水量及两种方式各自运行费用的具体计算方法如下。

表 8-2　直接空冷与湿冷费用对比（2004 年）

项　目	直接空冷系统	循环冷却系统
循环冷却需补充水（万 t/年）	0	1117
投资（万元）	16 000	8000
运行费用（万元）	712.8	984

（1）循环冷却所用新鲜水量的计算：

假设循环倍率=60，蒸发损失 $P_1=1.42\%$，风吹损失 $P_2=0.1\%$，运行时间=7500h/年，负荷率=90%，额定凝汽量=694t/h，浓缩倍率 $K=3.5$。则

排污率 $P_3=[P_1-(K-1)P_2]/(K-1)=0.468\%$

年蒸发损失水量 $=[694\times60\times90\%\times1.42\%\times7500\times2]$ 万 t=798 万 t

年泄漏损失水量 $=[694\times60\times90\%\times0.1\%\times7500\times2]$ 万 t=56 万 t

年排污损失水量 $=[694\times60\times90\%\times0.468\%\times7500\times2]$ 万 t=263 万 t

年总需补充水量 $=[798+56+263]$ 万 t=1117 万 t

（2）运行费用的计算：

假设成本电价＝0.2元/(kW·h)，运行时间＝7500h/年，负荷率＝90%，空冷风机总功率＝48×110kW＝5280 kW，循环泵电动机总功率＝3×1860kW＝5580kW。则

直接空冷年运行费用＝[5280×7500×90%×0.2]万元＝712.8万元

湿冷方式年运行费用＝[5580×7500×90%×0.2]万元＝753.3万元

另外，循环水还需加药费用，分别计算如下：

阻垢缓蚀剂年费用＝64t×1.2万元/t＝76.8万元

杀菌剂年费用＝54t×1.2万元/t＝64.8万元

硫酸年费用＝1620t×0.055万元/t＝89.1万元

故年费用合计＝[753.3＋76.8＋64.8＋89.1]万元＝984万元

三、直接空冷化学水工况

由于直接空冷系统采用全铁系统，机组也采取全钢系统，所以化学水工况只需考虑碳钢的防腐即可。最简单可行的方式是提高水汽系统的 pH 值。根据凝结水处理方式可分为两种情况，一是采用粉末树脂过滤器时，对 pH 值没有要求，因此可采用提高 pH 值的方法；二是使用固定阳床、阴床时，如果阳床按 H 型运行方式，就不能过高的提高 pH 值，防腐效果差，但如果按 H 型→铵型的方式运行，即运行中氨化，也可提高 pH 值。目前大多采用后者。根据相关研究结果，并综合各厂直接空冷的情况，其化学水工况参见表8-3。

表8-3 直接空冷汽水品质控制指标

部 位	项 目	单 位	极限值	目标值
凝结水	硬度①	μmol/L	≈0	0
	溶解氧	μg/L	≤30	≤30
	氢电导率	μS/cm	≤0.3	≤0.3
	二氧化硅	μg/L	≤20	≤20
	铁	μg/L	≤30	≤20
	pH		9.3～9.6	9.5～9.6
粉末树脂过滤器出口②	硬度	μmol/L	0	0
	氢电导率	μS/cm	≤0.3	≤0.3
	二氧化硅	μg/L	≤20	≤20
	铁	μg/L	≤15	≤10
固定阳床＋阴床出口③	硬度	μmol/L	0	0
	氢电导率	μS/cm	≤0.2	≤0.15
	二氧化硅	μg/L	≤20	≤10
	铁	μg/L	≤10	≤5
省煤器入口	硬度	μmol/L	0	0
	pH		9.3～9.6	9.5～9.6
	直接电导率	μS/cm	6.0～11.0	8.5～11.0
	氢电导率	μS/cm	≤0.30	≤0.30
	铁	μg/L	≤20	≤15

续表

部　　位	项　　目	单　　位	极限值	目标值
锅炉水	pH④		9.0～9.7	9.4～9.6
	电导率	μS/cm	≤30	≤25
	磷酸根	mg/L	0.3～2	
过热蒸汽	氢电导率	μS/cm	≤0.3	≤0.2
	钠	μg/kg	≤10	≤5
	二氧化硅	μg/kg	≤20	≤15
	铁	μg/kg	≤20	≤15

① 在氢电导率达不到要求标准时应检测硬度，防止有生水进入系统；当氢电导率达到标准要求时可不检测该项指标。

② 和③ 两种情况选一种。

④ 当 pH 值达不到期望值，而磷酸盐含量已经到上限时，可加入 NaOH，$Na_3PO_4 \cdot 12H_2O$ 与 NaOH 的质量比按 10∶1～20∶1 加入。

核 电 站 水 化 学 工 况

第一节 核 电 站 简 介

随着社会的发展和科学技术的进步，人类对能源的需求急剧增加。若将全部能耗都折合成标准煤计算，1950 年全世界能耗为 26 亿 t，1979 年达到 98 亿 t，2000 年已增加到 200 亿 t以上。可是化石燃料资源毕竟有限，目前我国能源资源已处于相对短缺的形势。据统计，到 2007 年，我国煤炭剩余可采量约 1160 亿 t，石油剩余可采量仅有 23.8 亿 t。还有资料显示，储量最多的煤炭资源到 21 世纪中期，也只能满足世界总能耗需求的 15%。化石能源的"有限性"和"短期性"，决定了核电开发的必然性。

另外，目前的环境污染问题大部分是由使用化石燃料引起的。因为化石燃料燃烧会放出大量的烟尘、CO_2、SO_2、NO_x 等，由 CO_2 等有害气体造成的"温室效应"，将使地球气温升高，这不仅会造成气候异常，还会加速土地沙漠化过程，给社会经济的可持续发展带来灾难性的影响。目前，我国温室气体排放居世界第二，约占 13%。这说明，环境、生态的可持续发展也需要核电的开发。

为缓和能源这一矛盾，核电得到了迅速发展（见表 9-1）。不仅化石燃料资源缺乏的国家大力发展核电，就是拥有丰富化石燃料和水力资源的国家（如美国、俄罗斯、加拿大等国），也都在大力发展核电。目前，世界核电的供应已达到总电力供应的 16%，有不少国家核电已占总供电量的 1/3。

表 9-1　　　　　世界各国核电站排行榜（截止 2008 年 4 月）

数量排名	国家或地区	核反应堆机组数量	占总发电量份额（%）
1	美　国	104	19.8
2	法　国	59	75.0
3	日　本	53	34.7
4	英　国	35	28.9
5	俄罗斯	29	14.4
6	德　国	19	31.2
7	韩　国	16	42.8
8	加拿大	14	12.4
9	乌克兰	14	43.8
10	中　国	12	2.0
11	印　度	11	2.7
12	瑞　典	11	46.8
13	西班牙	9	31.0
14	比利时	7	57.7

秦山核电一期工程是我国建成投产的首座核电站，标志着我国成为继美国、前苏联、英国、法国、加拿大、瑞典之后，第 7 个独立设计、建造首座核电站的国家。表 9-2 给出了七国自行建造首座核电站的基本情况。

表 9-2　　　　　　　　七国自行建造首座核电站的基本情况

国　别	核电厂名称	堆　型	电功率（MW）	并网时间（年）	现　状
美　国	希平港	压水堆	60	1957	已 退 役
英　国	伯克利 1 号	镁诺克斯堆	138	1962	已 退 役
法　国	希农 A1	石墨气冷堆	70	1962	已 退 役
前 苏 联	新沃罗涅什 1 号	压水堆	210	1964	运　行
加 拿 大	道格拉斯角	重水堆	210	1968	已 退 役
瑞　典	奥斯卡斯哈门 1 号	沸水堆	440	1972	运　行
中　国	秦山	压水堆	300	1991	运　行

除缓和能源矛盾外，核电之所以能得到迅速发展，还因为与火电相比，核电有其自身的优点：①核电成本比火电成本低 1/3～1/2；②核电厂本身既不排放 SO_2、NO_x 和烟尘等污染环境，也不排放形成"温室效应"的 CO_2 等气体；③核电厂排出的废气中所含的放射性气体比燃煤的火电厂少得多；④运行的安全性比较好，除 1986 年 4 月前苏联切尔诺贝利核电站人为事故外，还没有别的核电站发生过大型人身伤亡事故。总之，核电是一种干净、经济、安全的能源，它能大大改善环境质量，保护人类赖以生存的生态环境。

一、能源与核能利用

1. 能量资源分类

能（即能量）是物质运动的量度。能量资源按来源可分为：①来自地球以外的太阳能，包括太阳辐射能、化石资源（煤、石油、天然气等）、生物质能、水能、风能、海洋能等；②地球本身蕴藏的能力资源，包括储藏于地球内部的地热能、地球上的铀、钍等核裂变能资源和氘、氚、锂等核聚变能资源；③地球、月亮和太阳等天体之间有规律的运动所形成的能，如潮汐能。

煤、石油及天然气、水力、核能称为"四大能源"。能源有不同的分类方法：如按可否再生分为可再生能源（如水力）与非再生能源（如石油、天然气等）；按能源来源可分为常规能源（如煤、石油、天然气等）与新能源（如核聚变能）；从能源系统的各个环节来看，能源形式还可以分为一次能源、二次能源、终端能源和有用能。

今后，世界能源的发展战略是发展多元结构的能源系统和高效、清洁的能源新技术。例如，对煤可以进行先进的燃烧和污染处理，也可以进行气化与液化；充分接受和利用太阳能，用光—热转换、光—电转换和光—化学转换来更大程度地利用太阳能；用风力机转换利用风能；用热化学转换技术、生物化学转换技术、生物质压块细密成型技术及化学转换技术来利用生物质能；发展利用氢能（氢气的制备有电解法、热化学制氢法、光电化学法、等离子体化学法）的技术，并发展氢与其他一次能源结合的各种氢能系统，特别是太阳能—氢能综合能源系统；建设安全运行的核电站，充分利用核能。

2. 原子核能

核能即指原子核能，又称原子能，是原子结构发生变化时放出的能量。目前，从实用上来讲，核能指的是一些重金属元素如铀、钚的原子核发生裂变，或者氢元素氘、氚的原子核发生聚合（又称聚变）时所放出的巨大能量，前者称为裂变能，后者称为聚变能。通常所说的核能是指受控核裂变链式反应产生的能量。

3. 核能的特点

核能的特点是能量高度集中。1t 铀-235（^{235}U）裂变反应所放出的能量约等于 1t 标准煤在化学反应中放出能量的 240 万倍。据估算，地球上已探明的易开采的铀储量，如果以快中子堆加以利用的话，所提供的能量将大大超过全球可用的煤、石油和天然气储量的总和。

重金属元素 ^{235}U 的原子核吸引一个中子后产生核反应，使这个重原子核分裂成两个（极少情况下是 3 个）更轻的原子核以及 2～3 个自由中子，还有 β、γ 射线和中微子，并释放出巨大的能量，这一过程称为核裂变。

当中子轰击 ^{235}U 原子核时，一部分 ^{235}U 原子核吸收中子而发生裂变。如果 ^{235}U 核裂变产生的中子又去轰击另一个 ^{235}U，将再引起新的裂变，如此不断地持续进行下去，就是裂变的链式反应。这种链式裂变反应自己维持进行（或维持自持链式裂变反应）的条件（或状态）是至少有一个中子而且不多于一个中子从每一次裂变到达另一次裂变。这种状态称为"临界状态"。

中子与 ^{235}U 核的自持链式反应可以由人来控制，目前最常用的控制方式是向产生链式反应的裂变物质（如 ^{235}U）中放入或移出可以吸收中子的材料。正常工作时使裂变物质处于临界状态，维持稳定的链式裂变反应，因而保持稳定的核能释放。如需停止链式反应，就放入更多的吸收中子材料；相反，如果要求释放更多的核能，可以移出一定的吸收中子材料。这种能维持和控制核裂变，并因此维持和控制核能→热能转换的装置，称作反应堆。

4. 核能的利用及核电发展

现在核能已成为一种大规模集中利用的能源，可以替代煤、石油和天然气，目前主要用于发电。

核电站是利用原子核裂变反应放出的能来发电的装置，其核心是核反应堆。核反应堆的种类有多种，按引起裂变的中子能量分为热中子反应堆和快中子反应堆。由于热中子更容易引起 ^{235}U 裂变，因此热中子反应堆比较容易实现和控制。热中子反应堆有轻水堆、重水堆、石墨气冷堆、石墨水冷堆。目前已运行的核电站以轻水堆居多，我国已选定轻水堆作为第一代核电站。

自从 1954 年前苏联第一座 5MW 试验性核电厂投入运行以来，核电在许多国家和地区已承担基本负荷。目前，全球正在运行的反应堆核电站为 441 座，正在建设的反应堆核电站为 107 座，总装机容量为 351.2GW，反应堆运行史为 8800 堆年。在今后的 5 年内，加拿大、中国、印度、伊朗、巴基斯坦、俄罗斯、南非以及欧共体的一些国家将建设和更新近 20 座核电站。

从已运行的核电站装机容量来看，美国居首位，装机容量占全世界的 1/4，其次是法国、日本、德国和俄罗斯。从发展速度来看，法国、日本和韩国保持着较高的发展速度。预计到 2030 年，世界核电站总数将达到 1000 座，核发电量将占总发电量的 1/3。可以预期在相当长一段时期内，核电将成为电力工业的支柱。目前，主要发达国家核电所占比例情况如下，法国和立陶宛核电比例高于 75%，比利时、瑞典、乌克兰、韩国等为 40%～60%，德国、芬兰、英国等为 20%～30%，美国、俄罗斯、加拿大等为 10%～20%，中国目前为 2%。

中国核电于 20 世纪 70 年代开始探讨，80 年代中期开始建设，90 年代初发电，21 世纪初期完成了第一批 8700MW 核电站建设，11 个机组并网发电。2003 年开始制定核电发展规划，探讨核电发展战略问题。2006 年 3 月，国务院通过了国家至 2020 年发展 40 000MW 核电的第一个核电发展规划。

二、核电站概况

1. 核电站

核电站就是利用一座或若干座动力反应堆所产生的热能来发电，或发电兼供热的动力设施。反应堆是核电站的关键设备，链式裂变反应就在其中进行。将原子核裂变释放的核能转换成热能，再转变为电能的系统和设施，通常称为核电站。

目前世界上核电站常用的反应堆有轻水堆、重水堆和改进型气冷堆及快堆等，但使用最广泛的是轻水堆。按产生蒸汽的过程不同，轻水堆可分成沸水堆核电站和压水堆核电站两类。压水堆是以普通水作冷却剂和慢化剂，它是从军用堆基础上发展起来的最成熟、最成功的动力堆堆型。压水堆核电站占全世界核电总容量的 60% 以上。

2. 核电站工作原理

核电站用的燃料是铀。用铀制成的核燃料在"反应堆"的设备内发生裂变而产生大量热能，再用处于高压下的水把热能带出，在蒸汽发生器内产生蒸汽，蒸汽推动汽轮机带着发电机一起旋转，电就源源不断地产生出来，并通过电网送到四面八方。

三、沸水堆核电站

1. 沸水堆核电站的特点

沸水堆是以沸腾轻水作为慢化剂和冷却剂，并在反应堆压力容器内直接产生饱和蒸汽的动力堆。沸水堆与压水堆同属轻水堆，都具有结构紧凑、安全可靠、建造费用低和负荷跟随能力强等优点。它们都需使用低富集铀作燃料。沸水堆核电站系统包括：主系统（包括反应堆）、蒸汽—给水系统、反应堆辅助系统等。

沸水堆核电站直接从反应堆中产生蒸汽。从反应堆产生蒸汽到汽轮机及其热系统只有一个回路，因此这种核电站又称"单回路"核电站。

2. 沸水堆核电站的结构组成

沸水堆是以沸腾轻水为慢化剂和冷却剂并在反应堆压力容器内直接产生饱和蒸汽的动力堆。沸水堆核电站工作流程是：冷却剂（水）从堆芯下部流进，在沿堆芯上升的过程中，从燃料棒那里得到了热量，使冷却剂变成了蒸汽和水的混合物，经过汽水分离器和蒸汽干燥器，将分离出的蒸汽来推动汽轮发电机组发电。

沸水堆是由压力容器及其中间的燃料元件、十字形控制棒和汽水分离器等组成。汽水分离器在堆芯的上部，它的作用是把蒸汽和水滴分开、防止水进入汽轮机，造成汽轮机叶片损坏。图 9-1 给出了沸水堆核电站工作示意图。

沸水堆核电站工作过程：来自汽轮机系统的给水进入反应堆压力容器后，沿堆芯围筒与容器内壁之间的环形空间下降，在喷射泵的作用下进入堆下腔室，再折而向上流过堆芯，受热并部分汽化。汽水混合物经汽水分离器分离后，水分沿环形空间下降，与给水混合；蒸汽则经干燥器后出堆，通往汽轮发电机，做功发电。蒸汽压力约为 7MPa，干度不小于99.75%。汽轮机乏汽冷凝后经净化、加热再由给水泵送入反应堆压力容器，形成一闭合循环。再循环泵的作用是使堆内形成强迫循环，其进水取自环形空间底部，升压后再送入反应堆容器内，成为喷射泵的驱动流，某些沸水堆用堆内循环泵取代再循环泵和喷射泵。

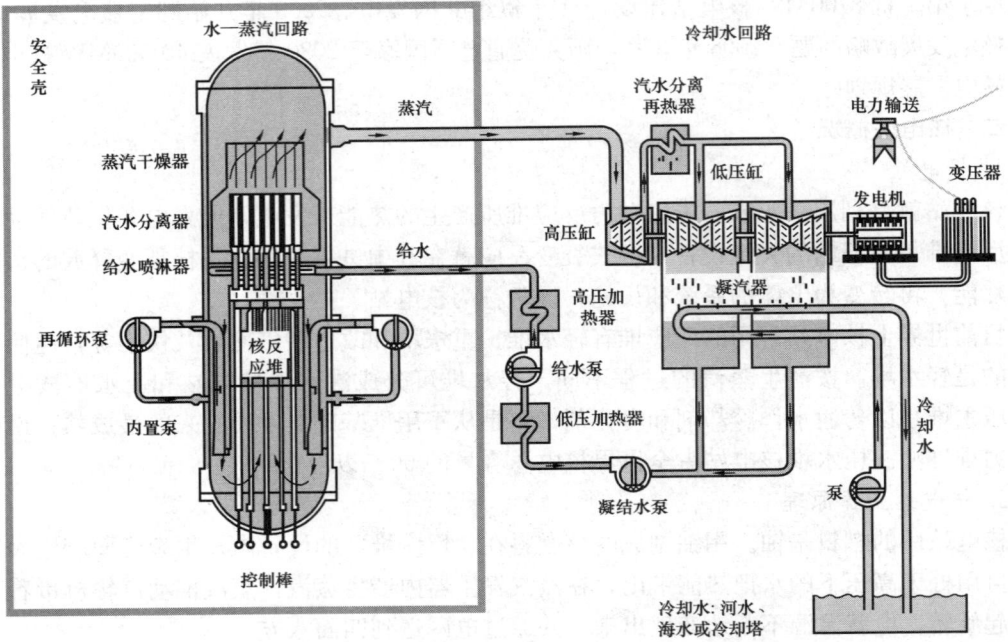

图 9-1 沸水堆核电站工作示意图

四、压水堆核电站

(一) 压水堆核电站的工作流程

压水堆核电站主要由压水反应堆、反应堆冷却剂系统（组成一回路系统）、蒸汽和动力转换系统（二回路系统）、循环水系统（三回路系统）、发电机和输配电系统及其辅助系统组成，其工作流程如图 9-2 所示。

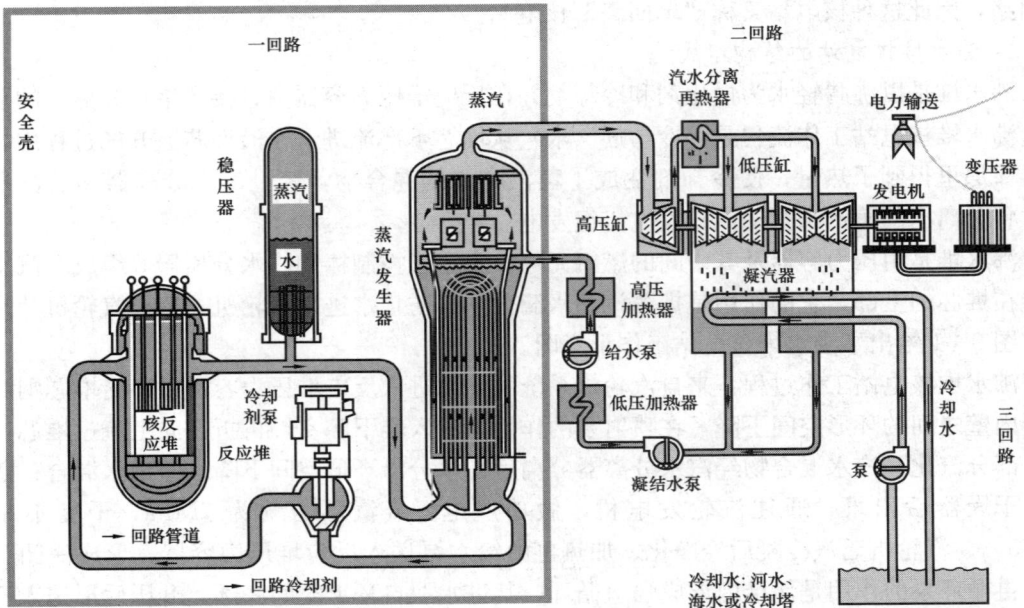

图 9-2 压水堆核电站工作示意图

反应堆冷却剂系统将堆芯核裂变放出的热能带出反应堆并传递给二回路系统以产生蒸汽。一回路内的高温高压含硼水，由反应堆冷却剂泵输送，流经反应堆堆芯，吸收了堆芯核裂变放出的热能，再流进蒸汽发生器，通过蒸汽发生器传热管壁，将热能传给二回路蒸汽发生器给水，然后再被反应堆冷却剂泵送入反应堆，就此形成循环，构成封闭回路。整个一回路系统设有一台稳压器，一回路系统的压力靠稳压器调节，保持稳定。

在二回路中，给水在蒸汽发生器吸收热量变成高压蒸汽，然后驱动汽轮发电机组发电，做功后的乏汽在凝汽器内冷凝成水，凝结水由凝结水泵输送，经低压加热器进入除氧器，除氧水由给水泵送入高压加热器加热后重新返回蒸汽发生器，就此形成水汽系统的热力循环。

（二）压水堆核电站的主要组成系统

压水堆核电站由压水堆本体、反应堆冷却剂系统（称一回路）、蒸汽和动力转换系统（称二回路）、循环水系统（三回路）、发电机和输配电系统及其辅助系统组成。

压水堆核电站主要由核岛和常规岛组成。通常将一回路及核岛辅助系统、专设安全设施和厂房称为核岛。压水堆核电站核岛中的四大部件是蒸汽发生器、稳压器、主泵和堆芯。常规岛包括二回路及其辅助系统和厂房。

1. 一回路系统

一回路系统即压水堆核电站反应堆冷却剂系统，该系统一般有 2～4 条并联在反应堆压力容器上的封闭环路。每一条环路由一台蒸汽发生器、一台或两台反应堆冷却剂泵及相应的管道组成，在其中一个环路的热管段上，通过波动管与一台稳压器相连。

一回路内的高温高压含硼水，由反应堆冷却剂泵输送，流经反应堆堆芯，吸收了堆芯核裂变放出的热能，再进入蒸汽发生器，通过蒸汽发生器传热管壁，将热量传给蒸汽发生器二次侧给水，然后再由反应堆冷却剂泵送回反应堆。如此循环往复，构成封闭回路。

整个一回路系统设有一台稳压器，一回路系统的压力靠稳压器调节且保持稳定。为了保证反应堆和反应堆冷却剂系统的安全运行，核电厂还设置了一系列核辅助系统和专设安全设施系统。核辅助系统主要用来保证反应堆和一回路系统的正常运行，专设安全设施系统为核电厂重大事故提供必要的应急冷却措施，并防止放射性物质的扩散。

2. 二回路系统

二回路系统由汽轮机、发电机、凝汽器、凝结水泵、给水加热器、除氧器、给水泵、蒸汽发生器、汽水分离再热器等设备组成。

二回路系统的工作流程为：给水在蒸汽发生器内吸收热量变成蒸汽，然后驱动汽轮发电机组发电；做功后的乏汽在凝汽器内冷凝成水，凝结水由凝结水泵输送，经低压加热器加热后进入除氧器，除氧水由给水泵送入高压加热器加热后重新返回蒸汽发生器，如此形成热力循环。为保证二回路系统的正常运行，二回路系统也设有一系列辅助系统。

3. 循环水系统——三回路系统

循环水系统主要用来为凝汽器提供凝结汽轮机乏汽的冷却水。循环水系统分为开式供水及闭式供水两类。开式供水方式的主要优点是：冷却水进水温度较低，有利于汽轮机组的经济运行，而且系统简单，投资较低。因此，只要水流在枯水季节时的水流量仍能达到发电厂耗水量的 3～4 倍，水质又符合要求，则应首选开式供水方式。

大亚湾核电厂为开式循环水系统，每台机组有 2 台容量为 50% 的循环水泵，它们分别对应于 2 条独立的系列 A 和 B 的循环水回路。

经循环水泵升压后，每个系列分成 3 条支路进入 3 台凝汽器。每台凝汽器水室被分割为两个独立水室，每台水泵与 3 台凝汽器的一半连接形成独立的回路。循环水离开凝汽器后经 6 个循环水支管分别汇入 A、B 系列的排水渠，每条排水渠有一个独立的虹吸井，循环水经虹吸井流入明渠归大海。

为防止海洋生物在凝汽器、管道及水渠等处的滋生造成管道阻塞和水污染，对循环水必须进行氯化处理，再结合机械处理方法（胶球清洗凝汽器管和循环水进口垂直管段上的二次滤网过滤），才能收到满意的效果。大亚湾核电厂采用次氯酸钠溶液进行氯化处理，次氯酸钠溶液采用就地电解海水的方法获得。

4. 发电机和输配电系统

发电机和输配电系统的组成包括：发电机、励磁机、主变压器、厂用变压器、启动变压器、高压开关站和柴油发电机组等。该系统的主要作用是将核电厂发出的电能向电网输送，同时保证核电厂内部设备的可靠供电。

发电机和输配电系统的工作过程为：在电厂正常功率运行时，发电机发出的电能绝大部分经主变压器升压至外网电压，输送给用户；同时，整个厂用电设备的配电系统由发电机的引出母线经厂用变压器降压后供电。当发电机停机时，则由外部电网经启动变压器供电。当外网和发电机组都不能供电时，则由柴油发电机组向安全母线供电，以保证核电厂设备的安全。

（三）一回路工质

一回路工质的任务是从反应堆堆芯中取得热量，然后在蒸汽发生器中把热量传给二回路工质（水），使之变成蒸汽。

核电站一回路的工质分"液体"和"气体"两类。可以用作一回路工质的液体有以下几种：普通水、重水、聚苯类有机化合物、液态金属钠（或钾合金）等。其中，水和有机物是低温工质，液态金属是高温工质。可作为一回路工质的气体有二氧化碳（CO_2）和氦气（He）等。

用有机物和气体作为一回路工质，只可得到 3.5MPa（在蒸汽发生器中可得到 4～8MPa）的中压饱和蒸汽或次高压蒸汽；而用液态金属作为一回路工质，可得到超高压、超临界压力参数的蒸汽。

用水作为一回路工质的核电站，又可分为重水型和轻水（普通水）型两种。在物理化学和热物理性质方面，重水与轻水（普通水）基本上一样。但是重水有优良的核性能，在反应堆中，重水对中子的慢化和吸收能力远远高于轻水。使用重水作慢化剂，就能在反应堆中采用天然铀，并且减少燃料的初始装载量和年耗量。采用重水的主要缺点是价格昂贵，一次性投资很大。

由上所述，双回路堆核电站按一回路工质可分成：气冷堆、重水型压水堆、轻水型压水堆等。在已经运行的核电站中，轻水型压水堆占 78%，为绝对优势；目前，正在建设和订货的核电站中，轻水型压水堆占 90%。

（四）蒸汽发生器

蒸汽发生器是压水堆核电站的主要设备之一，它是用来产生汽轮机所需蒸汽的换热器（热交换器）。蒸汽发生器也是压水堆核电厂一回路和二回路的枢纽，它将反应堆产生的热量传递给蒸汽发生器二次侧，产生蒸汽推动汽轮机做功。蒸汽发生器又是分隔一次侧和二次侧介质的屏障，它对于核电厂的安全运行十分重要。

1. 蒸汽发生器的特点和组成

蒸汽发生器传热管面积占一回路承压边界面积的 80% 左右，传热管壁厚一般为 1～1.2mm。因而，传热管是整个一回路压力边界中最薄弱的部分。运行经验也表明，传热管是蒸汽发生器内的事故多发区域。

核电站的蒸汽发生器一般有预热段、蒸发段和过热段等部件，这些部件可以组装成一个换热器串接在一个回路中，也可以是各自独立的换热器。

在预热段中，二回路工质总是以强迫流动的方式一次通过的。在蒸发段中，二回路工质的流动有自然循环、强制循环和一次流过三种形式，因工质在蒸发段中有再循环，故统称再循环式。不过，强制循环流动方式现已很少采用。按照二回路工质在蒸发段中的流动形式，核电站蒸汽发生器可分为再循环蒸汽发生器（大多为自然循环）和直流蒸汽发生器。在直流蒸汽发生器中，工质由给水泵加压强迫一次流过所有部件。

核电站蒸汽发生器的换热管由大量小直径的管子组成，蒸汽发生器各部件的装配要保证最好的严密性。一回路工质把反应堆的热量带到蒸汽发生器内，传热给二回路工质。一回路是有放射性的，绝不允许一回路工质漏入到二回路工质中去，因为汽轮机及热力系统是没有生物防护的设施。因此，发生任何放射性漏泄就会导致电站的严重事故。核电站运行的可靠性，在很大程度上取决于蒸汽发生器的可靠性。

2. 蒸汽发生器的问题

蒸汽发生器的可靠性是比较低的，它严重地影响核电厂运行的安全性、经济性及可靠性。

压水堆核电厂运行经验表明，蒸汽发生器传热管断裂事故在核电厂事故中居首要地位。据报道，国外压水堆核电厂的非计划停堆次数中约有 1/4 是因有关蒸汽发生器问题造成的。1992 年，在 205 座堆中，报告蒸汽发生器有问题的达 172 座。

五、压水堆核电站水化学工况的要求

核电站水化学工况的选择及其实施，对核电站的安全可靠运行有重大影响。在选择和实施水化学工况时，既要考虑到核电站整体，也要考虑到反应堆类型、结构特点、参数以及核电站放射性对环境产生的影响。

总之，对核电站水化学工况的要求是：

(1) 尽可能减少沉淀物在回路中的积累；

(2) 保持冷却剂和蒸汽发生器工作介质的物理—化学特性；

(3) 将放射性水平控制在标准允许范围之内。

第二节 压水堆核电站一回路水工况

一、反应堆冷却剂系统

核电站一回路系统也称为反应堆冷却剂系统，它是核电站最重要的系统，也是核电站区别于其他类型电站的本质特征。

反应堆冷却剂系统可分为冷却系统、压力调节系统和超压保护系统。冷却系统由反应堆冷却剂泵、反应堆和蒸汽发生器及相应的管道组成。在正常功率运行时，反应堆冷却剂泵使冷却剂强迫循环通过堆芯，带走燃料元件产生的热量。

压力调节系统是为了保证反应堆冷却剂系统具有好的冷却能力，将堆芯置于具有足够欠

热度的冷却剂淹没之中。核电厂在负荷瞬变过程中，由于量测系统的热惯性和控制系统的滞后等原因，会造成一、二回路之间的功率失配，从而引起负荷瞬变过程中一回路冷却剂温度的升高或降低，造成一回路冷却剂体积膨胀或收缩。水经波动管涌入或流出稳压器，引起一回路压力升高或降低。当压力升高至超过设定值时，压力控制系统调节喷淋阀，由冷管段引来的过冷水向稳压器汽空间喷淋降压；若压力低于设定值，压力控制系统则启动加热器，使部分水蒸发，升高蒸汽压力。

超压保护系统适用于一回路系统压力超过限值的时候。此时，装在稳压器顶部卸压管线上的安全阀开启，向卸压箱排放蒸汽，使稳压器压力下降，以维持整个一回路系统的完整性。卸压系统主要由装在稳压器汽空间连管上的卸压阀或安全阀及其管道和卸压箱组成。西屋公司设计的稳压器，上面装备有卸压阀和安全阀，卸压阀的开启整定值比安全阀的开启整定值低。若卸压阀开启后使超压瞬变过程得以缓解，安全阀则可免于开启。法国法马通公司设计的稳压器，只装备三只同一类型但开启整定值不同的安全阀。

二、反应堆冷却剂系统的功能和控制

1. 反应堆冷却剂系统的功能

一回路反应堆冷却剂系统要达到以下三个方面的目的：

(1) 确保一回路系统压力容器材料的完整性；

(2) 确保燃料包壳的完整性并保证燃料的设计性能；

(3) 控制燃料堆芯外的辐射达到最小程度。

具体而言，反应堆冷却剂系统的主要功能是：

(1) 在核电厂正常功率运行时，将堆内产生的热量载出，并通过蒸汽发生器传给二回路工质，产生蒸汽，驱动汽轮发电机组发电；

(2) 在停堆后的第一阶段，经蒸汽发生器带走堆内的衰变热；

(3) 系统的压力边界构成防止裂变产物释放到环境中的一道屏障；

(4) 反应堆冷却剂既作为可溶化学毒物硼的载体，又起慢化剂和反射层作用；

(5) 系统的稳压器用来控制一回路的压力，防止堆内发生偏离核态沸腾，同时对一回路系统实行超压保护。

2. 反应堆冷却剂系统的控制原则

有的核电站会遇到这种情况，即满足某项指标的同时，另一项指标却达不到预定的要求。典型的例子是：提高 pH 值可以降低堆芯外的辐射，并且大大降低沉积物；但是，却由于提高 pH 值增加了碱化药品 LiOH 的浓度而引起镍基 600 合金脆裂的可能性增加，从而加速堆芯区材料包壳的腐蚀。这时就需要对一回路的整体水化学运行工况进行优化处理。

基于以上的考虑，一回路水化学工况的控制必须明确一些具体化学指标，同时确定各指标的层次及水平。确保放射性最低的同时，还要保证一回路系统材料的完整性。图 9-3 给出

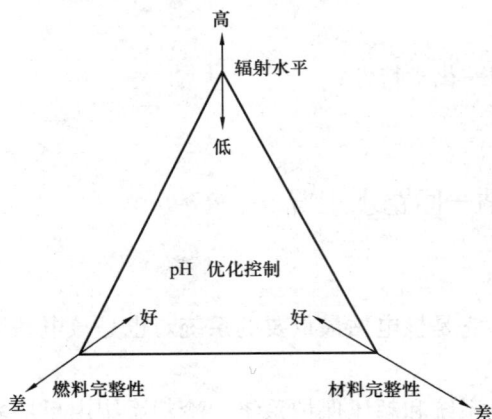

图 9-3　一回路化学冷却剂系统
pH 控制的优化平衡示意

了化学冷却剂系统 pH 控制的优化平衡示意。

3. 一回路内的理化过程概要

一回路的主要问题是高压、高温及放射性辐照条件下的腐蚀过程。腐蚀过程机理较为复杂，不仅有一般性腐蚀的问题，主要是局部腐蚀、缝隙腐蚀、晶间腐蚀、就历程腐蚀等问题。腐蚀会影响设备寿命，到一定程度会直接损坏设备。不仅如此，蒸汽发生器内一回路工质的放射性，可导致具有放射性的腐蚀产物在一回路中沉积。若腐蚀产物在核燃料元件上沉积，就会引起传热性能急剧下降，这也是非常危险的。

三、反应堆冷却剂系统的材料保护

反应堆冷却剂系统是一回路的主要系统，也是核心部分。反应堆冷却剂也就是一回路的工作介质，根据使用的冷却剂的不同，可以把核电站分为轻水反应堆、重水反应堆和石墨反应堆等。

反应堆冷却剂系统使用的材料主要包括奥氏体不锈钢如 304、316 和 A286，以及镍基合金如 600 合金、690 合金、X-750 和 718 合金。600 合金主要应用在蒸汽发生器的管道和阀门、增压器的喷嘴、增压加热器和加热器附件等部位。高强度合金材料 X-750、718 和 A286 广泛应用于核电站的堆芯内部，例如螺栓、弹簧和钉销。下面讨论这些材料在工作条件的腐蚀行为和特点。

（一）一回路系统结构材料的腐蚀形式

一回路水化学工况既会引起反应堆冷却剂系统材料的均匀腐蚀，同样也会影响材料的应力腐蚀破裂（SCC），且该腐蚀是核电站常遇到的尤其重要的一种局部腐蚀形式。

降低氧和卤素成分的浓度是防止反应堆冷却剂系统中奥氏体不锈钢发生 SCC 的必要条件。有文献指出，材料是否发生 SCC 主要不取决于卤素离子、硫酸根离子浓度的变化，而是取决于是否有氧气的存在。在沸水反应堆中，氧气对材料 SCC 的影响要明显高于压水反应堆。尽管 pH 值和温度对该种腐蚀形式有影响，但是当沸水堆冷却剂中氧气的含量在 $200\mu g/L$ 时，SCC 明显加剧。

分析数据表明，一回路介质中的水化学工况对于材料 SCC 的影响是相对次要的，其他更直接影响因素包括介质的温度、残留应力、机械加工方式和敏感的合金微相成分等。

合金 600 是广泛应用的材料，当蒸汽发生器管段的 SCC 较严重时，可以考虑用合金690、合金 800 代替，它们耐 SCC 的能力要强得多，但是成本要高些。

（二）一回路系统材料腐蚀的影响因素

美国电力研究院 EPRI 的分析结果表明：影响一回路系统 600 合金腐蚀的因素主要是溶解氧、pH 值和锂浓度，由于硼在系统中的加入影响了冷却剂的 pH 值和锂的含量，所以硼也是需要重点讨论的因素之一。

1. 溶解氧

在一回路工作介质中，氧的浓度越低，系统中均匀腐蚀和应力腐蚀的程度就越低。降低氧浓度的方法包括：使用热力除氧和化学加联氨、加氢的方式使设备中氧的浓度降低，或者使有的设备负压运行（真空运行）。

研究表明，一回路介质中的氢气浓度为 14～15mL（标准大气压，STP）/kgH_2O 时，系统中氧的浓度会大大降低；但是氢气的浓度太高也没有益处，因为氢气浓度在 25～50mL（STP）/kgH_2O 的范围时，系统中氧化产物的浓度并没有比低浓度氢气时低多少。

2. 溶解氢

在核电站一回路系统中，通常会加入氢气来抑制由于系统具有放射性而产生的辐照分解作用。分析指出：在机组启动时，控制辐照分解所需要的氢气浓度为 $1\sim5$ mL（STP）/kgH$_2$O。过氧化氢是最主要的辐照分解产物，其他如氧类产物的浓度相比之下要低的多。另外，氢气的存在也可以抑制系统中氧的浓度。

氢气在一回路系统的另一作用就是使系统处于还原性状态，从而减轻材料的腐蚀。氧化性的介质条件不仅会使腐蚀产物增多并迁移到系统其他部位，而且还会促进放射物场空间增大、反应性异常、污物沉积加剧，以及燃料棒的腐蚀。

对于一回路系统 600 合金 SCC 的长期研究分析表明：残留应力及材料性能是影响 SCC 的主要因素，水化学控制工况是次要的因素。当系统中溶解氢的浓度在 $25\sim50$ mL（STP）/kgH$_2$O 的范围时，对系统 600 合金 SCC 的影响不大。

3. pH 值

一回路系统的工作温度在 $320\sim330$℃之间，如果 pH 值从 7.0 升高到 7.4，那会使材料特征周期（指材料开裂程度达到 63.2％时所需的时间）降低 14％；而 pH 值从 7.4 升高到 7.8 时，材料特征周期的变化不大。所以一回路系统的 pH 值一般在 $7.0\sim7.8$ 之间。另外，就 600 合金的 SCC 而言，从表 9-3 给出的试验分析数据可以认为，pH 值对 600 合金的 SCC 影响不大。

表 9-3   325℃时一回路系统 600 合金的裂缝增长速度

样品 600 合金	硼质量浓度（mg/L）	锂质量浓度（mg/L）	pH 值	裂缝增长率（m/s）
1	1814	2.9	7.23	9.6×10^{-12}
2	1190	2.0	7.27	5.4×10^{-11}
3	315	0.5	7.17	5.6×10^{-12}
4	309	1.6	7.66	8.7×10^{-12}
5	1200	2.0	7.27	9.4×10^{-12}
6	1194	2.2	7.31	1.5×10^{-10}
7	1905	3.2	7.25	5.0×10^{-11}
8	335	1.7	7.66	1.9×10^{-10}
9	1200	2.0	7.27	2.2×10^{-10}

当一回路系统的工作温度在 300℃时，pH 值控制范围相应地要降低 0.45。

4. 锂离子浓度

如前面所指出，蒸汽发生器的 600 合金管段发生应力腐蚀破裂主要是由于该区域的高应力所导致。实验室的模拟试验表明，锂质量浓度从 0.7mg/L 提高到 3.5mg/L 时，600 合金材料的特征周期会下降 20％；当锂质量浓度大于 3.5mg/L 时，该指标的变化不大。

由于锂浓度的变化是将 LiOH 作为 pH 调节试剂加入系统所引起的，所以锂浓度的变化会影响介质的 pH 值，表 9-4 给出了 Li-pH 变化对 600 合金材料耐 SCC 的影响情况。

表 9-4   **Li-pH 变化对 308℃ 条件下 600 合金材料 SCC 的影响**

样品 600 合金	Li-pH 值	锂浓度维持时间 （天）	特征周期 （h）	相对 1 号样品的 降低程度
1	6.9	555	6186	—
2	7.1	900	5539	12%
3	6.9~7.4	1002	5552	11%
4	7.1~7.2	1101	5454	13%

5. 氯离子浓度

氯离子往往和氧共同存在，而对系统材料的性能和质量造成破坏。在高温含氧水中，氯离子浓度对奥氏体不锈钢的应力腐蚀破裂有影响。但相比而言，氯离子浓度对典型的反应堆冷却剂系统的 SCC 影响是最小的。

（三）一回路水化学工况选择的依据

（1）反应堆内的冷却剂是单相流体，并处于不沸腾状态。

（2）经过处理后的冷却剂中的天然杂质含量很低，且在反应堆运行过程中不会浓缩。

（3）反应堆内压力一般控制在 12.5~17.0MPa，这与反应堆和蒸汽发生器之间必须保持一定的温度降和冷却剂在反应堆内不发生沸腾等有关。

（4）反应堆内中子束对反应堆结构材料的辐照作用，易使金属材料发生辐照损伤，因此反应堆结构材料必须是耐辐照损伤材料，若采用一般的珠光体钢，则必须在内壁衬不锈钢。

（5）压水堆采用硼酸的方法来补偿调节反应堆的反应性。

（6）在反应堆运行的初期，因冷却剂温度较低且为单相，因此在冷却剂的辐照分解过程中无气体辐照分解产物逸出；随着反应堆的持续运行，冷却剂辐照分解程度减弱。

（四）一回路水工况的要求

（1）一回路补给水必须除氧。

（2）抑制冷却剂的辐照分解，降低辐照分解气相产物 O_2 的浓度。

（3）减少冷却剂中放射性核素的积累，重在抑制腐蚀。

（五）一回路水工况的作用及硼酸的特点

1. 一回路水工况的作用

（1）控制冷却剂中放射性核素的积累。

（2）减少在燃料元件包壳表面形成疏松的、且易被冲刷的沉淀物。

（3）能有效地去除冷却剂中的各种杂质。

（4）维持冷却剂中所必需的反应性调节剂和 pH 调节剂的浓度。

（5）抑制冷却剂的辐照分解，降低辐照分解气相产物 O_2 的浓度。

2. 硼酸作为反应堆反应性调节剂的优点

（1）在中子束和其他放射源的辐照作用下，硼酸具有良好的化学稳定性。

（2）硼酸易溶于水，且其溶解度随温度升高而明显增加；另外，硼酸与冷却剂中的阳离子形成的化合物也是易溶的。

（3）在实际控制的硼酸浓度条件下，硼酸不会影响反应堆结构材料的腐蚀。

（4）在含碱溶液中，硼酸的挥发性较小，但是随着温度升高其挥发性增大。

四、一回路水工况对燃料完整性的影响

燃料棒包壳材料为锆合金，该材料对反应堆运行时产生的辐射有较强的防止作用。保证燃料棒包壳的完整性，是全厂操作和运行控制的核心与关键。

（一）燃料稳定的化学控制因素

1. 包壳腐蚀

在正常运行条件下，作为包壳材料的锆合金会发生下面的腐蚀过程

$$Zr + 2H_2O \longrightarrow ZrO_2 + 4H$$

该腐蚀会影响燃料反应堆的安全性，由于运行过程中的工况条件的苛刻性和复杂性，使下面两个方面的作用得以发生，从而导致包壳材料锆合金的腐蚀。首先是 ZrO_2 层的产生导致包壳材料的壁层厚度减薄，其次是腐蚀反应产生的氢（主要是反应初期阶段产生的原子氢）渗入锆合金内部发生氢损伤，如氢脆等形式的脆性损坏，这两个方面的作用加速了包壳材料性能的下降。

影响该腐蚀过程的因素包括：温度、包壳材料的微观结构特点、沸腾温度点和冷却剂化学控制工况。

锆合金的腐蚀速率是由锆/氧化锆界面上的温度控制的。既然包壳会将热量传递给内部的冷却剂，说明运行时锆/氧化锆界面的温度总是高于冷却剂的温度；当氧化锆厚度增加时，锆/氧化锆界面的温度将进一步增加，相应就导致腐蚀反应加剧。

2. 燃料污物的沉积

锆合金的腐蚀产物会沉积在燃料棒表面上，这就会导致包壳温度增加，腐蚀加剧。在样品的检测过程中，发现有非化学计量成分的镍铁类化合物，分子式表示为 $Ni_xFe_{3-x}O_4$，一般情况下 $0.4 < x < 0.8$。实际运行时也会遇到高镍铁比的情况，特别是当燃料棒遇到过冷沸腾时。

当 x 大于 1 时，镍会跳出正常的镍铁晶格结构，过量的镍会和氧结合形成 NiO 或单质状态的 Ni。运行发现，当介质中 pH 和氢的值低于正常值时，包壳表面的沉积物量会增加。

（二）化学因素的影响

1. 溶解氧

在无氧的高温水中，不锈钢表面将产生致密牢固的氧化膜。这一保护膜能有效地阻止金属基体与水接触，从而保护金属不被进一步氧化。若冷却剂中含有氧，则生成的氧化膜与金属的结合不牢固，很容易被水流冲刷下来，所以它不具备保护作用。此外，当含氧量在 0.2mg/L 以上，且材料受到超过屈服极限应力时，金属材料可能发生晶间应力腐蚀。因此，压水堆核电站冷却剂中含氧量的最大值应不超过 0.1mg/L。

2. 溶解氢

冷却剂中保持一定数量的氢，能有效地抑制冷却剂的辐照分解，当然也就抑制了氧或氧化性基团的形成，从而抑制了金属的氧腐蚀。

3. 硼

冷却剂中的硼含量随反应堆功率的变化而变化，美国 ASME 核电规范与标准推荐的硼含量一般较高，这主要是为了使反应堆具有负反应性温度系数。

第三节 压水堆核电站二回路水工况

一、蒸汽发生器内的理化过程

本章第一节简介压水堆核电站时已经介绍过二回路系统的工作流程，指出蒸汽发生器是压水堆核电厂一回路和二回路的枢纽，并分析了蒸汽发生器的特点和组成，由此指出蒸汽发生器的可靠性严重地影响核电厂运行的安全性、经济性及可靠性。

而蒸汽发生器运行的可靠性与蒸汽发生器内的理化过程有很大关系。蒸汽发生器内的理化过程主要有：蒸汽发生器结构材料的腐蚀；腐蚀产物向一、二回路工质中的迁移；工质中含有的杂质在蒸发器受热面上、附属设备中及管道上的沉积；杂质被工作蒸汽的携带（包括蒸汽的水滴携带和溶解携带）等。

二、二回路内介质的理化过程

蒸汽发生器的给水含有一些杂质，这些杂质主要来源于汽轮机凝汽器中冷却水的漏入和热力系统管道内部的腐蚀产物，包括溶解态、胶态和固体颗粒态的杂质。由于这些杂质的存在，在蒸汽发生器二回路侧也发生结垢、腐蚀和蒸汽污染等理化过程。例如：给水中的杂质在蒸汽发生器的预热段和蒸发段的受热面上结垢；饱和蒸汽把杂质带入过热器，然后转入过热蒸汽中，再带入汽轮机内产生沉积。

在再循环蒸汽发生器中，蒸汽对杂质有两种携带，即水滴携带和溶解携带；而直流式（一次流过式）蒸汽发生器中，蒸汽因溶解而携带杂质。一般来看，压水堆核电站二回路的水汽理化过程与常规火力发电厂的"锅炉—汽轮机"机组的理化过程是颇为相似的，这些过程不仅影响蒸汽发生器的可靠性，而且会严重地影响整个核电站的技术经济指标。

从国外核电站的运行经验得知，决定蒸汽发生器能否安全运行的首要因素，是蒸汽发生器设计和选用材料是否合理。如果蒸汽发生器设计和选用材料不合理，仅仅依靠调节水化学工况是不能避免蒸汽发生器的事故和损坏的，也不可能保证设备的安全运行。但是，水化学工况也是决定蒸汽发生器能否安全运行的一个重要因素。因此，国内外各制造厂家都制定了压水堆核电站二回路水质控制标准。

三、二回路水化学控制标准

二回路系统的蒸汽发生器管束一般采用 600、690 合金（因科镍 - 600，690），该材料与不锈钢相比，可以减少发生应力腐蚀破裂的可能性，但是碱性腐蚀损坏概率却有所增加。所以，为保证二回路的安全运行，水化学工况必须考虑蒸汽发生器的结构和结构材料的特点。

蒸汽发生器可以通过排污来调节水质，排污水率控制在 2% 左右。排污水经过相应的净化处理之后，返回二回路系统。

1. 给水化学工况

目前，二回路给水化学控制主要是采用 $NH_3 - N_2H_4$ 水工况。如果系统没有凝结水精处理装置，会引起给水中氯离子含量的增高，对于早期采用不锈钢为结构材料的蒸汽发生器，将导致应力腐蚀破裂。后来大多数核电站采用了 600 合金，该材料对氯离子不敏感，因此使发生氯离子应力腐蚀破裂的概率大为降低；但是 600 合金的碱性腐蚀概率却有所增加。

以上这些水质是对自然循环蒸汽发生器而言的，对于直流型蒸汽发生器来说，因其对给水水质要求很高，必须对凝结水进行 100% 再处理，即必须投入并运行凝结水精处理装置。

表 9-5 和表 9-6 给出了美国电力研究院（EPRI）和蒸汽发生器所有者协会（SGOG）在 1984 年 6 月发表的轻水型压水堆核电站二回路给水水质标准。

表 9-5　　　　　　　　　　　蒸汽发生器运行中给水水质标准

项　目		自然循环蒸汽发生器 （>5%全负荷）	直流蒸汽发生器 （>5%全负荷）
pH	铁系统	9.3～9.6	9.3～9.6
	铁—铜系统	8.8～9.2	8.8～9.2
联胺（μg/L）		≥20	≥20
溶解氧（μg/L）		≤5	≤5
全铁（μg/L）		≤20	≤10
全硅（μg/L）			≤20
钠①（μg/L）		≤3	≤3
氯离子（μg/L）			≤5
悬浮物（μg/L）			≤10
铜②（μg/L）		≤2	≤5
氢电导率①（μS/cm）		≤0.2	≤0.2

① 要符合汽轮机对蒸汽纯度的要求。

② 无铜系统可不测。

表 9-6　　　　　　　　　　　蒸汽发生器启动时的给水水质标准

项　目		自然循环蒸汽发生器 （>5%全负荷）	直流蒸汽发生器 （>5%全负荷）
pH	铁系统	9.3～9.6	9.3～9.6
	铁—铜系统	8.8～9.2	8.8～9.2
联胺（μg/L）		$\geq 3 \times [O_2]$①	$\geq 3 \times [O_2]$①
溶解氧（μg/L）		≤100	≤100
全铁（μg/L）			≤100
全硅（μg/L）			≤20
氢电导率②（μS/cm）			≤1.0

① $[O_2]$——溶解氧含量，μg/L。

② 要符合汽轮机对蒸汽纯度的要求。

2. 蒸汽发生器水化学工况

二回路蒸汽发生器采用过磷酸盐工况与全挥发工况。1975 年以前，一般采用磷酸盐工况，蒸汽发生器中水的钠磷摩尔比（Na/PO_4）应小于 2.6，磷酸根含量在 2～6mg/L 的范围内。

采用磷酸盐工况时，必须注意几个问题。首先，必须严格控制和监督钠磷摩尔比，蒸汽发生器水的 pH 值、硬度和凝汽器的泄漏等；其次，根据国外核电站的运行资料来看，采用磷酸盐工况时形成的碱式磷酸钙颗粒，在一定条件下会变成孔隙率高的二次沉淀物。这种沉淀物虽然不影响热交换，但是会明显地恶化热量传递。同时还发现磷酸钠在蒸汽发生器管极的缝隙和泥渣层中浓缩，造成这些区域内换热管耗蚀（管壁减薄）。

另外，当一回路冷却剂向蒸汽发生器泄漏时，即使少量的泄漏，蒸汽发生器排污水也会具有放射性，为此必须将它与其他放射性废水一起进行处理；但由于排污水中含有磷酸盐，会使净化处理显著地复杂化。

基于磷酸盐工况的上述缺点，1976 年后，蒸汽发生器基本都采用全挥发工况。表 9-7 给出了蒸汽发生器所有者协会（SGOG）在 1984 年 6 月发表的轻水型压水堆核电站二回路蒸汽发生器水质标准。

表 9-7 　　　　　　　　　　蒸汽发生器内水的水质标准

项　目		自然循环蒸汽发生器		直流蒸汽发生器	
		<5%的全负荷	≥5%的全负荷	无汽化	<5%的全负荷
pH	铁系统	≥9	9.0~9.5	—	—
	铁—铜系统	8.5~9.2	8.5~9.0	—	—
氢电导率（μS/cm）		≤2.0	≤0.8	≤10.0	≤2.0
溶解氧（μg/L）		≤5	—	—	—
钠（μg/L）		≤100	≤20	≤1000	≤100
氯离子（μg/L）		≤100	≤20	≤1000	≤100
二氧化硅（μg/L）		—	≤300	≤2000	—
硫酸根（μg/L）		≤100	≤20	≤1000	≤100

3. 国内二回路水化学控制

我国秦山核电站一期给水采用全挥发性处理（AVT），将氨和联胺注入二回路系统中。氨用来保持 pH 值呈碱性，从而降低总的腐蚀速率和减少腐蚀产物，确保无游离的苛性碱，消除苛性应力腐蚀；同时添加联胺用来除去溶解氧，也有助于降低总的腐蚀速率。采用钛管来维护凝汽器的严密性，限制给水中外来的杂质。

大亚湾核电站也采用了全挥发性水处理。采用水库水（主要为天然雨水）作为原水，水中阴阳离子和杂质较少；并增加了凝结水全流量除盐装置；还采用连续排污，以减少管板上泥渣的沉积。正常运行时，钠离子浓度与氧浓度均控制在 5μg/kg 以下，氢电导率低于 0.5μS/cm。

总之，针对我国核电站具有的不同的堆型、不同的蒸汽发生器型式和传热管材料，应跟踪国际上蒸汽发生器的运行经验，采用合适的水化学工况，来防止蒸汽发生器及传热管的腐蚀破损。

参 考 文 献

[1] 朱志平，贺慧勇，周琼花. 汽包锅炉炉水 pH 值精确计算方法 [J]. 中国电机工程学报，2003，23 (4)：172－176.

[2] 朱志平，黄可龙，张玲，汪红梅. 高温状态下炉水 pH 值的变化特征研究 [J]. 热能动力工程，2005，20 (2)：182－185.

[3] 朱志平，黄可龙，杨道武，周琼花. 锅炉给水系统腐蚀原因分析 [J]. 腐蚀科学与防护技术，2005，17 (3)：195－197.

[4] 朱志平，黄可龙，周艺，周琼花. 汽轮机初凝区腐蚀机理分析 [J]. 腐蚀科学与防护技术，2006，18 (1)：20－23.

[5] 朱志平，杨道武，李立平. 氨对炉水 pH 值的影响程度分析 [J]. 中国电力，2003，36 (11)：79－81.

[6] 汪红梅，朱志平，马丽，杨道武. 磷酸盐处理汽包锅炉炉水缓冲强度的计算 [J]. 长沙理工大学学报，2006，2 (3)：91－96.

[7] 朱志平，周艺，张玲，汪红梅. 热力发电厂锅炉水化学工况优化研究 [M]. 中国化学会第 24 届学术年会，湖南长沙，2004.

[8] 朱志平，周艺，张玲，汪红梅. 锅炉炉水水工况分析与 pH 值计算通式 [J]. 长沙理工大学学报，2006，2 (3)：91－96.

[9] 朱志平，杨道武，李宇春. 磷酸盐处理汽包锅炉技术的比较研究 [J]. 发电设备，2003，17 (3)：14－19.

[10] 朱志平，陈田. 磷酸盐处理技术在汽包锅炉炉水调节中的应用与发展 [J]. 长沙电力学院学报，2002，17 (2)：77－81.

[11] 朱志平，陈向东，付爱玲. 氨、硅酸、有机酸及电导率对炉水 R 值影响的讨论 [J]. 长沙电力学院学报，1999，14 (3)：262－266.

[12] 朱志平，李工. 一种水汽质量监督专家诊断系统 [J]. 长沙电力学院学报，1999，14 (4)：364－367.

[13] Zhiping Zhu. Yi Zhou, Tomoko Nomura, Hongwen Yu. Bunshi Fugetsu. Photo-degradation of Humic Substances on MWCNT/TiO$_2$ Composites, Chemistry Letters, 2006, 35 (8)：890－891.

[14] Zhu zhi-ping, Huang ke-long, Yang Dao-wu：Analysis of corrosion process and principle of copper tube ammonia corrosion in condenser air-removal section；16th International Corrosion Congress (16ICC)，paper 23－7；Beijing, 2005.

[15] YangDaowu, Li Yuchun；Zhang Fang, Zhu Zhiping：The application of "grey system theory" in a molybdate inhibitive study；Anti-Corrosion Methods and Materials，v51, n3, 2004, p200－204.

[16] Zhu Zhiping, Yang Daowu：Flue gas of coal-fired power plant absorbing process analysis and anti-scale research in wet ash-handling system；2003. 10，304－312，ENERGY ＆ ENVIRONMENT-A WORLD OF CHALLENGE AND OPPORTUNITIES PROCEEDINGS OF THE ENERENV'2003 CONFENERCE, Science Press (Beijing. New York)

[17] Yang Changzhu、Zhu Zhiping、Li yuchun：Expert diagnosis for cycle chemistry control in thermal Power plant [M]. The fifth Symposium on Sino-Japanese Fossil Power Plant Water Treatment，265－267, 1998, shanghai.

[18] 李宇春，朱志平，杨道武. 核电站水化学控制工况 [M]. 北京：化学工业出版社，2008.

[19] 李宇春，周科朝，龚润洁. 材料腐蚀和防护技术 [M]. 北京：中国电力出版社，2004.

[20] 杨道武，朱志平，李宇春，周琼花. 电化学与电力设备的腐蚀和防护 [M]. 北京：中国电力出版社，2004.

[21] Li Yuchun, He Hanwei, Zhou Tao, Zhang Fang, Wang Hongmei, Song Liubin. An explanation of the "Grey System" analysis methodology for the evaluation of inert anode materials. Anti-corrosion Methods and Materials, 2008, 55 (4): 191-194.

[22] Li Yuchun, Zhou Tao, Li Zhiyou, etc. Technical study for fabrication of new cermet used as inert anode in aluminum molten-salt electrolysis. Powder Metallurgy and Metal Ceramics. 2007, 46 (3-4): 145-152.

[23] 李宇春, 朱志平, 杨道武. 核电站水化学控制工况及相关技术发展 [C]. 中国电机工程学会第六届电厂化学学术研讨会, 2007, 9, 17-22, 中国深圳.

[24] 李宇春, 徐欣国. 钼酸盐复配缓蚀剂在中性介质中的电化学分析研究 [C]//2006 年全国腐蚀电化学及测试方法学术会议论文集. 2006, 201-205.

[25] 张芳, 汪红梅, 李宇春. 钼酸盐在中性介质中的电化学研究 [C]//2006 年全国腐蚀电化学及测试方法学术会议论文集. 2006, 1-6.

[26] 李宇春. 电力工业中大气可吸入颗粒物污染及研究方法 [C]//电力科技发展与节能. 中国电机工程学会第九届青年学术会议论文集. 北京: 中国水利水电出版社, 2006.

[27] Li Yuchun, Zhou Tao, Zhou Kechao, Liu Yong, Liu Fang, Zhang Fang. A new corrosion-resistant material for use as an inert anode in electrolytic molten salt aluminum extraction systems. Anti-corrosion Methods and Materials (UK), 2004, 51 (1): 25-30 (www. emeraldinsight. com/0003-5599. htm).

[28] Yang Daowu, Li Yuchun, Zhang Fang, Zhu Zhiping. The application of "grey system theory" in a molybdate inhibitive study. Anti-corrosion Methods and Materials (UK), 2004, 51 (3): 200-204.

[29] Li Yuchun, Zhang Fang. Study on inhibition mechanism and compatibility between molybdate and silicate in tap water. Bulletin of Electrochemistry (India). 2002, 18 (9): 403-406 (SCI indexed).

[30] Li Yuchun. A Stduy of the inhibitive behaviour of molybdate, when used in combination with phosphate, in synthetic tap-water environments. Anti-Corrosion Methods & Materials (UK). 2002, 49 (4): 252-255 (SCI indexed).

[31] Li Yuchun. Stduy on inhibitive mechanisms of molybdate used in combination with phosphate in neutral environments. Anti-Corrosion Methods & Materials (UK). 2002, 49 (1): 38-41 (SCI indexed).

[32] 李宇春. 钼酸盐系列缓蚀剂在中性介质中的 EIS 研究 [J]. 热力发电, 2002 (3): 33-35.

[33] 孙本达, 杨宝红. 火电厂水处理实用技术问答 [M]. 北京: 中国电力出版社, 2006.

[34] 孙本达. 从碳钢的腐蚀行为论汽轮机低压缸腐蚀 [J]. 热力发电, 1986 (2): 18-25.

[35] 孙本达. 防止地热流体结垢除垢的研究 [J]. 热力发电, 1987 (4): 15-19.

[36] 孙本达. 日本火电厂锅炉寿命管理 [J]. 发电设备, 1990 (6): 12-18.

[37] 孙本达. 350MW 机组低压加热器铜管损坏原因分析 [J]. 热力发电, 1997, 3 (3): 29-31.

[38] 孙本达. 我国火电厂钛凝汽器应用中应注意的问题 [J]. 热力发电, 1998 (2): 44-49.

[39] 孙本达. 防止磷酸盐在蒸汽系统的沉积 [C]. 中国电机工程学会第六届电厂化学学术研讨会, 2007, 9, 30-32, 中国深圳.

[40] 孙本达. 防止磷酸盐在蒸汽系统的沉积 [C]. 中国电机工程学会第六届电厂化学学术研讨会, 2007, 9, 27-29, 中国深圳.

[41] Sun Benda. Optimum of Oxygenation Treatment in Datong No. 2 Power Plant [C]. PROCEEDINGS 6th SYMPOSIUM ON SINO JAPANESE, 2001, 10: 61-66.

[42] 朱志平, 杨道武, 张红. 涂层法防腐技术在除氧器水箱中的应用研究 [J]. 中国电力, 2002, 35 (2).

[43] 朱志平, 杨道武, 唐秋生. 除氧器水箱防腐特种涂料的研制与应用 [J]. 腐蚀科学与防护技术, 2003, 15 (2): 123-125.

[44] 朱志平, 杨道武, 李宇春. 凝汽器空冷区铜管氨腐蚀过程分析与防护措施 [J]. 中国电力, 2002, 35 (5): 23-26.

[45] 朱志平，杨道武. 凝汽器铜管的联合保护研究 [J]. 热能动力工程，2003.18 (1)：89－92.

[46] 朱志平，杨道武，周琼花，马迪东. 凝汽器空冷区铜管汽侧氨腐蚀研究 [J]. 腐蚀科学与防护技术，2005，17 (2)：101－103.

[47] 朱志平，陈天江，吴志宏. 某热电厂凝汽器铜管汽侧腐蚀原因分析 [J]. 材料保护，1998，31 (12)：31－32.

[48] 朱志平，黄可龙，周琼花，杨道武，陈恳. 凝汽器铜管氨腐蚀的试验研究 [J]. 材料保护，2005，38 (7)：46－48.

[49] 朱志平. 燃煤电厂灰水闭路循环系统防垢技术——活性晶种与惰性晶种混合防垢法 [J]. 中国电力，1994，27 (9)：71－72.

[50] 朱志平，张思众，潘定立. 燃煤电厂烟气的吸收过程分析与防垢研究 [J]. 中国电力，2001，34 (5)：34－36.

[51] 朱志平. 燃煤电厂灰水系统 CO_2 吸收速率的理论计算 [J]. 热力发电，1994，(3)：32－35.

[52] 朱志平. 高 pH 值条件下 CO_2 吸收率的试验研究 [J]. 热力发电，1994，(4)：43－45.

[53] 朱志平. 多核配合物分布系数的计算 [J]. 热力发电，1993，(5)：43－45.

[54] 朱志平，刘明，陈云清. 燃煤电厂灰水闭路循环系统防垢新技术 [J]. 热力发电，1994，(6)：47－50.

[55] 刘明，朱志平. 火电厂灰水闭路循环系统采用活性晶种与惰性晶种混合防垢法的实验研究 [J]. 热力发电，1995，(5)：34－56.

[56] 朱志平，王丽英. 十八胺对阴树脂的污染及对策 [J]. 热力发电，2001，30 (2)：57－58.

[57] 朱志平，朱蓓蕾. 十八胺（ODA）对阳树脂的污染与复苏研究 [J]. 长沙电力学院学报，2000，15 (3)：74－76.

[58] 朱志平. 聚合硫酸铁（PFS）合成新工艺的研究 [J]. 长沙电力学院学报，2000，15 (4)：75－77.

[59] 朱志平. 聚合硫酸铁（PFS）投料比公式的推导与应用 [J]. 工业水处理，2002，22 (11)：34－36.

[60] 朱志平. 核电站蒸汽发生器 EDTA 酸洗工艺研究 [J]. 电力设计水处理技术，1994，(2)：44－46.

[61] 许维宗. 300MW 机组汽包锅炉炉水磷酸盐处理最佳条件的选择 [J]. 湖北电力，1997，21 (2)：3－8.

[62] 彭泉光，钱生保，凌浩翔，张珂，廖丽敏. 超高压锅炉炉水低磷酸盐处理 [J]. 广西电力，2004，(1)：1－6.

[63] 阎春平，米建文，王小平. 超高压及以上汽包锅炉水化学工况探讨 [J]. 山西电力技术，1999，(3)（总第 86 期）：14－17.

[64] 熊兴才. 超临界机组给水加氧、加氨联合处理 CWT 运行方式 [J]. 湖北电力，1997，21 (2)：3－8.

[65] S. Srikanth, K. Gopalakrishna, S. K. Das and B. Ravikumar：Phosphate induced stress corrosion cracking in a waterwall tube from a coal fired boiler [J]. Engineering Failure Analysis, 2003, 10 (4)：491－501.

[66] Crispin Hales, Kelley J. Stevens, Phillip L. Daniel, et al.：Boiler feedwater pipe failure by flow-assisted chelant corrosion [J]. Engineering Failure Analysis, 2002, 9 (2)：235－243.

[67] 吴仕宏. 锅炉内磷酸盐处理工艺的应用与发展 [J]. 中国电力，2000，33 (3)：20－24.

[68] J. STODOLA："ten years of equilibrium phosphate treatment" [C], IWC－96－20.

[69] J. STODOLA and M. D. SILBERT： "enhanced phosphate treatment for drum-recirculating boilers", ON-LINE CONFERENCE FORUM，1998.

[70] R. B. DOOLEY and S. PATERSON："phosphate treatment：boiler tube failures lead to optimum treatment" [C], IWC－94－50.

[71] STODOLA. J："review of boiler water alkalinity control", Proceedings of 47th international water conference [C], IWC－86－27.

[72] GOLDSTROHM. D. D, ROBERTSON. T. W："low phosphate - low sodium hydroxide treatment in

2600 psig boilers at salt river project's coronado station", Proceedings of 50th Anniversary international water conference [C], IWC - 89 - 46.

[73] 李培元. 火力发电厂水处理及水质控制 [M]. 北京：中国电力出版社，2000.

[74] S. T. COSTA et al.：free vs alkalinity...factors affecting the choice of a high pressure industrial boiler internal treatment program [C], IWC - 88 - 40.

[75] EPRI CS - 4629：interim consensus guidelines on fossil plant cycle chemistry；June 1986.

[76] 张玉福. 汽包锅炉的氢氧化钠处理 [J]. 湖南电力，2001，21 (3)：11 - 12.

[77] Paul Cohen：The ASME handbook on water technology for thermal power system [M]. New York，The America Society of Mechanical Engineers，1991.

[78] 中国动力工程学会. 火力发电设备技术手册（第四卷）[M]. 北京：机械工业出版社，1998.

[79] P. R. TREMAINE etc："solubility and thermodynamics of sodium phosphate reaction products under hideout conditions in high-pressure boiler" [C], IWC - 96 - 21.

[80] R. B. DOOLEY："the cutting edge of cycle chemistry for fossil plants" [C], IWC - 96 - 37.

[81] M. BALL and R. B. DOOLEY："sodium hydroxide for conditioning the boiler water of drum-type boilers", EPRI TR - 104007，January 1995.

[82] 李小泉. 炉水低磷酸盐加氢氧化钠处理的试验及应用 [J]. 电力安全技术，2002，4 (2)：36 - 37.

[83] 王小平，米建文等. NaOH 调节汽包锅水的运行效果与技术分析 [J]. 中国电力，2002，35 (9)：25 - 27.

[84] Interim Consensus Guidelines on Fossil Plant Water Chemistry, EPRI, Palo Alto, CA：June 1986. CS-4629.

[85] Cycle Chemistry Guidelines for Fossil Plants：All Volatile Treatment, EPRI, Palo Alto, CA：April 1996. TR - 105041.

[86] Cycle Chemistry Guidelines for Fossil Plants：Oxygenated Treatment, EPRI, Palo Alto, CA：December 1994. TR - 102285.

[87] Guidelines for Copper in Fossil Plants，EPRI, Palo Alto, CA：November 2000. 1000457.

[88] Condensate Polishing Guidelines, EPRI, Palo Alto, CA：September 1996. TR - 104422.

[89] Condenser In-Leakage Guideline. Electric Power Research Institute, Palo Alto, CA.：TR - 112819，2000.

[90] Guidelines for Controlling Flow-Accelerated Corrosion in Fossil Plants, EPRI, Palo Alto, CA：November 1997. TR - 108859.

[91] Guidelines for Chemical Cleaning of Conventional Fossil Plant Equipment. EPRI, Palo Alto, CA：2001. 1003994.

[92] Selection and Optimization of Boiler Water and Feedwater Treatments for Fossil Plants，EPRI, Palo Alto, CA：March 1997. TR - 105040.

[93] B. Chexal，J. Horowitz, R. B. Dooley, et al.，Flow - Accelerated Corrosion in Power Plants，EPRI, Palo Alto, CA：1998. TR - 106611 - R1.

[94] Copper Alloy Corrosion in High Purity Feedwater, EPRI, Palo Aito, CA：November 2000. 1000456.

[95] Influence of Water Chemistry on Copper Alloy Corrosion in High Purity Feedwater, EPRI, Palo Alto, CA：October 2001. 1004586.

[96] R. B. Dooley，J. Mathews，R. Pate and J. Taylor，"Optimum Chemistry for 'All-Ferrous' Feedwater Systems：Why Use an Oxygen Scavenger," Proc. 55th International Water Conference, Pittsburgh, PA, Oct. 1 - Nov. 2，1994.

[97] Monitoring Cycle Water Chemistry in Fossil Plants—Vol. 3. EPRI, Palo Alto, CA：October 1991. GS - 7556.

[98]   Behavior of Ammonium Salts in Steam Cycles. EPRI, Palo Alto, CA: December 1993. TR-102377.

[99]   G. M. W. Mann and R. Garnsey, "Waterside Corrosion Associated with Two-Shift Boiler Operation on All-Volatile Treatment Chemistry". Corrosion 79 Conference. Materials Performance, October 1980, pp. 32 – 38.

[100]   R. C. Dickerson, W. S. Miller. U. S. Patent 4, 556, 492, "Deoxygenation Process". December 3, 1985.

[101]   R. B. Dooley and W. P. McNaughton, Boiler Tube Failures: Theory and Practice, EPRI, Palo Alto, CA: 1996. TR-105261.

[102]   S. J. Shulder. "Using ORP Measurements to Control Hydrazine Feed." Presented at the 1999 Southwest Chemistry Workshop, Steamboat Springs, Colorado, August 11 – 13, 1999.

[103]   S. J. Shulder, M. A. Janick, E. C. Gwin and S. T. Filer. "Measuring Oxidation-Reduction Potential (ORP) and Its Use In Controlling Oxygen Scavenger Injection." EPRI. Presented at the Sixth International Conference on Cycle Chemistry in Fossil Plants, Columbus, Ohio, June 27 – 29, 2000.

[104]   S. Filer. "Power Plant Chemistry Measurement Advancements: Oxidation Reduction Potential", Australia Power Station Chemistry Conference, New Castle, New South Wales, Australia (March 1998).

[105]   S. Filer, A. S. Tenney III, D. Murray and S. J. Shulder, "Power Plant ORP Measurements in High Purity Water", NUS International Chemistry On-Line Process Instrumentation Seminar, Clearwater Beach, FL (November 1997).

[106]   ASTM D1498 – 93, "Standard Practice for Oxidation-Reduction Potential of Water", ASTM, Philadelphia, PA (1993).

[107]   J. W. Harpster, Intek Inc., "On Understanding Mechanisms that Control Dissolved Oxygen in Condenser Condensate". Proceeding of the 21st Annual Electric Utility Workshop, University of Illinois, Champaign, IL, May 8 – 10, 2001.

[108]   W. H. Stroman and J. W. Harpster "Continuous Monitoring for Condenser Air In-Leakage" Presented at the 2002 Spring Meeting, ASME Research Committee on Power Plant and Environmental Chemistry, Charleston, SC, March 11 – 13, 2002

[109]   Guideline Manual on Instrumentation and Control for Fossil Plant Cycle Chemistry. EPRI, Palo Alto, CA: April 1987. CS-5164.

[110]   Cycle Chemistry Corrosion and Deposition: Correction, Prevention and Control. EPRI, Palo Alto, CA: December 1993. TR-103038.

[111]   Reference Manual for On-Line Monitoring of Water Chemistry and Corrosion: 1998 Update, EPRI, Palo Alto, CA: 1999. TR-112024.

[112]   N. L. Dickinson, D. N. Felgar, and E. A. Pirsch. "An Experimental Investigation of Hydrazine-Oxygen Reaction Rates in Boiler Feedwater." Proceedings of the American Power Conference. Chicago, Vol. 19, 1957.

[113]   F. J. Pocock and J. F. Stewart. "The Solubility of Copper and Its Oxides in Supercritical Steam." Journal of Engineering for Power, 1963.

[114]   F. J. Pocock, et al. "Control of Iron Pick-up In Cycles Utilizing Steel Feedwater Heaters." Proceedings of the American Power Conference. Chicago, 1966.

[115]   E. G. Brush and W. L. Pearl. "Corrosion and Corrosion Products Release Behavior of Carbon Steel in Neutral Feedwater." Proceedings of the American Power Conference 31. Chicago, 1969, pp. 699 –705.

[116]   R. B. Dooley, B. Larkin, L. Webb, A. Bursik, I. Oliker, and F. Pocock. "Oxygenated Treatment for Fossil Plants." IWC-92-16. International Water Conference 53. Pittsburgh, 1992.

［117］ S. R. Pate，C. E. Taylor，R. C. Turner，and T. S. Lovvorn. "EPRI Oxygenated Feedwater Treatment Demonstration Report." IWC‐92‐19. International Water Conference 53. Pittsburgh，1992.

［118］ F. J. Pocock. Prepared Discussion for the Paper "Chemical Aspects of Magnetite Solubility in Water" (G. Bohnsack). Proceedings of the American Power Confer-ence 43. Chicago，1981，pp. 1144‐1145.

［119］ E. G. Brush and W. L. Pearl. "Corrosion and Corrosion Products Release in Neutral Feedwater." Corrosion 28，1972，pp. 129‐136.

［120］ Belovsov，N. P. and Yalova，A. Ya. ，"Experience with oxygenated water chemistry at supercritical power plants in the USSR," ORGRES，Moscow，1990.

［121］ O. I. Martynova. "Transport and Concentration Processes of Steam and Water Impurities in Steam Generating Systems." in Water and Steam—Their Properties and Current Industrial Applications，pp. 547‐562. Ed. by J. Straub and K. Scheffler for International Association for the Properties of Steam，Pergamon Press，New York，1980.

［122］ Turbine Steam，Chemistry and Corrosion. EPRI，Palo Alto，CA：September 1997. TR‐108185.